高等职业技术教育工程造价管理专业系列教材

建筑工程定额与预算

李景云　但霞　编著

重庆大学出版社

内容简介

本书系高等职业技术教育工程造价管理专业系列教材之一,是根据工程造价管理及相关专业的培养目标、教学计划及课程的教学基本要求编写的。

本书对建筑工程定额的基本概念、分类、制定方法和具体应用,对土建工程施工图预算的主要内容、工程量计算、费用组成、编制依据、编制方法和步骤等均作了全面、系统的阐述。在专业知识方面,突出了以实际应用为重点;在实例选编方面,均以实际工程中的应用问题为例题,并附有常用的计算规则、数据及各种应用表格,以供读者学习和应用时参考。

本书可作为高等职业技术本、专科教育,高等工程专科教育、成人高等教育及自考教育等建筑类相关专业的教材,也可作为工程预算人员、企业管理人员业务学习必备的参考书。

图书在版编目(CIP)数据

建筑工程定额与预算/李景云,但霞编著.—重庆:重庆大学出版社,2002.9(2018.11 重印)

(高等职业技术教育工程造价管理专业系列教材)

ISBN 978-7-5624-2591-5

Ⅰ.建… Ⅱ.①李…②但… Ⅲ.①建筑经济定额—高等学校:技术学校—教材②建筑预算定额—高等学校:技术学校—教材 Ⅳ.TU723.3

中国版本图书馆 CIP 数据核字(2007)第 006828 号

建筑工程定额与预算

李景云 但 霞 编著

责任编辑:李长惠 王海琼 郭一之 版式设计:王海琼
责任校对:蓝安梅 责任印制:张 策

*

重庆大学出版社出版发行

出版人:易树平

社址:重庆市沙坪坝区大学城西路 21 号

邮编:401331

电话:(023) 88617190 88617185(中小学)

传真:(023) 88617186 88617166

网址:http://www.cqup.com.cn

邮箱:fxk@ cqup.com.cn(营销中心)

全国新华书店经销

重庆升光电力印务有限公司印刷

*

开本:787mm×1092mm 1/16 印张:17 字数:424 千 插页:8 开 4 页

2002 年 9 月第 1 版 2018 年 11 月第 20 次印刷

印数:66 501—69 500

ISBN 978-7-5624-2591-5 定价:35.00 元

系列教材编委会

名誉主任　赵月望　张　健

主　　任　武育秦

副 主 任　杨树清　张鸽盛　廖天平

编　　委　（按姓氏笔画为序）

刘仁松　吴心伦　李景云　余　江

但　霞　何永萍　武育秦　杨树清

杨　宾　张宜松　秦树和　陶燕瑜

廖天平　盛文俊

序

国家教育部教高[2000]2号文《关于加强高职高专教育人才培养工作的意见》中指出:"高职高专教育要全面贯彻第三次全国教育工作会议和《中共中央国务院关于深化教育改革全面推进素质教育的决定》精神,抓住机遇,开拓进取。今后一段时期,高职高专教育人才培养工作的基本思路是:以教育思想、观念改革为先导,以教学改革为核心,以教学基本建设为重点,注重提高教学质量,努力办出特色,力争经过几年的努力,形成能主动适应社会经济发展需要、特色鲜明、高水平的高职高专教育人才培养模式。"为全面贯彻文件精神,学校决定将工程造价管理专业进行教学改革试点,以期办出高职高专特色,培养出高质量的,适应生产、建设、管理、服务第一线需要的,德、智、体、美等方面全面发展的高等技术应用性人才。

工程造价管理专业系国家教育部列为全面高等职业技术教育教学改革试点专业。按照国家教育部的规定要求,专业教学改革试点的主要内容是:对专业的培养目标、人才规格、教学模式、课程设置、教学内容和教材建设等方面进行全面、系统的研究与改革试验;要在研究专业知识能力结构、改革现有课程设置体系、建立新的教学模式、加强动手能力培养的同时,还应进行与之相适应的专业系列教材建设。正是根据上述规定要求,我们在学校教学改革领导小组的指导下,成立了系列教材编审委员会,并由重庆大学出版社具体组织,在原专业系列教材的基础上重新改版编写。它包括《建筑工程定额与预算》、《安装工程定额与预算》、《装饰工程定额与预算》、《工程招投标与合同管理》、《建设工程造价管理》、《建筑识图与房屋构造》、《建筑工程施工工艺》、《电气工程识图与施工工艺》、《管道工程识图与施工工艺》、《工程技术经济》、《工程成本会计学》、《专业英语》12本主要教材。由武育秦教授担任编委会主任,杨树清副教授、张鸽盛社长、廖天平副教授担任编委会副主任,并负责系列教材出版的编审工作。

本专业系列教材主要是为满足工程造价管理专业教改的需要而编写的,除邀请部分外校教师担任教材编写工作以外,其余均由参加教改试点专业授课的教师在总结多年教学改革试点经验的基础上，对原 11 本系列教材内容进行了较大的增删与改革，如将原《建筑工程材料》教材删去未列入本系列教材中，但同时增加了《建筑工程造价管理》和《建筑技术经济》、《专业英语》课教材；有的教材还重新进行了组合，如将原《安装工程识图》和《安装工程施工工艺》教材，改为《电气工程识图与施工工艺》和《管道工程识图与施工工艺》教材，使教材内容衔接更加紧密和切合实际。总之，该系列教材进一步突出了理论知识的应用，加强了实践能力的培养，体现了高等职业技术教育和高等工程专科教育的特色。由于这次改版编写时间仓促，专业水平有限，教材中的不妥和错漏之处在所难免，敬请广大读者与同行专家批评指正。

系列教材编委会
2002 年元月

前　言

　　《建筑工程定额与预算》教材在各高等院校相关专业师生使用过程中，被普遍认为具有较强的针对性、实用性和实践性，受到广大读者的欢迎和较高评价，现已先后印刷了 10 次，是一本适于工程造价管理等专业使用的较好的教科书。但是，随着我国改革开放的不断深化，社会经济的不断发展，以及工程技术与管理科学的不断进步，该教材中的部分内容已不适应当前教学的需要。因此，在重庆大学出版社的精心组织下，决定对该教材进行重新修订。按照拓宽教材使用面的要求，我们对原教材内容进行了删减与补充，增加了部分新知识、新规定和新方法，使教材完全能满足高等职业技术本、专科教育，高等工程专科教育、成人高等教育及自考教育等建筑类相关专业的用书需求。

　　《建筑工程定额与预算》教材的改版，系根据工程造价管理及相关专业的培养目标、教学计划及本课程的教学基本要求，以国家建设部颁布的《全国统一建筑工程基础定额》（建标［1995］736 号）、《全国统一建筑工程预算基础定额重庆市基价表》、《重庆市建设工程费用定额》（1999）等资料为主要编写依据，在保留原教材部分章节和主要内容不变的基础上，增加了新定额、新规定的内容和新的计算要求。该教材对建筑工程定额的基本概念、分类、制定方法和具体应用，对土建工程施工图预算的主要内容、工程量计算、费用组成、编制依据、编制方法和步骤等均作了全面、系统的阐述。在专业知识方面，突出了以实际应用为重点，加强了实践教学的内容与要求；在实例选编方面，均以实际工程中的应用问题为例题，并附有常用的计算规则、数据及各种应用表格，以供读者学习和应用时参考。该教材图文并茂、文字简炼、语言流畅、通俗易懂，不仅是工程造价管理等相关专业的一本理想教材，也是工程预算人员、企业管理人员业务学习必备的参考书。

本教材共计 12 章,第 1,6,7,8,9,10,11 章由李景云编写,第 2,3,4,5,12 章由但霞编写。全书由武育秦教授主审。由于水平有限,教材中难免有不妥之处,甚至错误,敬请同行专家和广大读者批评指正。

编　者
2002 年 3 月

目　录

建筑工程定额与预算

3

第1章

绪　论

1.1　本课程研究的对象与任务

　　物质资料的生产是人类赖以生存、延续和发展的基础,而物质生产活动,都必须消耗一定数量的活劳动与物化劳动,这是任何社会都必须遵循的一般规律。建筑工程建设是一项重要的社会物质生产活动,其中也必然要消耗一定量的活劳动与物化劳动。而反映单位建筑产品所消耗劳动量关系的建筑工程定额与工程中必须消耗所构成的工程造价,即是本课程研究的主要对象和介绍的主要内容。

1.1.1　定额

　　定额是指规定的额度,广义地讲,定额是规定某种特定事物的数量限额。在现代社会经济生活中,定额的种类繁多,就生产领域来说,有工时定额、材料消耗定额、机械台班使用定额、材料储备定额、生产流动资金定额等。它们属于生产性定额,是现代企业科学管理的重要基础。工程建设领域里的建筑工程定额种类也很多,它们是建筑企业控制各种消耗、确定工程建造价格的重要依据。因此,在研究工程造价计价问题时,有必要首先对定额和建筑工程定额的基础知识有一个基本认识。

　　建筑企业是社会物质资料生产的重要部门之一,在它的施工生产过程中,当然也要遵循活劳动与物化劳动消耗的一般规律,也就是说,生产某种建筑产品基本构造要素或某种构配件时,必然要消耗一定数量的人工、材料和机械台班。那么,完成合格的单位建筑产品基本构造要素或某种构配件究竟应该消耗多少人工、材料和机械台班呢? 这首先决定于社会生产力水平,同是也要考虑组织因素对生产消耗的影响,这就是说,在一定的生产力水平条件下,完成合格的单位建筑产品基本构造要素和构配件与生产消耗(投入)之间,存在着一定的数量关系。如何客观、全面地研究这两者之间的关系,找出它们之间的构成因素和规律性,并采用科学的方法,合理确定完成合格单位建筑产品基本构造要素或某种构配件所需活劳动与物化劳动的消耗标准,并用定量的形式把它表示出来,就是定额所要研究的对象。当上述定量形式一经国家主管部门或授权机关批准颁发,就成为生产某种合格单位建筑产品基本构造要素或某种构配件的标准消耗额度。实际施工生产过程中,企业如何正确地执行和运用这一标准消耗额度,有效地控制和减少各种消耗,降低工程成本,取得最好的经济效果,就是研究定额部分所要完成的主要任务。

定额是管理科学的基础,也是现代管理科学中的重要内容和基本环节。从加强企业管理现代化的角度来看,定额是节约社会劳动、提高劳动生产率的重要手段;是组织和协调社会化大生产的重要工具;是国家对企业宏观调控衡量的重要标准;是评价劳动成果和经营效益的重要尺度;也是企业资源分配和个人劳动分配的重要依据。因此,我国要发展社会主义市场经济,实现社会化大生产和企业管理现代化,就必须充分认识定额在国民经济建设中的重要地位,充分发挥定额在经济管理中的重要作用。

1.1.2　工程造价

工程造价是指建设工程的投资费用或建造费用。这说明工程造价有两种含义:第一是指工程投资费用,即投资者(业主)为建设一项工程所需全部固定资产投资费用和无形资产投资费用之总和;第二是指工程建造价格,即建筑企业(承包商)为建造一项工程进行的施工生产经营活动所形成的工程建设总价格或建筑安装工程价格。就工程造价的第二种含义来讲,它可以指范围较大的一个建设项目,也可以指一个单项工程,也可以指一个单位工程,甚至可以是指建设工程项目中的某一阶段,如土建工程、安装工程、装饰工程、园林与环境工程等。从上述可知,工程造价含义的第二种比第一种涉及范围要狭窄一些。人们通常所说的工程造价是指第二种的工程承发包价格,也就是指的工程预算价格。这种价格是在建筑市场通过建设工程项目的招投标,由投资者(业主)和中标企业(承包商)共同认可的价格。从现行的工程价格体系来看,工程承发包价格是工程造价中一种重要的、也是最典型的价格形式。

建筑企业作为一个独立核算的社会物质生产部门,其最终生产成果是指可以交付使用的具有使用价值与价值的建筑物或构筑物,因此,它同样具有商品生产的共同特点。建筑产品既然是商品,当然就必须遵守等价交换的原则。按照马克思再生产的原理,建筑工人在其施工过程中,在转移价值的同时,也要为社会创造一部分新的价值。因此,建筑产品的价值也应该由"$C+V+m$"组成才是完整的和合理的。其中 C 表示不变资本;V 表示可变资本;m 表示剩余价值。在上述基本原理指导下,按照客观经济规律的要求,研究确定建筑产品价格是由哪些因素构成的科学,就是工程预算所要研究的对象,当建筑产品价格的构成因素由国家主管部门或授权机关确认以后,如何正确计算建筑产品的预算造价(即价格),就是工程预算所要完成的主要任务。

工程造价涉及范围极为广泛,在我国国民经济的发展中起到多方面的良好作用,如:工程造价是建设工程项目决策的重要依据;是制定投资计划和控制投资的重要工具;是合理利益分配和调节产业结构的重要手段;是评价投资效果的重要指标;也是筹集建设资金的重要依据。由于工程造价涉及我国国民经济的各个部门、各个行业,涉及社会再生产中的各个环节,同时也直接关系到人民群众居住条件的改善和生活水平的提高。因此,要进一步完善我国社会主义市场经济体制,加快传统观念和旧价格体系的改革步伐,充分发挥工程造价的重要作用。

1.1.3 工程造价计价的改革

1)存在的主要问题

我国工程造价计价的主要依据是施工图纸、工程量计算规则、概预算定额、人工工资标准、材料预算价格、费用定额和施工组织设计等。这种编制方法源于 20 世纪 50 年代初期,并在长期的工程实践中不断改进,它适应当时计划经济条件下基本建设管理体制的需要,对合理确定和有效控制工程造价曾起到积极作用。

随着我国经济体制改革的逐步深化,就工程造价管理的总体而言,我国至今尚未形成完整的、与社会主义市场经济相适应的工程造价管理体系和运行机制,仍有不少问题还有待于通过实践不断地探索,不断地总结,并力求从理论与实践的结合上加以完善。现就工程造价计价依据和管理方面存在的主要问题分述如下:

①定额适用范围界定不清,项目交叉重复,不利于建筑市场的开拓发展、环境改善和依法管理;

②定额实行"量"、"价"合一,难以适应市场价格变化,不便于对工程造价进行调整,致使工程造价长期背离商品价值的状况得不到改变;

③按企业性质和级别计取各项费用,不符合同一产品、同一价格的定价原则,也不利于企业之间公开、公平的竞争;

④工程成本的内容构成不合理,难使作业层与管理层分别核算,不利于推进工程项目管理和明确工程成本管理责任;

⑤利润的计取规定不合理,没按企业承担的工程类别、负担状况、企业性质等实行差别利润,难以兼顾各类企业利益,影响企业创利的积极性。

2)改革的主要内容

为适应社会主义市场经济发展的总体要求,国家主管部门对工程造价管理工作提出了一系列的改革意见,各地也都进行了一些改革的有益探索,现结合目前的实际情况,就主要的改革举措分述如下:

(1)理顺定额之间关系 为使工程造价计价依据的管理工作科学化、规范化,做到计价定额种类齐全、结构合理、水平一致、使用方便,应在总结经验的基础上,满足适当简化计价定额种类的要求,组织制定《建设工程造价计价定额体系表》,以进一步理顺全国统一定额、地区统一定额和专业统一定额的关系。把建设工程计价定额按照建设工程分阶段确定和控制工程造价的需要,从纵向层次上,可划分为投资估算指标、概算定额和基础定额;按照专业特点和管理权限的不同,从横向结构上,可划分为全国统一定额、地区统一定额和专业统一定额,并确切规定其各自的适用范围。在可能的条件下,尽量扩大全国统一定额的适用范围,提高其覆盖面,防止定额项目的重叠交叉,并能及时发现定额缺项等问题,以便尽快进行补充与完善。

(2)实行定额"量"、"价"分离 工程计价定额按其使用范围不同,划分有全国统一定额、地区统一定额和专业统一定额,这些定额中的量和价都是影响工程造价价格水平的重要因素。定额中的实物消耗量是指完成规定计量单位,符合国家技术规范和质量标准,并反映一定时期施工工艺水平的分项工程计价所必需的人工、材料、施工机械消耗量的额定标准。在工程设计、施工技术、建材标准、相关规范和工艺水平等没有突破性的变化之前,计价定额中的"量"具有相对稳定性,而定额中的实物消耗量的货币表现——"价",则随着劳动工资制度、价格的改革、定额的人工单价、材料价格等的变化,已经成为影响工程造价的最活跃因素。因此,国家对计价定额中的"量"和"价"的管理应进行分离。分项工程定额的消耗量,应由定额主管部门按照定额管理分工进行统一制定,并根据建筑技术的发展适时地进行补充修订;分项工程定额项目的基价,可作为设计方案选择的比较、工程造价指数的测算和各项费用的取费基数,不再作为工程预结算的依据。至于人工工资单价,材料、设备的预算价格和施工机械台班单价,可由工程定额主管部门定期发布各种价格、造价的信息,为企业提供服务,企业也可以根据自己的情况,确定工程投标报价所需的人工工资单价、材料预算价格和施工机械台班单价。

(3)实行工程营造成本　改革工程成本组成内容,将与工程营造成本密切相关的现场经费计入营造成本,即把现场管理费从施工管理费中分离出来,与临时设施费一道列入直接工程费内,成为工程营造成本的构成部分。对直接工程费不允许竞争,以便确保工程质量,确保工程建设中必不可少的开支费用,使工程建设顺利进行。实行工程营造成本,有助于理顺建筑产品价格构成;有利于推进工程项目管理,明确工程成本管理责任;有助于作业层和管理层分别核算,提高分配的合理性。

(4)实行工程类别取费　从总体上改变按施工企业性质、级别取费为按工程类别取费,即根据工程规模大小、施工难易程度、建筑标准高低等,划分不同的工程类别,制定不同的费率。按工程类别取费,最能反映社会平均工程成本,符合同一产品同一价格的定价原则,有利于公开、公平、合理地开展竞争。

(5)实行差别利润率　目前实行以企业承担工程类别、企业性质、负担状况等划分的差别利润率(共分5级13项分别核定,对国家投资工程可降低15%,对老国有企业不低于7%),可以兼顾各方利益,既照顾到了国家投资资金的紧张和老企业的实际困难,又消除了县以上、县以下集体企业不好确认的矛盾,集体企业的利润收取也有较大增长,为今后推行按工程类别计取利润迈出了坚实的一步。

(6)实行取费证制度　实行取费证制度,是工程造价改革的一个过渡措施。核定的费率有:财务费用、利润、劳动保险费等。实行这样一个制度,可以有效地加强宏观调控,有效地制止施工企业的高估冒算、乱套费用,有效地制止建设单位的盲目杀价,有效地反对不正当竞争,有效地对工程造价进行有序管理,有效地维护建设各方的合法利益,减少经济纠纷。

此外,为适应社会主义市场经济的需要,还相应增列了、职工失业保险费、工程保险费、广告费、法律顾问费等费用,进一步完善了工程造价构成,在工程造价的改革上迈出了坚实的一步。当然,由于定额与造价改革是一个涉及工程建设双方利益的大事,有的思路目前可能还不成熟,需要在实践中不断修改完善。

(7)全面推行"工程量清单计价"方法　我国现行的工程造价计价方法,是按照各地统一的计价定额、统一的费用标准、统一的计算规则、统一的编制方法计算和确定工程造价的。这种计算方法,在我国计划经济时期,对建设工程造价的确定和建筑业的发展起过重要的推动作用。改革开放以后,这种计算方法虽也进行过一些局部的改革,但没有从根本上改变工程造价计算严重脱离价格市场化的问题,仍是计划价格的延续,影响建筑市场竞争的健康发展,已不适应我国社会主义市场经济发展的需要,改革势在必行。

在我国加入 WTO 以后,为应对 WTO 的挑战,尽快与国际工程承包的惯例做法接轨,对现行的工程造价计价方法进行全面改革也是大势所趋。其改革主要是对工程造价管理实行全过程管理,工程造价计算实行价格市场化和网络化,推行"工程量清单计价"方法等。从全国来看,该项改革,有的省、市、地区正在制定实施方案,有的省、市、地区正在进行试点或逐步推行。如某市根据我国国情研制了一套崭新的"工程量清单计价系统整体解决方案"。该方案实现了工程量清单的多种计价模式,并为企业提供了整体解决方案,包括软件制定、网络服务、造价指数、市场价格信息和企业编制定额等全方位服务。从上述可见,该方案具有最佳的适用性。

因此,在对原有的工程造价模式向以"工程量清单计价"为核心的工程造价模式转变的趋势下,建筑企业及有关部门,要为应对这一变革做好充分准备,为全面推行"工程量清单计价"方法而创造条件。

1.2 本课程的特点及与其他课程的关系

1.2.1 本课程的特点

本课程是一门综合性较强的应用学科,涉及我国国民经济的各部门、各行业,应用范围也极为广泛,其综合性、政策性、实用性、实践性是本课程的主要特点。

(1)综合性 本课程的综合性,主要体现在课程内容上有多学科的交叉和相关知识的有机组合,这些学科与专业知识主要包括经济理论基础、工程技术经济、建筑企业管理和计算机技术应用等。上述相关知识的有机组合,使之成为一个比较合理的整体学科,并能满足专业教学的需要。因此说,本课程是一门综合性较强的专业课。

(2)政策性 为了宏观调控、指导和促进建筑业的发展,国家制定了一系列建筑经济技术政策,而本课程所讲述的工程计价定额、工程费用定额、工程造价编制等,无不与国家建筑经济技术政策有关。实际上本课程在讲述上述内容时融汇了国家有关的经济技术政策的规定和精神。学习本课程,一个很重要的方面就是要了解、掌握这些政策规定和政策精神,以便今后在实际工作中贯彻应用。因此说,本课程具有较强的政策性。

(3)实用性 本课程是一门实用性学科。随着我国改革开放的不断深化,尤其是我国加入世界贸易组织(WTO)以后,建设工程造价的构成、费用划分及编制方法等,都需要进行改革与调整,使之更加科学合理并尽快与国际标准接轨,以提高企业管理水平和经济效益,适应承揽国际工程建设的需要。因此,本课程内容设置上与以往相比,书中删去了部分陈旧过时的内容,新增了近期颁发的新定额、新规定和新方法,书中还收集整理了部分工程造价编制实例和一些实际应用问题,经提炼后编写为本课程教学内容和练习题。由于本课程内容切合实际,适应企业经营管理工作的需要,因此更增强了课程内容的实用性。

(4)实践性 建设工程造价的编制是一项专业技术性很强的工作,学习时要多练习、多实践才能取得成效,尤其是计算技能的训练更为重要。因此,本课程在内容上,力求使理论知识密切联系建筑企业的实际情况,并以实际应用为学习重点。为在教学中重视基本技能的训练,加强动手能力的培养,本课程专门安排一定学时的实践性教学和现场教学,并要求学生在毕业前必须独立完成多个建设项目工程造价编制全过程的练习,以增强学生的感性认识和实际工作能力。由于教学中重点突出了多练习、多实践,因而使本课程具有较强的实践性。

1.2.2　本课程与有关课程之间的关系

从上述可知,建筑工程定额主要是研究建筑产品的实物形态在其建造过程中投入与产出之间的数量关系;而建筑工程造价则是主要研究在价值规律指导下建筑产品预算价格的构成因素,它们之间有着极为密切与不可分割的关系。这门学科涉及到比较广泛的经济理论和经济政策,以及一系列的技术、组织和管理因素,因此,它是一门综合性的技术经济学科。政治经济学是本课程的理论基础;建筑识图、房屋构造、施工工艺学、建筑材料学等则是学习本课程应具有的基础知识;而施工组织与计划、建筑企业管理学、建筑财务会计及建筑业统计等课程,也与本课程有着密切的关系。目前,运用电子计算机编制工程预算已进入推广普及阶段,因此在学习本课程的同时,也应学好算法语言及计算机应用等有关学科知识。

1.3　本课程的重点、难点与学习方法

1.3.1　本课程的重点与难点

本课程内容繁多,涉及面较广,特别是具有综合性、政策性、实用性和实践性都较强的特点。为加强学生基本技能的训练,培养学生独立工作的能力,应作好课程重点、难点的教学工作。本课程的重点是劳动定额、计价定额的具体应用,工程量计算和施工图预算的编制,以及定额的换算与补充。工程量计算和工程造价的费用组成则是学习本课程的难点。

1.3.2　本课程的学习方法

由于本课程具有综合性、实践性强的特点,因此,在学习方法上,应坚持理论联系实际、学练结合、学以致用。学生除独立完成平时作业外,还必须亲自动手加强基本技能的训练和实际工作能力的培养,即在教师的指导下,独立完成单位工程施工图预算的编制。只有通过反复的练习和具体运用,才能在加深理解的基础上,培养成为具有动手能力较强的高级应用型人才。

小　结　1

绪论主要对本课程研究的对象与任务,本课程的特点与有关课程的关系,以及本课程的重、难点与学习方法等作了比较全面的介绍,现就其基本要点归纳如下:

①建筑工程定额的概念及其具体应用,建筑工程造价(预算)的编制方法与要求等是本课程研究的主要对象,也是本课程各章节所要讲述的重要内容。

②如何正确利用定额标准和建筑工程造价(预算价格),严格控制施工中的各种消耗和工程投资费用,达到降低工程成本,取得最佳经济效益的目的,这是建筑工程定额和建筑工程造

价(预算)的重要作用,也是学习本课程的主要任务。

③我国工程造价计价依据和方法,源于20世纪50年代的计划经济时期,并对那时合理确定和有效控制工程造价曾起到积极作用。但是,随着我国经济体制改革的不断深化,其建设工程造价计价依据、编制方法及管理工作,已不适应当前经济发展的需要,存在不少问题。因此,国家主管部门对建设工程造价的计价方法及管理工作提出了一系列改革,其改革的主要措施是:理顺定额之间关系;实行定额"量"、"价"分离;实行工程营造成本;实行工程类别取费;实行差别利润率;实行取费证制度等。从而在建设工程造价计价方法的改革上迈出了坚实的一步,也为尽快与国际标准和国际惯例做法接轨奠定了基础。

④要求除了了解和掌握本课程的基本理论、基本知识和基本方法外,应重点掌握和熟悉建筑工程定额的应用、工程量计算、费用组成和建筑工程造价(预算)的编制。根据本课程的特点,应坚持理论联系实际,学练结合,反复实践,才能取得最佳的学习效果。

复习思考题 1

1.1　本课程研究的对象与任务是什么?

1.2　本课程的主要特点是什么?

1.3　本课程与哪些课程有联系?为什么?

1.4　本课程的重点和难点是什么?怎样才能达到学以致用的目的?

1.5　我国在建设工程造价的计价依据和编制方法还存在什么主要问题?其改革的主要内容与措施是什么?

第2章

建筑工程定额概述

2.1 建筑工程定额的概念与特性

2.1.1 定额及建筑工程定额的概念

1)定额

所谓定,就是规定;额,就是额度或限额。从广义理解,定额就是规定的额度或限额,即标准或尺度。

定额的种类很多,生产领域内的定额统称为生产性定额或生产消耗定额,生活领域内的定额统称为非生产性定额。

2)生产定额

在社会生产中,为了完成某一合格产品,必须要消耗(投入)一定量的活劳动与物化劳动,但在社会生产发展的各个阶段,由于各阶段的生产力水平及生产关系不同,因而在产品生产中所需消耗的活劳动与物化劳动的数量也就不同。然而在一定的生产条件下,总有一个合理的数额。规定完成某一合格单位产品所需消耗的活劳动与物化劳动的数量标准(或额度),就叫生产定额。

3)建筑工程定额

建筑工程定额是专门为建筑产品生产而制定的一种定额,是生产定额的一种。

规定完成某一合格的单位建筑产品基本构造要素或某种构配件所需消耗的活劳动与物化劳动的数量标准或额度,称为建筑工程定额。

2.1.2 建筑工程定额的特性

在社会主义市场经济条件下,定额具有以下几个方面的特性:

(1)定额的科学性 定额的科学性,表现为定额的编制是自觉遵循客观规律的要求,通过对施工生产过程进行长期的观察、测定、综合、分析研究,广泛搜集资料,在认真总结生产经验的基础上,实事求是地运用科学的方法制定出来的。定额的项目内容经过实践证明是成熟的、有效的。定额的编制技术方法上吸取了现代科学管理的成就,具有一整套严密的、科学的确定定额水平的行之有效的手段和方法。因此,定额中各种消耗量指标能正确地反映当前社会生产力发展水平。

(2)定额的权威性　定额的权威性,表现在定额是由国家主管部门或它授权的机关组织编制的,一经批准颁发,任何单位都要严格遵守和执行,未经原制定单位批准,不得随意变更定额的内容和水平。如须进行调整,修改和补充,须经授权部门批准。这种权威性保证了对企业和工程项目有一个统一的造价与核算尺度,使国家对设计的经济效果和施工管理水平,能进行统一考核和有效监督。

(3)定额的群众性　定额的群众性,表现在定额来源于群众,又贯彻于群众,因此,定额的制度和执行都具有广泛的群众基础。定额的水平高低主要取决于建筑安装工人所创造的劳动生产力水平,另外定额的编制是采取工人群众、技术人员和定额专职人员三结合的方式,使得定额能从实际水平出发,并保持一定先进性质。同时,当定额一旦颁发执行,就成为广大群众共同奋斗的目标。总之,定额的制定和执行都离不开群众,也只有得到群众的大力协助,制定的定额才能先进合理,并能为群众所接受。

(4)定额的时效性和相对稳定性　定额的时效性和相对稳定性,表现在定额中所规定的各种活劳动与物化劳动消耗量的多少,是由一定时期的社会生产力水平所确定的。随着科学技术水平和管理水平的提高,社会生产力的水平也必然提高。但社会生产力的发展有一个由量变到质变的过程,即应有一个变动周期,因此,定额的执行也有一个相应的实践过程。但当生产条件发生了变化,技术水平有了较大的提高,原有定额已不能适应生产发展需要时,授权部门才根据新的情况对定额进行修订和补充。所以,定额不是固定不变的,它有时效性,但也绝不是朝令夕改,它有一个相对稳定的执行时期,否则会造成定额执行中的困难和混乱,很容易导致定额权威性的丧失,同时会给定额的编制工作带来极大的困难,还会伤害群众的积极性。

2.2　建筑工程定额的分类

建筑工程定额的种类很多,根据内容、用途和使用范围的不同,可分为以下几类(如图2.1所示):

(1)按生产要素分类　进行物质资料生产所必须具备的三要素是:劳动者、劳动对象和劳动手段。劳动者是指生产工人,劳动对象是指建筑材料和各种半成品等,劳动手段是指生产机具和设备。为了适应建筑施工活动的需要,定额可按这三个要素编制,即劳动定额、材料消耗定额、机械台班使用定额。

(2)按编制程序和用途分类　建筑工程定额按编制程序和用途可分为五种,即施工定额、预算定额,概算定额、概算指标和投资估算指标。

(3)按编制单位和执行范围分类　按编制单位和执行范围可分为四种,即全国统一定额(含主管部定额)、地区统一定额、企业定额和临时定额。

(4)按专业不同分类　按专业不同划分,可分为建筑工程定额(也称土建工程定额)、给排水工程定额、电气照明工程定额、公路工程定额、铁路工程定额、井巷工程定额等等。

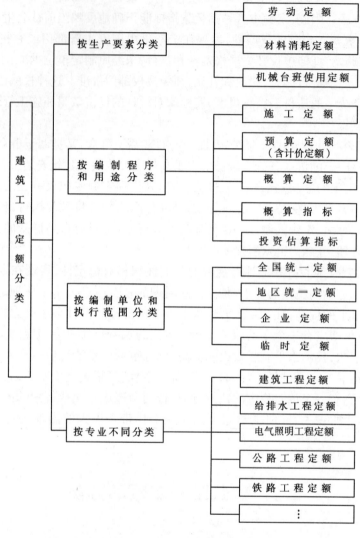

图2.1 建筑工程定额分类图

2.3 劳动定额、机械台班使用定额及材料消耗定额

2.3.1 劳动定额

1）劳动定额的概念

劳动定额,就是规定在一定的技术装备和劳动组织条件下,生产单位产品所需劳动消耗量的标准,或规定单位时间内应完成的合格产品或工作任务的数量标准。

在上述概念中,应明确以下几点:

①劳动定额是在一定条件下制定的,它与具体的生产技术组织条件相联系。所谓生产条件是指生产规模的大小、产品种类的多少、生产稳定的程度、加工制作的原材料、厂房与作业环境、设备工具等条件;技术条件是指产品的设计、工艺加工流程、生产技术准备措施、技术装备程度、劳动者的技术熟练程度等;组织条件是指生产过程与劳动过程的组织与管理,技术管理水平的高低等。生产技术组织条件不同,劳动定额的水平也不同。因此在规定劳动消耗量时,必须从上述具体条件出发,才具有可行性。

②劳动定额研究的对象是活劳动的消耗量,即劳动者付出的劳动量。具体来说,它所要考察的是生产合格单位产品的活劳动消耗量,是对产品生产过程的有效劳动、符合质量要求的劳动消耗量的规定。

③为了使劳动定额在生产管理中发挥应有的作用,劳动定额应在产品正式投入生产之前预先制定。

2)劳动定额的表现形式

马克思说:"劳动本身的量是用劳动的持续时间来计算,而劳动时间又是用一定的时间单位如工时、工日等作尺度。"这说明工时或工日是衡量劳动消耗量的计量尺度。生产单位产品的劳动消耗量可用劳动时间来表示,同样在单位时间内劳动消耗量也可以用生产的产品数量来表示。因此,劳动定额有两种基本的表现形式。

(1)时间定额　时间定额是指规定完成合格的单位产品所需消耗工作时间的数量标准。在施工企业一般用工时或工日为计量单位。计算公式如下:

$$时间定额 = \frac{消耗的总工日数}{产品数量}$$

(2)产量定额　产量定额是指规定劳动者在单位时间(工日)内,应完成合格产品的数量标准。由于施工企业的产品多种多样,产量定额的计量单位也就无法统一,一般有 m、m^2、m^3、kg、t、块、套、组、台等。计算公式如下:

$$产量定额 = \frac{产品数量}{消耗的总工日数}$$

时间定额和产量定额是同一劳动定额的不同表现形式,它们都表示同一劳动定额,但各有其用途。时间定额因为单位统一,便于综合,计算劳动量比较方便;而产量定额具有形象化的特点,使工人的奋斗目标直观明确,便于分配工作任务。

建筑工程劳动定额的表示方法不同于其他行业的劳动定额,其表示方法有单式表示法、复式表示法、综合与合计表示法。

单式表示法一般只列出时间定额,复式表示法则既列出时间定额,又给出产量定额。

综合与合计定额都表示同一产品中各单项(工序或工种)定额的综合。按工序合计的定额称为综合定额,按工种综合的定额称为合计定额,其计算方法如下:

$$综合时间定额 = \sum 各单项工序时间定额$$

$$合计时间定额 = \sum 各单项工种时间定额$$

$$综合产量定额 = \frac{1}{综合时间定额}$$

$$合计产量定额 = \frac{1}{合计时间定额}$$

例如 1997 年《重庆市建筑、装饰、安装工程劳动定额》中每砌 1 m^3 一砖半砖墙砖基础,砌砖时间定额为 0.354 工日,运输为 0.449 工日,调制砂浆为 0.102 工日,则综合时间定额为:

$$(0.354 + 0.449 + 0.102)\ 工日/m^3 = 0.905\ 工日/m^3$$

3）时间定额与产量定额的关系

时间定额和产量定额都表示的是同一劳动定额,它们之间的关系可用下式来表示,即

$$时间定额 = \frac{1}{产量定额} \quad 或 \quad 产量定额 = \frac{1}{时间定额}$$

或 $$时间定额 \times 产量定额 = 1$$

即当时间定额减少时,产量定额就会增加;反之,当时间定额增加时,产量定额就会减少。然而其增加和减少的比例是不同的。

4）劳动定额的作用

在社会主义历史阶段,劳动定额的作用主要表现在组织生产和按劳分配两个方面。在当前推行经济责任制、实行计件工资、计时工资加奖励或栋号人工费包干的改革中,都无不是以劳动定额为基础的。因此,正确发挥劳动定额为生产和分配两个方面服务的作用,对加快我国建筑业生产的发展有着极其重要的意义。

(1)劳动定额是计划管理的基础 企业编制施工(生产)计划、施工作业计划和签发施工任务书,都是以劳动定额作为依据。例如施工进度计划的编制,首先是根据施工图纸计算出分部分项工程量,再根据劳动定额计算出各分项所需的劳动量,然后再根据拥有的工种工人数量安排工期。

各施工队根据施工进度计划确定的各分部、分项工程所需的劳动量和计划工期编制劳动力计划和施工作业计划。最后通过施工任务书的形式,将施工任务和劳动定额下达到班组或工人,作为生产指令,组织工人按质按量地完成施工任务。不难看出,劳动定额在计划编制中具有重要的作用。

(2)劳动定额是科学组织施工生产与合理组织劳动的依据 每个企业要科学地组织生产,就要在生产过程中使劳动力、劳动工具和劳动对象做到科学有效地结合,以求取得最大的经济效益。现代化施工企业的施工生产过程分工精细、协作紧密。为了保证施工生产过程的紧密衔接和均衡施工,企业需要在时间和空间上合理地组织劳动者协作配合。要达到这个要求,就要用劳动定额比较准确地计算出每个工人的任务量,规定不同工种工人之间的比例关系等。如果没有劳动定额,这一切都将很难办到。

(3)劳动定额是衡量工人劳动生产率的尺度 劳动生产率是人们在生产过程中的劳动效率,是劳动者的生产成果与规定劳动消耗量的比率。劳动生产率增长的实质是单位时间内所完成合格产品数量的增加或单位产品上劳动消耗量的减少,最终可归结为劳动量的节省。由于劳动定额是完成单位产品的劳动消耗量的标准,它与劳动生产率有着密切的关系。用公式表示如下:

$$L = \frac{W}{T} \times 100\%$$

式中　L——劳动生产率；

　　　W——完成某单位产品实际消耗时间；

　　　T——时间定额。

可见，以劳动定额衡量、计算劳动生产率，从中可以发现问题，找出原因并加以改进，以不断提高劳动生产率，推动生产向前发展。

（4）劳动定额是贯彻按劳分配原则的重要依据　社会主义的分配原则就是按劳分配，多劳多得，少劳少得，不劳不得。劳动定额作为劳动者付出劳动量和贡献大小的尺度，在贯彻按劳分配原则时，就应以劳动定额为依据。否则，按劳分配就会变成有其名而无其实。

（5）劳动定额是企业实行经济核算的重要依据　单位工程的用工及人工成本（或单位工程的工资含量）是企业经济核算的重要内容。为了考核、计算和分析工人在生产中的劳动消耗和劳动成果，就必须以劳动定额为依据进行人工核算，只有用劳动定额严格地、正确地计算和分析生产中的消耗与成果，才能降低成本中的人工费，达到经济核算的目的。

5）劳动定额的制定

（1）施工过程及工作时间分析　为了正确地制定和使用劳动定额，就必须对施工过程和工作时间加以研究。

①施工过程的概念及构成　施工过程是指在建筑工地范围内所进行的生产过程。而建筑企业中专门从事各类构件、配件的加工过程仍称为生产过程。

建筑产品的施工过程包括劳动过程和自然过程。所谓劳动过程，是指劳动者借助于一定的劳动手段，作用于劳动对象，使之按照人们预定的目的完成合格的某种产品的过程。但在施工过程中，有的产品还须借助自然力的作用，使之按照人们预期的目的发生某些物理或化学变化，这就是自然过程。如砼浇筑后的养护、预应力钢筋的时效、门窗油漆的干燥过程等。这些自然过程对于建筑产品的生产是不可缺少的，因此，在通常情况下，施工过程是由许多相互联系的劳动过程与自然过程相结合的过程。

每个劳动过程或自然过程都能获得一定的产品，该产品可能是改变了原劳动对象的外表形态、内部结构或性质，也可能是改变了原劳动对象的空间位置或物理性能。劳动过程中所获得的产品形状、尺寸、外表形态、空间位置和质量，必须符合建筑物设计及现行技术规范的要求。只有合格的产品才能计为施工过程中消耗工时的劳动成果。

劳动过程按照各生产阶段在产品形成中的作用可分为：

a.工艺过程：指直接改变劳动对象的性质、形状、位置等，并使其成为预定产品的过程。如房屋建筑中的基础开挖、砌砖墙、楼板安装、墙面粉刷、门窗安装等。由于工艺过程是劳动过程中最基本的内容，因而它是工时消耗研究的重点。

b.搬运过程：指将原材料、半成品、构件、机具设备从某处移到另一处，以保证施工作业顺利进行的过程。但操作者在作业时随时拿取堆放在工作地点上的材料等，属于工艺过程的一部分，不应视为搬运。如瓦工将已堆放在操作地点的砖块拿起砌在墙上，这一操作属于工艺过程，而不应视为搬运过程。

c.检验过程：指对各种原材料、半成品、构件等的数量和质量进行检验，判定其是否合格或能否使用的过程。如对作业前准备工作和安全措施进行检查，工艺过程的成果检测，判别材料、构配件等是否符合质量要求等。

工艺过程、搬运过程和检验过程按劳动分工、劳动者使用的机具与作业方法的不同,又可划分为若干个相互联系的工序。

工序:工序是施工过程中一个基本的施工活动单元,即一个工人或一个工人班组在一个工作地点对同一劳动对象连续进行的生产活动。它的特点是劳动者、劳动对象和劳动手段均不改变,如果其中有一个发生变化,就意味着从一个工序转入另一个工序。完成一项施工活动一般要经过若干道工序。如现浇钢筋砼梁、柱,就需要经过支模板、绑扎钢筋、浇灌砼这三个工艺过程,而每一工艺过程又可划分为若干工序。如支模板可分为模板制作、安装、拆除三道工序。当然这些工序前后还有搬运和检验工序。

从劳动者的劳动活动角度来看,工序又由若干个相互联系的操作所组成。

所谓操作,是指劳动者使用一定的方法完成某一作业而进行的若干动作的完整行动。如现浇钢筋砼柱安装模板这一工序,就是由表2.1的操作所组成。每个操作还可划分为若干动作。所谓动作,是指工人在完成某一操作时的一举一动。如上述立模板这一操作,就可分为表2.1的几个动作。

根据以上分析,现浇钢筋砼柱支模板工艺过程的工序见表2.1。

表2.1　现浇钢筋砼柱支模板工艺过程

工艺过程	工　序	操　　作	动　　作
支模板	制　作 安　装 拆　除	安装 { ①将材料搬运到安装地点 ②立模板 ③安装柱箍 ④校正 ⑤钉支撑	立模板 { ①从堆放处拿起模板 ②将模板组装到位 ③拿出钉锤、铁钉 ④在模板连接处钉钉子

在实际工作中,工序的划分及工序本身的分解并无固定的标准,主要是根据施工工艺、技术特点和施工组织形式来确定,可粗也可细。

在施工过程中,施工活动又可划分为工作过程和复合工作过程。在专业化协作程度较高的情况下,劳动分工较细,划分成工序有利于组织平行交叉作业,提高劳动生产率。但在施工任务较小,专业化协作程度较低的情况下,劳动分工就不宜过细,以免造成人工、设备工作负荷的不足,这时就宜划分为工作过程或复合工作过程。

工作过程:指由同一工人或同一工人小组完成的、在技术操作上相互联系的几个工序的综合。如钢筋制作中的搬运、平直、切断、弯曲这四项工作,若由四个小组来完成,即为四个不同的工序;若四项工作由同一小组来依次完成,便是一个工作过程。这是工作过程与工序的主要区别。

复合工作过程:复合工作过程是指由几个在工艺上、操作上直接相关,最终为共同完成同一产品而同时进行的几个工作过程的综合。例如现浇砼构件就是一个复合工作过程,砼的搅拌、运输、浇灌、振捣等作业,都可交叉或同时进行,相互关联,而最终产品是现浇砼构件。

根据以上分析,施工过程的构成如图2.2所示。

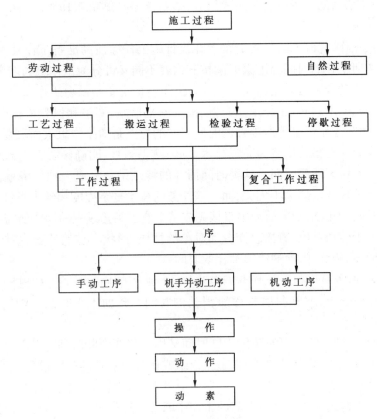

图 2.2　施工过程构成图

分析施工过程的目的在于:研究各部分在组成及安排上的必要性与合理性,以便设计、制定最合理的工序结构;研究机械化程度的可能性,以便改善劳动条件,减轻工人的劳动强度;研究各项操作或动作是否可以取消、简化或改进,以便制定科学的操作方法或工作规程;研究如何组织好工序之间的衔接配合及交叉作业,以便达到整个施工过程的连续性、均衡性、平行性和比例性的要求,实现施工周期短,劳动效率高,产品质量优,工程成本低的目标。

②工作时间的研究及其分类　研究工作时间消耗量及其特点,并对工作时间的消耗进行科学的分类,是制定劳动定额的基本内容之一。

所谓工作时间,就是工作班的延续时间。国家现行制度规定为 8 小时工作制、即日工作时间为 8 小时。

施工活动中的时间消耗,从对产品形成的效果来看,可分为基本时间、中断时间和无效时间三大类。从制定劳动定额的角度,即从是否为进行施工活动的需要来看,可分为必须消耗的时间(定额时间)和损失时间(非定额时间)两大类。

a. 必须消耗的时间(定额时间):指劳动者为完成一定数量的产品或符合要求的工作所必须消耗的工作时间,用 $T_定$ 表示,由休息时间、有效工作时间及不可避免的中断时间所组成。

休息时间:指劳动者在工作班内为恢复体力和生理需要而消耗的时间,用 $T_息$ 表示。休息时间应根据工作的繁重程度、劳动条件和劳动保护的规定列入定额时间内。

有效工作时间:指用于执行施工工艺过程中规定工序的各项操作所必需消耗的时间,用

$T_{效}$ 表示。它是定额时间中最主要的组成部分,包括准备与结束工作时间、基本工作时间和辅助工作时间。

准备与结束工作时间($T_{准束}$),指劳动者在执行施工任务前的准备工作及施工任务完成后的结束整理工作所消耗的时间。准束时间按其内容不同又可分为工作班的准束时间与任务的准束时间。工作班的准束时间是指用于工作班开始时的准备与结束工作及交接班所消耗的时间,如更换工作服、领取料具、工作地点布置、检查安全措施、调整和保养机械设备,收拣工具、清理工作场地、填写工作记录等所消耗的时间。它的特点是随工作班次而重复出现,比较有规律。任务的准束时间是指劳动者为完成技术交底、熟悉图纸、明确施工工艺和操作方法、任务完成后交回图纸等所消耗的时间。这类时间消耗的特点是每完成一项任务就消耗一次,其时间消耗的多少与该任务量的大小无关,而与该任务的技术复杂程度和施工条件直接相关。

基本工作时间($T_{基}$)指施工活动中直接完成基本施工工艺过程的操作所需消耗的时间,也就是劳动者借助于劳动手段,直接改变劳动对象的性质、形状、位置、外表、结构等所消耗的时间。如钢筋成形、砌砖墙、门窗油漆等消耗的时间。

辅助工作时间($T_{辅}$)指为保证基本工作顺利进行所需消耗的时间。如机械上油,砌砖过程中的起线、收线、检查、搭设临时跳板等所消耗的时间。辅助工作时间一般与任务的大小成正比。

不可避免的中断时间:不可避免的中断时间又称工艺性中断时间,用 $T_{断}$ 表示。是指劳动者在施工活动中,由于工艺上的要求,在施工组织或作业中引起的难以避免或不可避免的中断操作所消耗的时间。如:抹水泥砂浆地面,压光时抹灰工因等待收水而造成的工作中断;汽车司机在等待装卸货物或交通信号而引起的工作中断等。这类时间消耗的长短与产品的工艺要求、生产条件、施工组织情况等有关。通常是根据上述条件,为不同产品或作业规定一个适当比例作为中断时间。

b. 损失时间(非定额时间):指与完成施工任务无关的时间消耗,即明显的工时损失。这类时间损失按产生的原因又可分为停工时间、多余或偶然工作时间、违犯劳动纪律时间。

停工时间:指非正常原因造成的工作中断所损失的时间。按照造成原因的不同,这类时间又可分为施工本身造成的停工时间和非施工本身造成的停工时间。施工本身造成的停工包括施工组织不善、材料供应不及时,施工准备工作不够充分而引起的停工。非施工原因造成的停工包括突然停电、停水、暴风、雷雨等造成的停工。这些停工是由外部原因而引起。

多余或偶然工作时间:指工人在工作中因粗心大意、操作不当或技术水平低等原因而造成的工时浪费。如寻找自己的专用工具,质量不符合要求时的整修和返工,对已加工好的产品做多余的加工等浪费的时间。

违反劳动纪律时间:指人人不遵守劳动纪律而造成的工作中断所损失的时间。如迟到、早退、工作时擅离岗位、办私事、闲谈等损失的时间。

根据以上分析,工作时间的构成如图 2.3 所示。

通过对劳动过程工时消耗的分析归类,可以看出并不是所有的工时消耗都是必要的。其中有若干不必要的工时消耗应该避免出现,有的工时消耗则应大大缩减。在必要的工时消耗中,还可以考虑更合理的利用。所以,分析研究工时消耗的任务,不仅是对其分类,更重要的是分析哪些是必要的工时,哪些是可以改善或取消的工时,研究具体措施以减少并消除损失时

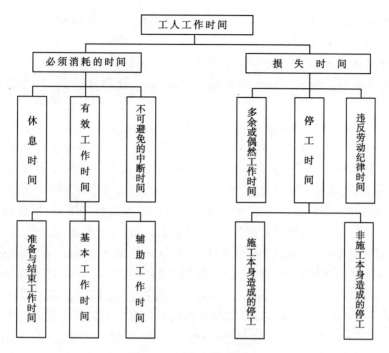

图 2.3　工作时间构成图

间,保证工作时间的充分利用,为制定先进合理的劳动定额提供良好的条件,促进劳动生产率的提高。

(2)劳动定额制定的原则和依据

①劳动定额制定的原则　劳动定额能否在企业管理中充分发挥它组织生产和按劳分配的双重作用,关键在于定额质量的高低。为了保证定额的质量,在劳动定额制定时必须遵循以下几个原则:

a.定额水平要先进合理。所谓定额水平,是指定额所规定的劳动消耗量的额度,它是生产技术水平、管理水平、劳动生产率水平和劳动者思想觉悟水平的综合反映。定额水平作为社会主义阶段,社会和国家对劳动标准和消耗标准实行严格监督的尺度,应当有利于提高劳动生产率,降低生产消耗;有利于正确考核工人的劳动成果,实现按劳分配原则。因此,定额水平既不能完全以先进企业、先进生产者的水平为依据,也不能以后进企业和后进生产者的水平为依据,而只能是先进合理的水平。所谓先进合理,就是指在正常的生产技术组织条件下,经过努力,部分工人可以超额、多数工人可以达到或接近的定额水平。所谓正常的生产技术组织条件,是指施工任务饱满,材料供应及时,劳动组织合理,企业管理制度健全,施工技术状况正常,工作环境和劳动条件正常。在实际工作中,定额水平的确定是一个比较复杂的问题,因为它受到诸多因素的影响与制约。要提高定额水平,应在不断改进操作,推广先进工艺,改进设备等方面下功夫。总之,确定出的定额水平,应当既不是高不可攀,又不是不经过努力就可以轻易超过的水平。

b.定额的结构形式要简明适用。建筑业是劳动密集型的产业部门,分布地域辽阔,建筑安装工程结构复杂,产品品种多样,露天施工,流动分散,影响因素很多。建筑施工生产的这些特点,客观上要求劳动定额的结构形式与内容必须简明适用,所谓简明适用,是指结构合理,步距大小适当,文字通俗易懂,计算方法简便,易为群众掌握使用,具有多方的适应性,能在较大范围内满足不同情况、不同用途的需要。

坚持简明适用的原则,主要应解决以下四个方面的问题:

a. 项目划分要合理。项目划分合理包括两层意思,一是项目齐全,二是粗细恰当。所谓"齐全",是指在施工活动中那些主要的、常用的工序或工作过程,都能直接反映在劳动定额项目中,即均能从劳动定额中找到其劳动消耗量的标准。要做到定额项目齐全,应尽可能将已经成熟和普遍推广的新工艺、新技术、新材料反映到定额中去。地方和企业还应把带有局部性的项目编入补充定额,以扩大定额的适用范围。对那些已经过时不适用的项目应予以淘汰。项目划分的粗细程度,关系到定额的合理使用。项目划分过粗,定额结构形式简明,但定额水平相差很大,精确度低,容易造成苦乐不均;项目划分过细,虽然精确度高,但计算复杂,使用不便。一般来说,应以工种分部分项工程为基础,妥善处理粗与细、单项与综合、工序与项目之间的关系。项目划分粗细恰当,有利于编制施工计划,签发施工任务书,计算劳动报酬。

如 1997 年《重庆市建筑装饰、安装工程劳动定额》中的钢筋工程,将预制矩形梁、门窗过梁等划分为 7 个项目,35 个子目。若将 16 mm 以下的 7、9、10、12 mm 四个项目综合到 16 mm 以内,虽然子目减少很多,但造成劳动消耗量定额极不合理。因为原 7、9、10、12 mm 四个项目的定额水平与 16 mm 的定额水平相差悬殊(29% ~204%),精确度就很差。见表 2.2。

表 2.2　预制矩形梁、门窗过梁钢筋工程项目划分

项　　目	劳动消耗量(工日·t^{-1})	与 16 mm 比较百分率/%
16 mm 以内	5.72	100
12 mm 以内	7.37	129
10 mm 以内	8.83	154
9 mm 以内	12.5	219
7 mm 以内	17.4	304

由此可见,上例的原项目划分粗细是恰当的。

步距大小适当。步距是指同类工作过程的相邻定额项目之间的水平间距。步距大则定额项目减少,其精确度就低,影响分配;步距小定额项目增多,其计算和管理复杂,使用不便。一般来说,对主要工种、常用项目,步距要小些,对次要工种、工程量不大或不常用项目,步距可适当大些。

b. 文字通俗、计算简便。定额文字说明和注释等应明了、确切、清楚、简练、通俗易懂,名词术语应是全国通用的。计算方法力求简化,易为群众掌握、运用。定额项目的工程量单位必须同产品的计量单位一致,以便于组织施工、划分已完工程及计算工程量。

c. 册、章、节编排要方便基层单位的使用。劳动定额册、章、节的编排是确定劳动定额结构形式的一项重要工作。分册的编排一般按施工专业划分,以先后顺序进行排列。章、节的划分根据不同情况而定,有的可设章和节,有的就只设节,不强求统一,但层次要分明。章的划分,有的可按工程部位划分,有的则按不同生产工艺和不同材料划分。节的划分可按不同的施工机械、材料、分项工程和工序等划分。

②劳动定额的制定依据　劳动定额既是技术定额，又是重要的经济法规。因此，劳动定额的制定必须以国家的有关技术、经济政策和可靠的科学技术资料为依据。其依据按性质可分为两大类：

a. 国家的经济政策和劳动制度。主要有《建筑安装工人技术等级标准》和工资标准，工资奖励制度，劳动保护制度，8 小时工作制度。

b. 技术资料。技术资料又可分为有关规范、技术测定和统计资料两部分。规范类如《建筑安装工程施工验收规范》、《建筑安装工程操作规程》、机械设备说明书、国家建材标准等。技术测定和统计资料如现场测定的有关技术数据和日常建筑产品完成情况，工时消耗的单项或综合统计资料。

（3）劳动定额制定的基本方法　劳动定额的制定方法随着建筑业生产技术水平的不断提高而不断改进。但目前仍采用以下几种方法，即技术测定法、统计分析法、比较类推法和经验估计法。

①技术测定法　这种方法是根据测定的资料来制定劳动定额的一种方法。就目前来说，该方法已发展成为一个多种技术测定体系，包括计时观察测定法、工作抽样测定法、回归分析法和标准时间资料法。

a. 计时观察测定法。计时观察测定法是一种最基本的技术测定法，是在一定的时间内，对特定作业进行直接的连续观测、记录，从而获得工时消耗数据并据以分析制定劳动定额的方法。按其测定的具体方法又分为秒表时间研究法和工作日写实法。计时观测法的优点是对施工作业过程的各种情况记录比较详细，数据比较准确，分析研究比较充分。但缺点是测定工作量大，一般适用于重复程度比较高的工作过程或重复性手动作业。

b. 工作抽样测定法。工作抽样测定法又称瞬间观测法，是通过对操作者或机械设备进行随机瞬间观测，记录各种作业项目在生产活动中发生的次数和发生率，由此取得工时消耗资料，推断各观测项目的时间结构及其演变情况，从而掌握工作状况的一种测定技术。同计时观察测定法比较，工作抽样测定法无须观测人员连续在现场记录，具有省力、省时、适应性广的优点。但缺点是不宜测定周期很短的作业，不能详细记录操作方法，观测结果不直观等。一般适用于测定间接生产工人的工时利用率和设备利用率等。

c. 回归分析测定法。回归分析测定法是应用数理统计的回归与相关原理，对施工过程中从事多种作业的一个或几个操作者的工作成果与工时消耗进行分析的一种工作测定技术。其优点是速度较快，工作量小，特别对于一些难以直接测定的工作尤为有效。缺点是所需的技术资料来自统计报表，往往不够具体准确。

d. 标准时间资料法。标准时间资料法是利用计时观察测定法所获得的大量数据，通过分析、综合，整理出用于同类工作的基本数据而制定劳动定额的一种方法。其优点是不进行大量的直接测定即可制定劳动定额，节约大量的观测工作量，加快了定额制定的速度。由于标准资料是过去多次研究的成果，是衡量不同作业水平统一的标准，可提高制定定额的准确性，因而具有极大的适用性。

②统计分析法　统计分析法是在将过去完成同类产品或完成同类工序的实际耗用工时的统计资料与当前生产技术组织条件的变化因素相结合的基础上，进而分析研究制定劳动定额的一种方法。

由于统计资料反映的是工人过去已达到的水平,在统计时并没有也不可能剔除施工活动中的不合理因素,因而这个水平一般偏于保守。为了克服这个缺陷,可采用二次平均法作为确定定额水平的依据。其步骤如下:

a. 剔除统计资料中明显偏高、偏低的不合理数据。

b. 计算一次平均值。

$$\bar{t} = \sum_{i=1}^{n} \frac{t_i}{n}$$

式中　$\bar{t}$——一次平均值;

　　　t_i——统计资料的各个数据;

　　　n——统计资料的数据个数。

c. 计算平均先进值。

$$\bar{t}_{min} = \sum_{i=1}^{x} t_{min}/x$$

式中　$\bar{t}_{min}$——平均先进值;

　　　t_{min}——小于一次平均值的统计数据;

　　　x——小于一次平均值的统计数据个数。

d. 计算二次平均值。

$$\bar{t}_0 = (\bar{t} + \bar{t}_{min})/2$$

【例2.1】　某种产品工时消耗的资料为21,40,60,70,70,70,60,50,50,60,60,105工时/台,试用二次平均法制定该产品的时间定额。

【解】　●剔除明显偏高、偏低值,即21,105。

　　　　●计算一次平均值

$$\bar{t} = \frac{(40+60+70+70+70+60+50+50+60+60)}{10} \text{工时/台} = 59 \text{工时/台}$$

　　　　●计算平均先进值　$\bar{t}_{min} = \frac{(40+50+50)}{3} \text{工时/台} = 46.67 \text{工时/台}$

　　　　●计算二次平均值　$\bar{t}_0 = \frac{(59+46.67)}{2} \text{工时/台} = 52.84 \text{工时/台}$

③比较类推法　比较类推法又称典型定额法,是以生产同类型产品(或工序)的定额为依据,经过分析比较,类推出同一组定额中相邻项目定额水平的方法。这种方法简便,工作量小,只要典型定额选择恰当,切合实际,具有代表性,类推出的定额水平一般比较合理。这种方法适用于同类型产品规格多、批量小的作业过程。采用这种方法要特别注意工序或产品的施工(生产)工艺和劳动组织"类似"或"近似"的特征,要细致地分析工作过程的各种因素,防止将差别很大的项目作为同类型产品项目进行比较类推。通常选用主要项目或常用项目作为典型定额进行比较类推,这样就能提高定额水平的精确度。

常用的方法是首先选择好典型定额项目,并通过技术测定或统计分析确定出相邻项目或类似项目的比较关系,然后算出定额水平。其计算式如下:

$$t = pt_0$$

式中　t——所求项目的时间定额;

t_0——典型定额项目的时间定额；

p——比例系数。

【例2.2】 已知挖地槽的一类土的时间定额与二、三、四类土的比例系数,求二、三、四类土的时间定额。

【解】 当地槽上口宽在0.8 m以内时,

二类土的时间定额 $t = pt_0 = (1.43 \times 0.133)$工日$/m^3 = 0.190$ 工日$/m^3$

三类土的时间定额 $t = pt_0 = (2.50 \times 0.133)$工日$/m^3 = 0.333$ 工日$/m^3$

四类土的时间定额 $t = pt_0 = (3.76 \times 0.133)$工日$/m^3 = 0.500$ 工日$/m^3$

地槽上口宽度在1.5 m以内、3.0 m以内的二、三、四类土挖地槽时间定额计算方法同上。见表2.3。

表2.3 人工挖地槽时间定额表 工日$/m^3$

项 目	比例系数	地槽深度 <1.5 m		
		上口宽度/m		
		<0.8	1.5	3.0
一类土	1.00	0.133	0.115	0.106
二类土	1.43	0.190	0.164	0.154
三类土	2.50	0.333	0.286	0.270
四类土	3.76	0.500	0.431	0.396

④经验估计法 经验估计法是由定额人员、技术人员和工人三结合,总结个人或集体的实践经验,依照图纸和施工规范,通过座谈讨论反复平衡而确定定额水平的一种方法。应用经验估计制定定额,应以工序(或单项产品)为对象,分别估计出工序中每一操作的基本工作时间,然后考虑辅助工作时间、准备与结束时间和休息时间,经过综合整理,并对整理结果予以优化处理,即得出该项产品(工作)的时间定额。

经验估计法简便及时,工作量小,可以缩短定额制定的时间。但由于受到估计人员经验水平的影响,又缺乏科学的依据,定额水平往往会出现偏高偏低的现象。因而经验估计法只适用于不易计算工作量的施工作业,通常是作为一次性定额使用。

经验估计法一般可用下面的经验公式进行优化处理:

$$t = \frac{a + 4m + b}{6}$$

式中 t——优化定额时间;

a——先进作业时间;

m——一般作业时间;

b——后进作业时间。

6) 劳动定额的应用

(1)劳动定额手册的内容 劳动定额手册是劳动定额的汇集,它不仅包括所有的定额子目,还对影响定额水平的各种因素都做出了明确的规定与说明,以方便基层使用。其内容由以下三部分组成。

①文字说明部分　文字说明部分由总说明,分册说明及章、节说明所构成。

总说明:是对全册定额中带共性的问题进行解释。如有关规定,定额的适用范围,定额的编制依据,工程质量及安全操作要求,定额的工作内容,定额的表现形式,定额计量单位及在实际应用中应掌握和注意的问题,地面水平运距的计算,人力垂直运输的划分,建筑物高度的取定,系数的用法和"以内"、"以外"的含义等。

分册说明:主要综合叙述本册共性方面的内容。如主要工作内容,施工方法,质量安全要求及主要项目质量验收允许偏差,工程量计算,劳动组织,技术等级,附注加工的应用及其他规定的说明等。

章、节说明:是对本章、本节某些项目作更详细的阐述,尤其是对工作内容说明得更加详尽具体。另外对某些项目在执行中应注意的事项还在附注中予以注明。

②定额表部分　定额表部分是定额手册的核心部分,列出了各个项目的人工消耗量指标及每工应完成合格产品的数量额度,并标明了定额的计量单位及定额的编号。

③附录部分　主要包括对定额中专业术语或名词所作的解释,专用名称的图示说明,以及增降工作量换算表等。

(2)劳动定额的具体应用　建筑产品的特点导致劳动定额项目繁多,因此,实际应用时其针对性很强。作为定额与预算工作人员,必须熟悉建筑施工技术和施工工艺,熟悉劳动定额手册的有关内容、说明及规定。

①定额的直接套用　当设计(含施工组织设计)要求同定额项目的工作内容相一致时,方可直接套用定额,以求出该工作项目的人工消耗量。

下面以1997年《重庆市建筑、装饰、安装工程劳动定额》为例,说明劳动定额的具体使用方法。(以后各例均同)

【例2.3】　某工程独立基础(单个体积在2 m³以内),按工程量计算规则求得木模板工程量为187 m²,试求木模板制作、安装、拆除各工序的用工量及综合用工量。

【解】　●确定定额编号　7-2-134

●查找定额综合用工量　2.70 工日/10 m²

●计算木模板工程人工消耗量

$$187 \text{ m}^2 \times 2.70 \text{ 工日}/10 \text{m}^2 = 50.49 \text{ 工日}$$

●查找制作工序定额用工量　0.909 工日/10 m²

●计算制作工序人工消耗量

$$187 \text{ m}^2 \times 0.909 \text{ 工日}/10 \text{ m}^2 = 17 \text{ 工日}$$

●查找安装工序定额用工量　1.41 工日/10 m²

●计算安装工序人工消耗量

$$187 \text{ m}^2 \times 1.41 \text{ 工日}/10 \text{ m}^2 = 26.37 \text{ 工日}$$

●查找拆除工序定额用工量　0.385 工日/10 m²

●计算拆除工序人工消耗量

$$187 \text{ m}^2 \times 0.385 \text{ 工日}/10 \text{ m}^2 = 7.20 \text{ 工日}$$

②附注、系数及附注加(减)工日的应用　附注、系数及附注加(减)工日通常在分册说明和定额表下端予以注明。附注是对本节部分定额项目的工作内容、操作方法、材料和半成品规

格等做进一步明确。系数和附注加(减)工日实际上是劳动定额的另一种表现形式。系数在实际使用中针对性更强,因此,在定额使用过程中一定要注意系数应乘在什么基数上。

【例2.4】 某校家属宿舍,设计要求地面为 C_{10} 砼面层,8 cm 厚,最大房间面积为 14.8 m^2,该项工程量为 12.1 m^3,试计算该分项工程的用工数量(机械搅拌、机械捣固、双轮车运输、砼搅拌机容量为 250 L)。

【解】 ●确定定额编号 9-1-32

●查找定额用工量 0.671 工日/m^3

●根据分册说明有关规定 2.3.5 条及附注第一条,每 m^3 砼应增加 0.033 工日,并乘以 1.3 的系数。

●计算该分项工程的用工数量

$$12.1 \ m^3 \times (0.671 + 0.033) \ 工日 /m^3 \times 1.3 = 11.07 \ 工日$$

③使用定额时应注意的事项

a.熟悉图纸,正确计算工程量。劳动定额项目繁多,针对性强,要做到正确应用定额,就必须根据定额的有关规定和要求,按照施工图纸的内容,正确计算出工程量。如套用砌墙定额,就应按照图纸标明的墙体厚度分别计算出双面清水墙、单面清水墙、混水墙、外墙等各自的工程量,并且还应算出墙面艺术形式及门窗洞口面积所占的比例,预制门窗过梁、隔板、垫块的重量等,因为这些都与套用定额有关。又如砼工程中,必须从图纸中查得构件的几何形状和有关尺寸,然后才能计算体积和套用定额。

b.熟悉施工组织设计和了解施工现场情况。要正确套用定额,就必须熟悉施工组织设计所采用的施工方法及施工技术措施。如:砌墙必须明确是采用外架还是内架,是单排还是双排;垂直运输必须明确是采用塔吊还是井架;现场预制构件必须明确是采用砖底模还是底模板等。因为不同的施工方法有不同的定额项目,不能随便套用。另外,现场使用的机具、材料、半成品等与定额规定是否一致,材料运输是否有超运距情况等,都只有深入施工现场才能知道,而这些都与套用定额有关。再如杯型基础施工,若杯口内模是加工厂铁皮制作,那么在套用定额时,就不能套用杯形基础木模制作定额项目,而应套相应的独立基础木模制作定额项目。还有其他砼构件模板配制及再次安装等,均应到施工现场了解实际情况后才能正确套用定额。

c.熟悉定额。熟悉定额的文字说明、工作内容及附注是正确套用定额的前提条件,只有掌握了定额使用与计算的有关规定,才能正确地套用定额。

2.3.2 机械台班使用定额

建筑施工中,有的施工活动(或工序)是由人工完成的,有的则是由机械完成的,还有的是由人工和机械共同完成的。由机械完成的或由人工和机械共同完成的产品,都需要消耗一定的机械工作时间。规定完成合格的单位产品所需消耗机械台班的数量标准或在单位台班内规定机械应完成合格产品的数量标准,叫机械台班使用定额。一台机械工作一个工作班(即 8h)称为一个台班。

1)机械工作时间分析

机械在工作班内的时间消耗,按其与产品生产的关系,可分为与产品生产有关的时间和与产品生产无关的时间两种。通常把与产品生产有关的时间称为机械定额时间,而与产品生产无关的时间则称为非机械定额时间。

（1）机械定额时间的构成　机械定额时间是指机械在工作班内与完成合格产品有关的工作时间。由于机械施工的特点，机械定额时间由以下有关时间构成，如图2.4所示。

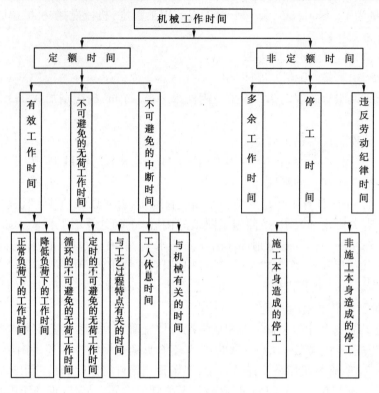

图2.4　机械工作时间构成图

①有效工作时间　指机械直接为完成产品而工作的时间，包括正常负荷下和降低负荷下两种工作时间的消耗。

正常负荷下的工作时间：指机械与其规定负荷相等的负荷下（满载）进行工作的时间。特殊情况下由于技术上的原因，机械可能在低于规定负荷下工作，如汽车载运质量轻、体积大的货物时，不能充分利用汽车载重吨位而不得不降低负荷工作，此种情况亦属正常负荷下工作。

降低负荷下的工作时间：指由于工人、技术人员和管理人员的过失，使机械在降低负荷的情况下进行工作的时间。如：工人装车的数量不足而造成汽车在降低负荷下工作；装入搅拌机的材料数量不够而使搅拌机降低负荷工作等。

②不可避免的中断时间　指施工中由于技术操作和组织的原因而造成机械工作中断的时间。包括以下三种：

与操作有关（即与工艺过程特点有关）的不可避免的中断时间。如汽车装货、卸货的停歇中断时间，喷浆机喷白，从一个工作地点转移到另一个工作地点时喷浆机的工作中断时间等。

与机械有关的不可避免的中断时间。如机械开动前的检查，给机械加油加水时的停驶时间，车床更换车刀时的停车时间等。

工人休息时间。指工人在工作班内为恢复体力和生理需要而引起的机械工作中断时间。

③不可避免的无荷工作时间　指由于施工的特性和机械本身的特点所造成的机械无荷工作时间。无荷工作时间分为循环的与定时的两种。

循环的不可避免的无荷工作时间。指由于施工的特性所引起的机械空运转所消耗的时间,它在机械的每一工作循环中重复一次。如铲运机返回铲土地点,推土机的空车返回等。

定时的不可避免的无荷工作时间。指工作班的开始或结束时的无荷空转或工作地段转移所消耗的时间。如压路机的工作地段转移,工作班开始或结束时运货汽车来回放空车等。

(2)机械非定额时间的构成　非定额时间亦称损失时间,它是指机械在工作班内与完成产品无关的时间损失。这些时间损失并不是完成产品所必须消耗的时间,因此,机械台班定额中不包括此类时间,损失时间按其发生的原因可分为以下几种:

①多余工作时间　指产品生产中超过工艺规定所用的时间。如搅拌机超过规定的搅拌时间而多余运转的时间等。

②违反劳动纪律所损失的时间　如迟到、早退、闲谈等所引起的机械停运转的损失时间。

③停工时间　指由于施工组织不善和外部原因所引起的机械停运转的时间损失。如:机械停工待料、保养不好的临时损坏,未及时给机械供水和燃料而引起的停工时间损失;水源、电源的突然中断,大风、暴雨、冰冻等引起的机械停工时间损失。

2)机械台班使用定额的制定方法

(1)定额时间的归类　机械在工作班内,应采取措施消除损失时间,因为这类时间属于非定额时间。为了便于机械台班定额的制定,将定额时间归并为净工作时间和其他工作时间两类。

①净工作时间　指工人使用机械对劳动对象进行加工,用于完成基本操作所消耗的时间。该类时间与完成产品的数量成正比,主要包括:

机械有效工作时间;

机械在工作中循环的不可避免的无荷工作时间;

与工艺过程特点有关的循环的不可避免的中断时间。

②其他工作时间　指除了净工作时间以外的定额时间,主要包括:

机械定时的无荷时间和定时的不可避免的中断时间;

操纵机械或配合机械工作的工人,在工作班内的准备与结束工作所造成的机械不可避免的中断时间;

操纵机械或配合机械工作的工人休息所造成的不可避免的中断时间。

把定额时间这样归类,主要是确定出净工作时间的具体数值以及净工作时间与工作班延续时间的比值。净工作时间的确定要依据对机械作业过程进行多次工作日写实的数据,并参考机械说明书等有关技术资料认真分析后取定。应尽一切可能提高机械净工作时间,减少其他工作时间,保证机械在工作班内最大的生产效率。

机械净工作时间(t)与工作班的延续时间(T)的比值,通常称为机械利用系数(K_B),即

$$K_B = \frac{t}{T}$$

(2)机械净工作1小时的生产效率　建筑机械可分为循环动作和连续动作两种类型。循环动作机械是指机械重复地、有规律地在每一周期内进行同样次序的动作。如塔式起重机、单

斗挖十机等。连续动作的机械是指机械工作时无规律性的周期界线,而是不停的做某一种动作,如转动、行走、摆动等。如皮带运输机、多斗挖土机等。这两类机械净工作1小时的生产效率有着不同的确定方法。

①循环动作机械净工作1小时生产效率的确定 循环动作机械净工作1小时的生产效率 $N_{小时}$,取决于该机械净工作1小时的循环次数 n 和每次循环中所生产合格产品的数量 m。即

$$N_{小时} = n \times m$$

确定循环次数 n,首先要确定每一循环的正常延续时间。而每一循环的延续时间,等于该循环各组成部分正常延续时间之和$(t_1 + t_2 + \cdots + t_i)$,一般应根据技术测定法确定(个别情况也可根据技术规范确定)。观测中应根据各种不同的因素,确定相应的正常延续时间。对于某些机械工作的循环组成部分,必须包括有关循环的、不可避免的无荷及中断时间。对于某些同时进行的动作,应扣除其重叠时间,例如挖土机"提升挖斗"与"回转斗臂"的重叠时间。这样机械净工作1小时的循环次数,可用下式计算(时间单位:min):

$$n = \frac{60}{t_1 + t_2 + \cdots + t_n}$$

或

$$n = \frac{60}{t_1 + t_2 + t_i - t'_1 - t'_2 + \cdots + t_n}$$

式中 t'_i——组成部分的重叠工作时间。

机械每循环一次所生产的产品数量 m 可通过计的观测求得。

②连续动作机械净工作1小时生产效率的确定 连续动作机械净工作1小时的生产率 $N_{小时}$ 主要是根据机械性能来确定。在一定的条件下,净工作1小时的生产效率通常是一个比较稳定的数值。确定的方法是通过实际观测或试验得出一定时间 t(小时)内完成的产品数量 m,然后按下式计算:

$$N_{小时} = \frac{m}{t}$$

某些情况下,由于难以精确地确定机械正常负荷、产品数量或工作对象的加工程度,使得确定连续动作机械净工作1小时的正常生产效率成为一项较为复杂的工作。如确定单位时间内通过碎石机两颗之间石子的正常数量以及确定压路机碾压土壤达到所要求密实度的时间等,都是比较困难的。因此,为了保证所确定的机械净工作1小时的生产效率的可靠性,在运用计时观测法的同时,还应以机械说明书等有关资料的数据为参考依据,经分析后再确定。

(3)确定机械台班产量定额 机械台班产量定额 $n_{台班}$ 等于该机械净工作1小时的生产效率 $N_{小时}$ 乘以工作班的延续时间 $T(8\,h)$ 再乘以机械时间利用系数 K_B。即:

$$n_{台班} = N_{小时} \times T \times K_B$$

对于某些一次循环时间大于1小时的机械作业过程,不必先计算出净工作1小时的生产效率,可直接用一次循环时间 t(h)求台班循环次数 T/t,再根据每次循环的产品数量 m,确定其台班产量定额。计算式如下:

$$n_{台班} = (T/t) \times m \times K_B$$

3)机械台班使用定额的表现形式

(1)机械时间定额 规定生产某一合格的单位产品所必须消耗的机械工作时间,叫机械

时间定额。

（2）机械产量定额　规定某种机械在一个工作班内应完成合格产品的数量标准，叫机械产量定额。

从上述概念可以看出，机械时间定额与机械产量定额互为倒数关系。即

$$机械时间定额 = \frac{1}{机械产量定额}$$

$$机械产量定额 = \frac{1}{机械时间定额}$$

（3）操纵机械或配合机械的人工时间定额　规定配合机械完成某一合格单位产品所必须消耗的人工数量的标准，叫机械人工时间定额（简称人工时间定额），其计算式如下：

$$人工时间定额 = \frac{小组成员工日数总和}{机械产量定额}$$

则

$$机械产量定额 = \frac{小组成员工日数总和}{人工时间定额}$$

在机械台班使用定额中，一般未表明机械时间定额，而表明的是人工时间定额。此定额包括操作和配合机械作业的全部小组人员的工时消耗，在实际应用时应注意这一点。

【例2.5】　一台6 t塔式起重机吊装某种砼构件，配合机械作业的小组成员为司机1人，起重和安装工7人，电焊工2人。已知机械台班产量为40块，试求吊装每一块构件的机械时间定额和人工时间定额。

【解】　$机械时间定额 = \dfrac{1}{机械产量定额} = \dfrac{1}{40 \text{ 块/台班}} = 0.025 \text{ 台班/块}$

$人工时间定额 = \dfrac{小组成员工日数总和}{机械产量定额} = \dfrac{(1+7+2) \text{ 工日/台班}}{40 \text{ 块/台班}} = 0.25 \text{ 工日/块}$

或　　　　$(1+7+2) \text{ 工日/台班} \times 0.025 \text{ 台班/块} = 0.25 \text{ 工日/块}$

从上式可以看出，机械时间定额与配合机械作业的人工时间定额之间的关系如下：

$$人工时间定额 = 配合机械作业的人数 \times 机械时间定额$$

4）机械台班使用定额的应用

（1）定额的直接套用　当设计（含施工组织设计）要求与定额工作内容完全相符时，则可直接套用定额。

【例2.6】　某单层工业厂房钢吊车梁，质量为6.75 t，现有24根需要安装在砼柱上。按施工组织设计规定，采用一台履带式起重机吊装，试求吊车梁安装所需的机械台班数。

【解】●确定定额编号　15-4-68（三）

●查找安装人工时间定额　1.385 工日/根

●根据分册说明2.2.2.15条，安装小组成员为18人。

●$机械产量定额 = \dfrac{小组成员工日数总和}{人工时间定额} = \dfrac{18 \text{ 工日/台班}}{1.385 \text{ 工日/根}} = 12.996 \text{ 根/台班}$

●$所需机械台班数 = \dfrac{工程量}{机械产量定额} = \dfrac{24 \text{ 根}}{12.996 \text{ 根/台班}} = 1.847 \text{ 台班}$

（2）附注、系数、附注加（减）工日的应用　附注是对本节部分定额项目的工作内容、操作

方法等做进一步针对性的说明。系数、附注加(减)工日实质上是机械台班定额的另一种表现形式,在机械台班使用定额中它仅与台班产量有关。

【例 2.7】 某工程有土方量 1 830 m³(砂质粘土,其含水量经测定为 23%),施工方案中规定,采用 120 马力的推土机施工,推土距离为 60 m,试求完成该土方任务所需的推土机台班数。

【解】 ● 确定定额编号 12-1-13(一)

● 查找推土机人工时间定额 0.681 工日/100m³

● 根据分册说明 2.2.5 条,砂质粘土的含水率超过 22% 时,其推土机人工时间定额乘以 1.11 系数。

● 在该项目中,机械时间定额等同于人工时间定额,故

$$机械时间定额 = 0.681 \text{ 台班}/100 \text{ m}^3 \times 1.11 = 0.756 \text{ 台班}/100 \text{ m}^3$$

● 机械产量定额 $= \dfrac{1}{机械时间定额} = \dfrac{1}{0.756 \text{ 台班}/100 \text{ m}^3} = 132.3 \text{ m}^3/台班$

● 计算推土机所需的台班数量

$$\frac{1\ 830 \text{ m}^3}{132.3 \text{ m}^3/台班} = 13.83 \text{ 台班}$$

2.3.3 材料消耗定额

材料是完成产品的物质条件,在建筑工程的单位产品中,材料消耗量的多少,是节约还是浪费,对产品价格及工程成本都有着直接影响。因此,用科学的方法正确地确定材料消耗量,对材料的合理使用及工程成本的降低都具有很重要的意义。

规定生产合格的单位产品所需消耗各种建筑材料(包括各种原材料、燃料、半成品、构配件、周转性材料摊销等)的数量标准,称为材料消耗定额。

1) 材料消耗定额量的组成

生产合格单位产品所需消耗的材料数量,由以下两部分组成:

构成产品实体的(即产品本身必须占有的)材料消耗量,简称净用量。

产品生产过程中的合理损耗量。包括材料从现场仓库领出到完成合格产品过程中的施工操作损耗量、场内运输损耗量和加工制作损耗量。计入材料消耗定额内的损耗量,应当是在正常条件下,采用合理施工方法时所形成的不可避免的合理损耗量。

由此可见,合格产品中某种材料的消耗量等于该种材料的净用量与损耗量之和。即

$$材料消耗量 = 净用量 + 损耗量$$

产品生产中某种材料损耗量的多少,常用损耗率表示。建筑材料损耗率表见表 2.4。材料损耗率计算公式如下:

$$损耗率 = \frac{损耗量}{消耗量} \times 100\%$$

则材料消耗量可用下式计算:

$$消耗量 = \frac{净用量}{1 - 损耗率}$$

表 2.4　材料损耗率表(摘录)

材料名称	产品名称	损耗率/%
(一)砖瓦、砌块类 红(青)砖	1. 地面、屋面、空花空斗墙	1
	2. 基础	0.4
	3. 实砌墙	1
	4. 方砖柱	3
	5. 圆砖柱	7
硅盐酸砌块		2
加气砼块		2
(二)块类、粉类 炉渣、矿渣		1.5
碎 砖		1.5
水 泥		10
(三)砂浆、砼、毛石、 方石类	1. 砖砌体	1
	2. 空斗墙	5
	3. 粘土空心砖	10
	4. 泡沫砼墙	2
	5. 毛石、方石砌体	1
天然砂		2
砂 浆	1. 抹墙及墙裙	2
	2. 抹梁、柱、腰线	2.5
	3. 抹砼天棚	16
	4. 抹板条天棚	26
	现浇地面	1

2)材料消耗定额的作用

材料消耗定额作为材料消耗数量的标准,具有以下的重要作用:

①材料消耗定额是企业确定材料需要量和储备量的依据,是企业编制材料需要计划和材料供应计划不可缺少的条件;

②材料消耗定额是施工队向工人班组签发限额领料单,实行材料核算的依据;

③材料消耗定额是实行经济责任制,进行经济活动分析,促进材料合理使用的重要资料。

3)材料消耗定额的制定方法

(1)直接性材料消耗定额的制定方法　直接构成工程实体所需消耗的材料称为直接性材料消耗。施工中直接消耗材料的损耗量可分为两类,一类是完成合格产品所需材料的合理损耗;另一类则是可以避免的材料损失。材料消耗定额中不应包括可以避免的材料损失。

材料消耗定额的制定方法有理论计算法、统计法、试验法和观察法等。现分述如下:

①理论计算法　理论计算法是用理论计算公式计算出某种产品所需的材料净用量,然后再查找损耗率,从而制定材料消耗定额的一种方法。理论计算法主要用于块、板类等不易产生损耗,容易确定废料的材料消耗定额。如砖、钢材、玻璃、锯材、镶贴材料、砼块(板)等。例如,

在砌砖工程中,每立方米砌体的砖及砂浆净用量,可用以下公式计算(只用于实砌墙):

$$每立方米砌体标准砖净用量 = \frac{2 \times 墙厚的砖数}{墙厚 \times (砖长 + 灰缝) \times (砖厚 + 灰缝)}$$

算式中墙厚的砖数是指用标准砖的长度来标明的墙体厚度。例如半砖墙是指115墙,3/4砖墙是180墙,1砖墙是指240墙等等。

要理解标准砖净用量计算公式,首先要弄清该公式的计算思路。下面分步骤说明公式的由来。

a. 根据实砌墙厚先算出一个标准块体积。所谓标准块,就是由砌块和砂浆所构成砌体的基本计算单元。不同墙厚标准块体积的计算公式为:

$$墙厚 \times (砖长 + 灰缝) \times (砖厚 + 灰缝)$$

如1砖墙的标准块体积为(如图2.5所示):

$$[0.24 \times (0.24 + 0.01) \times (0.053 + 0.01)] \text{m}^3 = (0.24 \times 0.25 \times 0.063) \text{m}^3 = 0.003\ 78\ \text{m}^3$$

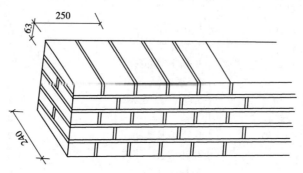

图2.5

建筑工程定额与预算

b. 根据标准块中所含标准砖的数量,用正比法算出 1 m³ 砌体中标准砖净用量。

例如一砖墙的标准块中包含两块标准砖,在已知标准块体积的情况下,可以算出每 m³ 砌体标准砖的净用量。计算过程如下:

$$0.003\ 78\ \text{m}^3 : 2\ 块 = 1\ \text{m}^3 : x\ 块$$

$$x = \frac{2\ 块 \times 1\ \text{m}^3}{0.003\ 78\ \text{m}^3} = 529.1\ 块$$

按照这一思路即可推导出每 m³ 砌体墙的块体净用量通用计算公式:

$$每\ \text{m}^3\ 砌体墙块体净用量(块) = \frac{标准块中的块体数量}{标准块的体积}$$

标准块的含义十分重要,这里要特别注意以下几点:

各种砌体墙的标准块是不相同的;

标准块的体积包含灰缝的体积;

每种类型墙体其标准块都只能有一种,具有惟一性;

分解标准块的目的是便于用公式计算;

标准块中的块体数可以是整数也可以是小数。

对于标准砖墙体,标准块中砖的数量为:

$$2 \times 墙厚的砖数$$

每 m³ 砌体中砂浆的净用量为：

1m³ 砌体 – 1m³ 砌体中块体净体积

【例2.8】 试计算每 m³ 一砖半墙中标准砖及砂浆净用量及消耗量。

【解】 标准砖的净用量 $= \dfrac{2 \times 1.5}{0.365 \times 0.25 \times 0.063}$ 块 $= 521.8$ 块

砂浆净用量 $= (1 - 521.8 \times 0.24 \times 0.115 \times 0.053)\text{m}^3 = 0.236\,5\ \text{m}^3$

标准砖消耗量 $= [521.8 \div (1 - 0.01)]$ 块 $= 527.07$ 块

砂浆消耗量 $= [0.236\,5 \div (1 - 0.01)]\text{m}^3 = 0.238\,9\ \text{m}^3$

②观测法 观测法亦称施工实验法或现场技术测定法，是在施工现场对生产某一产品的材料消耗量进行实际的观察测定，通过测得的数据，确定该产品的材料损耗量或损耗率。采用观测法，必须按下列要求进行：

a. 选择好观测对象。观测对象应符合下列要求：

建筑结构应具有代表性；

施工符合技术规范要求；

材料的规格和质量应符合技术规范要求；

操作人员在保证产品质量和合理使用材料方面有一定经验。

b. 做好观测前的准备工作 如准备好标准量具、标准运输工具及称量设备，有减少材料损耗的必要措施。观察测定的结果，如材料消耗净用量、标准量与产品数量的资料要准确无误。

观测法主要适用于确定材料损耗量，因为只有通过现场观察，才能区别出哪些是难以避免的损耗，哪些是可以避免的损耗，从而较准确地确定出材料损耗量。

③试验法 试验法是在试验室内通过专门的仪器设备测定材料消耗量的一种方法。这种方法主要是对材料的结构、化学成分和物理性能作出科学的结论，从而给材料消耗定额的制定提供可靠的技术依据，如确定砼的配合比，砂浆的配合比等，然后计算出水泥、砂、石、水的消耗量。

试验法的优点是能深入细致地研究各种因素对材料消耗的影响，其缺点是无法估计到施工中的某些因素对材料消耗的制约。

④统计法 统计法是以现场用料的大量统计资料为依据，通过分析计算，获得消耗材料的各项数据，然后确定材料消耗量的一种方法。

设某项产品在施工前共领某种材料数量为 N_0，完工后的剩余材料数量为 ΔN，则用于该产品上的材料数量 N 为：

$$N = N_0 - \Delta N$$

若完成产品的数量为 n，则单位产品的材料消耗量 m 为：

$$m = \frac{N}{n} = \frac{N_0 - \Delta N}{n}$$

统计法虽然简单，但不能区分材料消耗的性质，即材料的净用量，不可避免的损耗量与可以避免的损耗量，只能笼统地确定出总的消耗量。所以，用该方法制定的材料消耗定额在质量上要差一些。

（2）周转性（间接性）材料消耗量的确定 周转性材料是指在施工中多次使用而逐渐消耗

的工具性材料。如脚手架、挡土板、临时支撑、砼工程的模板等。周转性材料在周转使用过程中不断补充,多次反复地使用。因此,周转性材料的消耗量,应按多次使用、分次摊销的方法进行计算或确定。

①确定周转性材料消耗量的有关因素:

a. 第一次制作时的材料消耗量,简称一次使用量。

b. 每周转一次使用的材料损耗量,就是在以后多次周转中每周转一次后为了修补难以避免的损耗所需的材料用量。其损耗量大小主要取决于材料的拆除、运输和堆放的方法和条件,同时,又随周转次数的增多而加大。所以,在一般情况下采用平均补损率来计算。

c. 周转使用次数可用统计法或观测法来确定。

d. 回收量,是指在一定的周转次数下,平均每周转一次可以回收的材料数量。

周转材料消耗量指标,一般用周转使用量和摊销量两个指标表明。周转使用量是指周转性材料每完成一次产品生产后所需补充新材料的平均数量。摊销量则是指周转性材料使用一次,应分摊在单位产品上的消耗量。

②捣制砼构件模板摊销量的计算:

a. 一次使用量 $= \dfrac{10 \text{ m}^3 \text{ 砼构件模板接触面积} \times 1 \text{ m}^2 \text{ 接触面积模板材料净用量}}{(1 - \text{制作损耗率})}$

b. 周转使用量 $=$ 一次使用量 $\times K_1$

式中,K_1 称为周转使用系数,计算式如下:

$$K_1 = \frac{1 + (\text{周转次数} - 1) \times \text{补损率}}{\text{周转次数}}$$

c. 回收量 $= \dfrac{\text{一次使用量} \times (1 - \text{补损率})}{\text{周转次数}}$

d. 摊销量 $=$ 周转使用量 $- \dfrac{\text{回收量} \times \text{回收折价率}}{1 + \text{间接费率}} =$

$\quad$ 一次使用量 $\times K_1 - (\text{一次使用量}) \times \dfrac{(1 - \text{补损率}) \times \text{回收折价率}}{\text{周转次数} \times (1 + \text{间接费率})} =$

$\quad$ 一次使用量 $\times \left[K_1 - \dfrac{(1 - \text{补损率}) \times \text{回收折价率}}{\text{周转次数} \times (1 + \text{间接费率})} \right] =$

$\quad$ 一次使用量 $\times K_2$

$$K_2 = K_1 - \frac{(1 - \text{补损率}) \times \text{回收折价率}}{\text{周转次数} \times (1 + \text{间接费率})}$$

K_1、K_2 均可按不同的周转次数、补损率、间接费率和回收折价率计算出来。

③预制构件模板摊销量的计算 预制构件模板虽然也是多次周转,反复使用,但由于每次周转损耗量极少,可忽略不计,因此其摊销量计算式如下:

$$\text{摊销量} = \frac{\text{一次使用量}}{\text{周转次数}}$$

【例2.9】 预制钢筋砼过梁,根据选定的图纸,计算出每 10 m³ 构件模板接触面积 85 m²。每 10 m² 所需板材用量为 1.063 m³,枋材为 0.14 m³,制作损耗率为 5%,周转次数为 30 次。试计算其模板摊销量。

【解】 板材一次使用量 $= [1.063 \times 8.5 \div (1 - 0.05)] \text{m}^3 = 9.511 \text{ m}^3$

$$枋材一次使用量 = [0.14 \times 8.5 \div (1 - 0.05)] \ m^3 = 1.253 \ m^3$$

则　　　　　$$板材摊销量 = \frac{9.511}{30} m^3 = 0.317 \ m^3$$

$$枋材摊销量 = \frac{1.253}{30} \ m^3 = 0.041 \ 7 \ m^3$$

$$该项模板摊销量 = (0.317 + 0.041 \ 7) \ m^3 = 0.358 \ 7 \ m^3$$

小结 2

本章主要讲述建筑工程定额的概念和特性,建筑工程定额的分类,劳动定额,机械台班使用定额和材料消耗定额的概念、作用、内容组成、制定方法、如何应用等。现就其基本要点归纳如下:

①定额从广义理解就是指规定的额度或限度,即标准或尺度。建筑工程定额指完成某一合格的单位建筑产品基本构造要素或某种构配件时所需消耗的活劳动与物化劳动的数量标准或定额。它是生产定额的一种,是建筑施工企业管理的基础。

②建筑工程定额按生产要素分为劳动定额、材料消耗定额和机械台班使用定额;按编制程序和用途分为施工定额、预算定额(计价定额)、概算定额、概算指标和投资估算指标;按编制单位和执行范围分为全国统一定额、地区统一定额、企业定额和临时定额;按专业不同分为建筑工程定额(也称土建工程定额)、安装工程定额、装饰工程定额、公路工程定额、铁路工程定额等。

③劳动定额是规定生产某一合格产品所必需的活劳动消耗量的标准,或规定在单位时间内应生产合格产品的数量标准。劳动定额有时间定额和产量定额两种表现形式,且互为倒数关系,即时间定额×产量定额=1。劳动定额的制定方法有技术测定法、统计分析法、比较类推法和经验估计法。具体制定时应综合应用上述方法,而不能只采用某一种方法制定劳动定额。劳动定额的作用主要是为组织施工生产和实行按劳分配提供计算依据。

④机械台班使用定额是规定生产合格的单位产品所需机械台班消耗量的数量标准,或在单位台班内规定机械应完成合格产品的数量标准。机械台班使用定额也有机械时间定额和机械产量定额两种表现形式。其作用主要是施工机械消耗数量提供计算依据。机械台班使用定额通常用人工时间定额表示,且包括操作和配合机械作业的全部小组人员的工时消耗,具体应用时要特别注意这一点。

⑤材料消耗定额是规定生产合格的单位产品所需消耗各种建筑材料(包括各种原材料、燃料、半成品、构配件、周转材料摊销量等)的数量标准。其主要作用是为施工中各种材料消耗数量提供计算依据。

⑥通过本章的学习,要了解上述定额的基本概念、作用及其表现形式,重点掌握建筑定额的分类和劳动定额的具体应用。

复习思考题 2

2.1 什么是定额？什么是建筑工程定额？

2.2 定额的特性是什么？

2.3 建筑工程定额是按什么进行分类的？它们各分为哪几种？

2.4 什么是劳动定额？有哪几种表示方法？相互关系是怎样的？

2.5 什么叫施工过程？

2.6 施工过程是怎样组成的？举例分析施工过程的组成。

2.7 为什么要对工人工作时间和机械工作时间进行分析？

2.8 劳动定额的制定方法有哪几种？各有哪些优缺点？

2.9 什么是机械台班定额？有哪几种表示方法？相互关系是怎样的？

2.10 求人工挖 1 m^3 地槽(深 1 m,槽宽 0.8 m,三类土)的时间定额和产量定额是多少？如果槽深在 3 m 时,时间定额和产量定额又是多少？

2.11 某班 12 人砌墙基 150 m^3(毛石条形基础),基础宽度 0.8 m,问几天能完成任务？如果深度在 1.5 m 以上,需增加多少天才能完成？

2.12 88.2 kW 的推土机场平 500 m^3 土方(推土距离 60 m 以内,三类土),问需要多少台班才能完成？

2.13 某队瓦工班技工普工合计 12 人砌双面清水一砖外墙 120 m^3(运输采用机吊)。已知定额规定技工每工日砌 1.8 m^3,运输每工 2.11 m^3,调制砂浆每工日 12.2 m^3。问此班共需几天完成？技、普工应各为多少人？

2.14 甲乙两班共同完成一项施工任务需 8 天时间。若甲班 2/3 的工人和乙班 4/5 的工人共同施工,则需 11.25 天完成这项施工任务。问甲乙两班单独完成此项任务的产量各是多少？若甲班有 8 人,乙班 12 人,问甲乙两班平均每人单独完成此项任务的产量又是多少？它们各自达到劳动定额的百分比是多少？

2.15 甲乙两工人安装木门,甲工人安装 90 m^2 所需要的时间和乙工人安装 120 m^2 所需要的时间相同,若甲乙两工人共同协作,每工日可安装 35 m^2。问甲乙两工人的产量各是多少？达到劳动定额的百分比又是多少？

2.16 两个抹灰班合作每天共完成 540 m^2 面积的墙面抹灰,甲班有 15 人,乙班有 12 人,甲班平均每人的工效是乙班的 1.2 倍。问甲乙两班平均每人的产量各是多少？与劳动定额比较后的百分比是多少？

2.17 某实验楼砌砖墙,采用扣件式钢管双排外架,墙高 9.35 m,建筑物周长 40.58 m。试计算其用工量是多少？

计算公式:搭设步数 =(墙面高度 − 架子步高)÷架子步高

搭设长度 = 建筑物周长 + 8 ×(架宽 ÷ 2 + 里杆离墙面距离)

项　目	扣件式 金属架	木架	竹架	各种抹灰外架	金属工具 脚手架
步高/m	1.3	1.2	1.5	1.8	1.3
架宽/m	1.5	1.5 以内	1.3 以内	同相应架子	
立杆间距/m	2	1.5 以内	1.5 以内	同相应架子	
注:里杆离墙距离采用 0.5 m 计算					

2.18　某实验楼最高一层(共 3 层)需安装 50 块钢筋砼空心板(0.5 t 以内),采用 10 t 以内的履带吊安装,每次吊装 4 块。试求司机及安装工的工日数是多少? 履带吊台班数是多少?

2.19　现有 20 t 散装水泥,采用三辆机动翻斗车同时运输(人装自卸,运距 1 200 m),试计算其完成任务的天数?

2.20　有标准砖 35 800 块,采用人力运输,运距 130 m。试计算完成该工作所需的人工量。

2.21　某工程中有 5 个设备基础需现浇,其工程量合计为 9.8 m³,试计算:
(1)综合用工量;(2)机械搅拌用工量。

2.22　某高层建筑(共 12 层),钢门窗安玻璃,玻璃厚为 6 mm,0.3 m²/块以内,共有工程量 4 580 m²,试求安装工序所需的用工数。

2.23　某实验楼的砖内墙面,抹 1:2.5 石灰砂浆,要求两遍成形,该楼底层的工程量为 342.9 m²,求抹灰工作过程用工数。

2.24　某实验楼Ⅱ类构件运输,其工程量为 30.65 t,运距 5 km,调车路程为 2 km,采用 3 t 汽车(单机)运输。试计算,(1)汽车司机用工量;(2)汽车台班数量;(3)司机及装卸工的用工量。

2.25　某实验楼第三层裁安窗子玻璃 27.89 m²,玻璃规格:0.3 m²/块以内,厚度 3 mm,系窗安玻璃(不打底腻子),玻璃用人力搬往 3 层。试计算裁安玻璃的用工量。

2.26　某实验楼有一万能试验机的独立砼设备基础,体积 2.2 m³,采用机拌机捣和双轮车运输。试求用工量。

2.27　某实验楼的室内地坪垫层为 C₁₀砼,该楼底层有一间办公室,净面积小于 16 m²,采用机拌机捣和单轮车运输,工程量为 0.94 m²,试求其用工量。

2.28　什么是材料消耗定额?

2.29　建筑材料消耗定额是由哪些部分组成的? 它们之间的关系怎样?

2.30　建筑材料消耗定额的编制方法有哪几种? 它们各有哪些优缺点?

2.31　试用理论计算法计算标准砖半砖墙每 10 m³ 所需要的标准砖和砂浆的净用量(灰缝为 10 mm)。

2.32　试用理论计算法计算每 100 m² 混凝土块料面层所需 400×400×60 的预制混凝土板和水泥砂浆净用量。(灰缝宽为 6 mm,水泥砂浆结合层和找平层为 25 mm)

2.33　什么是周转性材料? 编制它们的材料消耗定额要考虑哪些因素?

2.34　1:1 水泥砂浆贴 150×150×5 磁砖墙面,结合层厚度 10 mm。试计算每 100 m² 墙面瓷砖和砂浆的总消耗量(灰缝宽 2 mm)。磁砖损耗率为 1.5%,砂浆损耗率为 1%。

第3章

施 工 定 额

3.1 概 述

3.1.1 施工定额的概念

施工定额是指规定在工作过程或复合工作过程中所生产合格单位产品必须消耗的活劳动与物化劳动的数量标准。

施工定额是施工企业内部直接用于施工管理的一种技术定额,由劳动定额、机械台班使用定额和材料消耗定额所组成。施工定额中,除汽车运输、吊装及机械打桩部分列有具体使用的机械名称、规格和台班用量外,一般中小型机械只列机械名称和台班用量,不标出规格。

3.1.2 施工定额的作用

施工定额是企业内部直接用于组织与管理施工,控制工料消耗的一种定额,在施工过程中,具有以下几方面的作用:

是编制单位工程施工预算、进行"两算"对比、加强企业成本管理的依据;

是编制施工组织设计,制订施工作业计划和人工、材料、机械台班需用量计划的依据;

是施工队向工人班组签发施工任务书和限额领料单的依据;

是实行计件、定额包工包料、考核工效、计算劳动报酬与奖励的依据;

是班组开展劳动竞赛、班组核算的依据;

是编制预算定额和企业补充定额的基础资料。

3.1.3 施工定额的编制

1)施工定额的编制原则

施工定额能否在施工管理中促进生产力水平和经济效益的提高,

决定于定额本身的质量。因此,保证定额的质量是编制施工定额的关键。衡量定额质量的主要标志是定额水平及定额的内容与形式。所以,确保定额质量就是要合理确定定额水平并确定恰当的定额内容与形式。为此,必须在定额编制过程中贯彻以下原则:

(1)定额水平的平均先进原则 定额水平是指规定消耗在单位产品上的人工、材料和机械台班数量的多少。从本质上来说,定额水平是劳动生产力水平的反映。

施工定额水平应是平均先进水平,因为只有这样的水平才能使其发挥真正的作用,使企业的劳动生产力水平进一步提高。

所谓平均先进水平,是指在正常条件下,多数施工班组或生产者经过努力可以达到,少数班组或生产者可以接近,个别班组或生产者可以超过的水平。一般来说,它低于先进水平,略高于平均水平。这种水平使先进的班组或工人感到有一定压力,能鼓励他们进一步提高技术水平;大多数处于中间水平的班组或工人感到定额水平可望也可及,能增强他们达到定额甚至超过定额的信心。平均先进水平不迁就少数后进者,而是使他们产生努力工作的责任感,认识到必须花较大的精力去改善施工条件,改进技术操作方法,才能缩短差距,尽快达到定额水平。所以,平均先进水平是一种鼓励先进、勉励中间、鞭策后进的定额水平。只有贯彻这样的定额水平,才能达到不断提高劳动生产率,进而提高企业经济效益的目的。

(2)定额的内容及形式简明适用的原则 简明适用的意思是指定额从内容到形式要方便定额的贯彻执行。简明适用的原则要求定额具有多方面的适应性,能满足施工组织与管理,正确计算工人劳动报酬等多方面的需要,同时又简明扼要,易为工人和业务人员所掌握,便于查阅,便于计算。

定额的简明性要服从适应性的要求,也就是简明要以适应为前提。贯彻简明适用的原则,关键是做到项目齐全,项目划分粗细恰当。具体要求是:项目划分细而不繁,粗而不漏,以工序为基础,适当进行综合;对主要工种和常用项目的工作过程,都必须直接在定额项目中予以反映,而且步距要小些,对于次要工种和项目,工程量不大和不常有的项目,步距可综合得大些;注意选择适当的计量单位,以准确反映产品的特性,系数的使用要恰当合理,说明和附注要明确;应反映已成熟和推广的新结构、新材料、新技术、新机具的内容;对于缺项的项目,要尽量补充完善。

(3)专群结合,以专为主 施工定额的编制工作,要以有丰富的技术知识和管理经验的专业人员为主,有专职机构和人员负责组织,掌握方针政策,做经常性的资料积累和管理工作,同时还要有工人群众配合。广大工人是生产实践的主体,是施工定额的直接执行者,他们熟悉生产,了解实际消耗水平,知道定额在执行过程中的情况和问题。因此,在编制施工定额时必须依靠工人群众的密切配合与支持。

2)施工定额的编制依据

①现行的建筑安装工程施工验收规范、技术安全操作规程和质量检查评定标准;

②现场测定的技术资料和有关历史统计资料;

③有关砼、砂浆等半成品配合比资料和建筑工人技术等级资料;

④现行的劳动定额、机械台班使用定额、材料消耗定额和有关定额编制资料及手册;

⑤有关标准图集或典型工程图纸。

3）施工定额的编制方法

施工定额的编制方法，目前有实物法和实物单价法两种。实物法是由人工、材料和机械台班消耗量汇总而成；实物单价法是由人工、材料和机械台班数量乘以相应的单价，得出定额项目产品的单位基价，然后汇总而成。无论是采用实物法或实物单价法编制施工定额，其编制方法与编制步骤主要包括以下几个方面：

（1）施工定额项目的划分　为了满足简明适用原则的要求，并具有一定的综合性，施工定额的项目划分应遵循以下三项具体要求：不能把隔日的工序综合到一起；不能把由不同专业的工人或不同小组完成的工序综合到一起；应具有可分可合的灵活性。

施工定额项目划分，按其具体内容和工效差别，一般可采用以下几种方法：

①按手工和机械施工方法的不同划分　由于手工和机械施工方法和不同，使得工效差异很大，也就是说对定额水平的影响很大，因此，在项目划分上应加以区分。如钢筋、木模的制作划分为机械制作、部分机械制作和手工制作项目。

②按构件类型及形体和复杂程度划分　同一类型的作业，如砼及钢筋砼构件的模板工程，由于构件类型及结构复杂程度的不同，其表面形状及体积也不同，模板接触面积、支撑方式、支模方法及材料的消耗量也不同，这些对定额水平都有较大的影响，因此定额项目要分开。如基础工程中按满堂基础、独立基础、带形基础、桩承台、设备基础等分别列项。满堂基础按箱式和无梁式，独立基础按 2 m³ 以内，5 m³ 以内和 5 m³ 以外分别列项，设备基础按一般和复杂分别列项等。

③按建筑材料品种和规格的不同划分　建筑材料的品种和规格不同，对工人完成某种产品的工效影响很大。如水落管安装项目，按铸铁、石棉、陶土管及不同管径划分。

④按构造作法及质量要求的不同划分　不同的构造作法和不同的质量要求，其单位产品的工时消耗、材料消耗都有很大的差异如砖墙按双面清水、单面清水、混水内墙、混水外墙等项目划分，并在此基础上还按墙厚为 1/2 砖、3/4 砖、1 砖、1.5 砖、2 砖及 2 砖以上分别列项。又如墙面抹灰，按质量等级划分为高级抹灰、中级抹灰和普通抹灰项目。

⑤按施工作业面的高度划分　施工作业面的高度越高，工人操作及垂直运输就越困难，对安全要求也就越高。因此，工作面高度对工时消耗有着较大的影响，一般是采取增加工日或乘系数的方法，将不同高度对定额水平的影响程度加以区分。

⑥按技术要求与操作的难易程度划分　技术要求与操作的难易程序对工时消耗也有较大的影响，应分别列项。如人工挖土，由于土壤类别分为四类，按一、二类土就比挖三、四类土用工少。又如人工挖地槽土方，由于槽宽、槽深各有不同，即应按槽底宽、槽深及土壤类别的不同分别列项。

（2）定额项目计量单位的确定　一个定额项目，就是一项产品，其计量单位应是确切地反映出该项产品的形态特征，为此应遵循下列原则：

能确切地、形象地反映产品的形态特征；

便于工程量与工料消耗的计算；

便于保证定额的精确度；

便于在组织施工、统计、核算和验收等工作中使用。

（3）定额册、章、节的编排　施工定额册、章、节的编排，是拟定施工定额结构形式的一项重要工作,应合理编排,以方便使用。

①定额册的编排　定额册的编排一般按工种、专业和结构部位划分,以施工的先后顺序排列。如重庆市建筑工程施工定额就分为人力土石方、机械打桩、砖石、脚手架、砼及钢筋砼、金属构件制作、构件运输、木结构、楼地面、层面等16分册。各分册的编排和划分,要同施工企业劳动组织的实际情况相结合,以利于施工定额在基层贯彻执行。

②章的编排　章的编排和划分方法,通常有以下几种:

a.按同工种不同工作内容划分。如木结构分册分为门窗制作、门窗安装,木装修,木间壁墙裙和护壁,屋架及屋面木基层,天棚、地板,楼地楞及木栏杆、扶手、楼梯六章。

b.按不同生产工艺划分。如砼及钢筋砼分册,按捣制构件和预制件进行划分。

③节的编排　各分册或各章应设若干节,这样定额就显得层次分明。节的划分方法主要有以下几种:

a.按构件的不同类别划分。如捣制砼构件一章中,分为基础、柱、梁、板、其他等7节。

b.按材料及施工操作方法的不同划分。如装饰分册分为白灰砂浆、水泥砂浆、混合砂浆、弹涂、干粘石、剁假石、木材面油漆、金属面油漆、水质涂料等15节。各节内又设若干子项目。

④定额表格的拟定　定额表的内容一般包括:项目名称、工作内容、计量单位、定额编号、附注、人工消耗量指标、材料和机械台班消耗量指标等。表格编排形式可灵活,不强调统一,应视定额的具体内容而定。

3.2　施工定额的应用

3.2.1　施工定额手册的内容

施工定额手册是施工定额的汇编,其内容主要包括以下三个部分:

1)文字说明

包括总说明、分册说明和分节说明。

(1)总说明　一般包括定额的编制原则和依据;定额的用途及适用范围;工程质量及安全要求;劳动消耗指标及材料消耗指标的计算方法;有关全册的综合内容;有关规定及说明。

(2)分册说明　主要对本分册定额有关编制和执行方面的问题与规定进行阐述。如分册中包括的定额项目和工作内容;施工方法说明;有关规定(如材料运距、土壤类别的规定等)的说明和工程量计算方法;质量及安全要求等。

(3)分节说明　主要内容包括具体的工作内容、施工方法、劳动小组成员等。

2)定额项目表

定额项目表是定额手册的核心部分和主要内容,包括定额编号、计量单位、项目名称、工料消耗量及附注等。附注是定额项目的补充,主要说明没有列入定额项目的分项工程执行什么定额,执行时应增(减)工料的具体数值(有时乘系数)等。附注不仅是对定额使用的补充,也是对定额使用的限制。

3）附录

附录一般放在定额册的后面，主要内容包括名词解释及图解；先进经验及先进工具介绍；砼及砂浆配合比表；材料单位重量参考表等。

以上三部分组成定额手册的全部内容，其中以定额项目表为核心。但同时必须了解其他两部分的内容，这样才能保证准确无误地使用施工定额。

3.2.2　施工定额的应用

施工定额的应用可分为直接套用和换算后套用二种。

1）定额的直接套用

当设计（含施工组织设计）要求同定额项目内容相一致时，可直接套用定额。

【例 3.1】　某家属住宅带型基础，设计要求为 C_{10} 毛石砼，现有工程量 23.2 m^3，试计算该分项工程的工料消耗量（采用 1993 年重庆市建筑工程施工定额，下同）。

【解】　●确定定额编号　230-1（定额 131 页）

●计算工料消耗量

模板用工	23.2 m^3 ×6.85 工日/10 m^3 =15.892 工日
砼用工	23.2 m^3 ×10.18 工日/10 m^3 =23.62 工日
合计用工	39.51 工日
砼	23.2 m^3 ×8.10m^3/10 m^3 =18.79 m^3
成材	23.2 m^3 ×0.214 m^3/10 m^3 =0.496 m^3
毛石	23.2 m^3 ×3.28 m^3/10 m^3 =7.61 m^3
铁钉	23.2 m^3 ×3.85 kg/10 m^3 =8.93 kg
水泥325$^{\#}$	23.2 m^3 ×251 kg/m^3 ×8.1 m^3/10 m^3 =4 717 kg
特细砂(2～8)	23.2 m^3 ×0.509 t/m^3 ×8.1 m^3/10 m^3 =9.57 t
砾石(20～80)	23.2 m^3 ×1.647 ×8.1 m^3/10 m^3 =30.95 t
砼搅拌机	23.2 m^3 ×0.69 台班/10 m^3 =1.60 台班
震动器	23.2 m^3 ×1.30 台班/10 m^3 =3.02 台班

2）施工定额换算后的套用

当设计要求与施工定额项目的内容部分不相符时，可按定额的有关规定进行换算，然后按换算后的定额计算某一分项工程的工料消耗量。定额换算实质上就是在相应的定额上增减工料数量或乘以相应的系数，其换算方法分述如下：

（1）增减工料换算

【例 3.2】　某工程有钢筋砼柱(带牛腿)24 根，设计要求用 C_{20} 砼捣制，其断面周长 1.8 m，工程量为 49.1 m^3，施工组织设计方案分两段流水施工（钢模）。试计算完成该分项工程所需的工料消耗量。

根据 128 页分部说明第 2 条，柱带牛腿不分捣制、预制、木模、钢模，每 10 根牛腿增加模板制作人工 2 个工日；再次安拆（包括小修），每 10 根牛腿增加人工 1.5 工日；钢筋绑扎每 10 根牛腿增加 1.5 工日。工程量合并在柱内计算。

【解】 • 确定定额编号 260-13 换(定额上册 133 页)
• 计算应增加的工日数
　　模板制作增加的工日数　　24 根×2 工日/10 根 =2.4 工日
　　再次安拆增加的工日数　　24 根×1.5 工日/10 根 =1.8 工日
　　钢筋绑扎增加的工日数　　24 根×1.5 工日/10 根 =3.6 工日
• 计算工料消耗量
　　模板用工　　　49.1 m³×37.5 工日/10m³ +(1.8 +2.4)工日 =188.33 工日
　　钢筋用工　　　49.1 m³×7.00 工日/10m³ +3.6 工日 =37.97 工日
　　砼用工　　　　49.1 m³×20.00 工日/10m³ =98.2 工日
　　合计用工　　　　　324.5 工日
　　砼　　　　　　49.1 m³×1.010 m³/10 m³ =49.59 m³
　　钢模　　　　　49.1 m³×62.17 kg/10 m³ =305.3 kg
　　钢管　　　　　49.1 m³×13.79 kg/10 m³ =67.81 kg
　　扣件　　　　　49.1 m³×7.30 kg/10 m³ =35.84 kg
　　夹具　　　　　49.1 m³×18.97 kg/10 m³ =93.14 kg
　　成材　　　　　49.1 m³×0.09 8 m³/10 m³ =0.481m³
　　铅丝　　　　　49.1 m³×6.67 kg/10 m³ =32.75 kg
　　铁钉　　　　　49.1 m³×0.99 kg/10 m³ =4.86 kg
　　水泥 425#　　49.1 m³×10.10 ×359 kg/10 m³ =17 803 kg
　　特细砂　　　　49.1 m³×10.10 ×0.369 kg/10 m³ =18.30 t
　　砾石(5～20)　49.1 m³×10.10 ×1.594 kg/10 m³ =79.05 t
　　砼搅拌机　　　49.1 m³×0.95 台班/10 m³ =4.66 台班
　　震动器　　　　49.1 m³×1.90 台班/10 m³ =9.33 台班
　　塔吊　　　　　49.1 m³×1.19 台班/10 m³ =5.84 台班

(2)系数换算　系数换算就是在相应定额工料消耗量的基础上乘以规定的系数所进行的定额换算。

【例3.3】　某家属住宅一玻一纱木窗,设计要求刷乳黄色调合漆 2 遍,工程量为 1 524 m²,试计算该分项工程的工料消耗量。

根据 440 页分部说明第十六条规定,做浅色油漆(如白色、乳黄、银灰、淡青、浅蓝)者,定额工料乘以 1.15 系数;门窗油漆内外分色,其中一面为浅色者,定额工料乘 1.1 秒数,两面均为浅色者,定额材料乘 1.15 的系数,人工乘 1.17 的系数;门窗油漆内外分色,两面均为深色者,其人工乘以 1.1 的系数。

【解】 • 确定定额编号:补 20-146 换(定额上册 499 页)
• 计算工料消耗量:
　　人工　　　　1 524 m²×20.3 工日/100 m²×1.15 =355.73 工日
　　熟桐油　　　1 524 m²×3.15 kg/100 m²×1.15 =55.21 kg
　　石膏粉　　　1 524 m²×6.34 kg/100 m²×1.15 =111.11 kg
　　调合漆　　　1 524 m²×45.22 kg/100 m²×1.15 =792.53 kg

其他材料费　　　1 524 m^2×18.84 元/100 m^2×1.15＝330.19 元

小 结 3

本章主要讲述施工定额的概念、作用、编制依据和编制方法,施工定额手册的内容和具体应用等。现就其基本要点归纳如下:

①施工定额是规定施工生产过程中所生产合格单位产品必需消耗的活劳动与物化劳动的数量标准。由劳动定额、机械台班使用定额和材料消耗定额所组成。施工定额是企业内部组织施工与管理、控制工料消耗的一种技术定额,其作用是为企业内部组织施工与管理、控制工料消耗、降低工程成本、编制施工预算提供依据。

②由于施工定额是按社会平均先进水平进行编制的,因此在正常情况下,多数生产班组和劳动者经过努力可以达到或接近,个别班组和劳动者还可以超过其水平。按施工定额消耗标准控制各种工料的消耗,才能达到提高生产效率、降低成本消耗、增加经济效益的目的,这就是施工定额重要意义的所在。

③通过本章的学习,要了解施工定额的概念,熟悉施工定额的作用和编制方法,重点掌握施工定额手册的主要内容和具体应用。

复习思考题 3

3.1　什么叫施工定额? 施工定额的编制应遵循哪些原则?

3.2　施工定额有哪些主要作用? 编制施工定额有哪些主要依据?

3.3　施工定额项目划分有哪几种方式?

3.4　施工定额手册由哪些主要内容组成?

3.5　施工定额的套用及换算包括哪些内容?

建筑工程定额与预算

第4章

预 算 定 额

4.1 预算定额的概念及作用

4.1.1 预算定额的概念

确定完成一定计量单位合格的分项工程或结构构件所需消耗的活劳动与物化劳动(即人工、材料和机械台班)的数量标准,叫预算定额。

预算定额是由国家主管机关或被授权单位组织编制并颁发的一种法令性指标,是一项重要的经济法规。定额中的各项指标,反映了国家对完成单位建筑产品基本构造要素(即每一单位分项工程或结构构件)所规定的工料、机械台班等消耗的数量限额。

4.1.2 预算定额与施工定额的区别

编制预算定额的目的在于确定建筑工程中每一单位分项工程的预算基价(即价格),而任何产品价格的确定都应按生产该产品的社会必要劳动量来确定。因此,预算定额中活劳动与物化劳动的消耗指标,应是体现社会平均水平的指标。而编制施工定额的目的在于提高施工企业的管理水平,进而推动社会生产力向更高的水平发展。因此施工定额中的活劳动与物化劳动消耗指标,应是平均先进的水平指标。

预算定额和施工定额都是一种综合性定额,然而预算定额比施工定额综合的内容要更多一些。它不仅考虑了施工定额中未包含的多种因素(如材料在现场内的超运距、人工幅度差的用工等),而且还包括了为完成该分项工程或结构构件的全部工序内容。

4.1.3 预算定额的作用

预算定额是确定单位分项工程或结构构件单价的基础,因此,它体现着国家、建设单位和施工企业之间的一种经济关系。建设单位按预算定额为拟建工程提供必要的资金供应,施工企业则在预算定额的范围内,通过建筑施工活动,按质、按量、按期地完成工程任务。预算定额在我国建筑工程中具有以下的重要作用:

是编制计价定额的依据;

是编制施工图预算,合理确定工程造价的依据;

是施工企业编制人工、材料、机械台班需要量计划,统计完成工程量,考核工程成本,实行经济核算的依据;

是建设工程招标、投标中确定标底和标价的主要依据;

是建设单位和银行拨付工程价款、建设资金贷款和竣工结算的依据;

是编制概算定额和概算指标的基础资料。

4.2 预算定额的编制

4.2.1 预算定额的编制原则

(1)按社会平均必要劳动量确定定额水平 在商品生产和商品交换的条件下,确定预算定额的消耗量指标,应遵循价值规律的要求,按照产品生产中所消耗的社会平均必要劳动时间确定其水平。即在正常施工条件下,以平均的劳动强度、平均的劳动熟练程度、平均的技术装备水平来确定完成每一单位分项工程或结构构件所需的劳动消耗,作为确定预算定额水平的主要原则。

(2)简明适用,严谨准确 预算定额的内容和形式,既要满足各方面使用的需要(如编制预算,办理结算,编制各种计划和进行成本核算等),具有多方面的适用性,同时又要简明扼要,层次清楚,结构严谨,使用方便。

预算定额的项目应尽量齐全完整,要把已成熟和推广的新技术、新结构、新材料、新机具和新工艺项目编入定额。对缺漏项目,要积累资料,尽快补齐。简明适用的核心是定额项目划分要粗细恰当,步距合理。这里的步距是指同类型产品(或同类工作过程)相邻项目之间的定额水平的差距。步距大小同定额的简明适用程度关系极大,频距大,定额项目就会减少,而定额水平的精度则会降低,不利促进生产;步距小,定额项目就会增多,定额水平的精度则会提高,但使用和管理都不方便。因此定额步距的大小必须适中、合理。

贯彻简明适用的原则,还应注意定额项目计量单位的选择和简化工程量计算。如砌墙定额中用 m^3 就比用块作为定额计量单位方便些。

预算定额中的各种说明要简明扼要,通俗易懂。

为了稳定定额水平,统一考核尺度,除了在设计和施工中变化较多、影响造价较大的因素外,应尽量少留缺口或活口,以便减少定额换算工作量,同时又有利于维护定额的严肃性。

(3)集中领导,分级管理 集中领导就是由中央主管部门(如建设部)归口管理,依照国家的方针政策和经济发展的要求,统一制定编制定额的方案、原则和方法,颁发统一的条例和规章制度。这样,建筑产品才有统一的计价依据。国家掌握这个统一的尺度,对不同地区设计和施工的经济效果进行有效的考核和监督,避免地区或部门之间缺乏可比性的弊端。分级管理是在集中领导下,各部门和各省、市、自治区主管部门在其管辖范围内,根据各自的特点,按照国家的编制原则和条例细则,编制本地区或本部门的预算定额,颁发补充性的条例规定,以及对预算定额实行经常性的管理。

4.2.2 预算定额的编制依据

①现行的全国统一劳动定额,施工机械台班使用定额及施工材料消耗定额;
②现行的设计规范,施工验收规范,质量评定标准和安全操作规程;
③通用的标准图集,定型设计图纸和有代表性的设计图纸或图集;
④有关科学实验、技术测定和可靠的统计资料;
⑤已推广的新技术、新材料、新结构、新工艺的资料;
⑥现行的预算定额基础资料,人工工资标准,材料预算价格和机械台班预算价格。

4.2.3 预算定额的编制步骤

预算定额的编制一般可分为准备工作、收集资料、定额编制、审查定稿四个阶段。

1)准备工作阶段

准备工作阶段的任务是成立编制机构,拟定编制方案,确定定额项目,全面收集各项依据资料。预算定额的编制工作不但工作量大,而且政策性强,组织工作复杂,因此在编制准备阶段要明确和做好以下几项工作:

建筑企业深化改革对预算定额编制的要求;

预算定额的适用范围、用途和水平;

拟定编制方案;

确定编制机构人员组成。

2)收集资料阶段

收集现行规定、规范和政策法规资料以及定额管理部门积累的资料,听取建设单位、设计单位、施工单位及其他有关单位的有经验的专业人员的意见和建议,对混凝土及砂浆的配合比进行试验并收集资料。

3)定额编制阶段

各种资料收集齐全之后,就可进行定额的测算和分析工作,并编制定额。

①确定编制细则 主要包括:统一编制表格和编制方法;统一计算口径、计量单位和小数点位数的要求;其他统一性规定,如名称统一、专业用语统一、符号代码统一、用字统一等。

②确定定额的项目划分和工程量计算规则。

③进行定额人工、材料、机械台班耗用量的计算、测算和复核。

4)审查定稿阶段

定额初稿完成后,应与原定额进行比较,测算定额水平,分析定额水平提高或降低的原因,然后对定额初稿进行修正。定额水平的测算有以下几种方法:

①单项定额测算 即对主要定额项目,用新旧定额进行逐项比较,测算新定额水平提高或降低的程度。

②预算造价水平测算　即对同一工程用新旧预算定额分别计算出预算造价后进行比较，从而达到测算新定额的目的。

③同实际施工水平比较　即按新定额中的工料消耗数量同施工现场的实际消耗水平进行比较，分析定额水平达到何种程度。

定额水平的测算、分析和比较，还应考虑规范变更的影响，施工方法改变的影响，材料损耗率调整的影响，劳动定额水平变化的影响，机械台班定额单价及人工日工资标准，材料价差的影响，定额项目内容变更对工程量计算的影响等。

通过测算并修正定稿之后，即可拟定编制说明和审批报告，并一起呈报主管部门审批。

4.2.4　确定分项工程定额指标

分项工程定额指标的确定包括计算工程量，确定定额计量单位及确定人工、材料和机械台班消耗量指标诸内容。

确定预算定额人工、材料、机械台班消耗指标时，必须先按施工定额的分项计算出各消耗指标，然后再按预算定额的项目加以综合。此过程中应注意项目综合的合理性，并使两定额水平差适当。

1）定额计量单位与计算精度的确定

定额的计量单位应与定额项目的内容相适应，要能确切的反映各分项工程产品的形态特征与实物数量，并便于使用和计算。

计量单位一般根据分项工程或结构构件的特征及变化规律来确定。当物体的断面形状一定而长度不定时，宜采用延长 m 为计量单位，如木装饰、落水管等；当物体有一定的厚度而长和宽变化不定时，宜采用 m² 为计量单位，如楼地面、墙面抹灰、屋面等；当物体的长、宽、高均变化不定时，宜采用 m³ 为计量单位，如土方、砖石、砼及钢筋砼工程等；当物体的长、宽、高都变化不大，但重量的价格差异却很大，这时宜采用 t 或 kg 为计量单位，如金属构件的制作、运输及安装等。在预算定额项目表中，一般都采用扩大的计量单位，如 100 m、100 m²、10 m³ 等，以便于定额的编制和使用。

定额项目中各种消耗量指标的数值单位及小数位数的取定如下：

人工：以"工日"为单位，取 2 位小数；

机械：以"台班"为单位，取 2 位小数；

主要材料及半成品：

木材：以"m³"为单位，取 3 位小数；

钢材及钢筋：以"t"为单位，取 3 位小数；

标准砖：以"千匹"为单位，取 2 位小数；

砂浆、砼和玛蹄脂等半成品：以"m³"为单位，取 2 位小数。

2）工程量计算

预算定额是一种综合定额，它包括了完成某一分项工程的全部工作内容。如砖墙定额中，其综合的内容有：调运铺砂浆，运砖；砌窗台虎头砖、腰线、门窗套、砖过梁、附墙烟囱、壁厨等；安放木砖、铁件等。因此，在确定定额项目中各种消耗量指标时，首先应根据编制方案中所选定的若干份典型工程图纸,计算出单位工程中各种墙体及上述综合内容所占的比重,然后利用这些数据,结合定额资料,综合确定人工和材料消耗净用量。

工程量计算一般以列表的形式进行计算。

3)人工消耗量指标的确定

预算定额中的人工消耗量指标,包括完成该分项工程所必需的各种用工数量。其指标量是根据多个典型工程中综合取定的工程量数据和"地方建筑工程劳动定额"计算求得。

预算定额中的人工消耗量指标包括基本用工和其他用工。

(1)基本用工 指完成单位合格产品所必须消耗的技术工种用工。按技术工种相应劳动定额的工时定额计算,以不同工种列出定额工日。

(2)其他用工 包括辅助用工、超运距用工和人工幅度差。

辅助用工,指技术工种劳动定额内不包括而在预算定额内又必须考虑的用工。如机械土方工程配合用工、材料加工(筛砂子、洗石子、淋石灰膏)、模板整理等用工。

超运距用工,指预算定额中材料及半成品的场内水平运距超过了劳动定额规定的水平运距部分所需增加的用工。

超运距 = 预算定额取定运距 - 劳动定额已包括的运距

人工幅度差,指预算定额和劳动定额由于定额水平不同而引起的水平差,它是在劳动定额作业时间之外,预算定额内应考虑的在正常施工条件下所发生的各种工时损失。内容如下:

各工种间的工序搭接及交叉作业互相配合所发生的停歇用工;

施工机械在单位工程之间转移及临时水电线路移动所造成的停工;

质量检查和隐蔽工程验收工作而影响工人的操作时间;

班组操作地点转移而影响工人的操作时间;

工序交接时对前一工序不可避免的修整用工;

施工中不可避免的其他零星用工。

人工幅度差计算公式如下:

人工幅度差 = (基本用工 + 超运距用工 + 辅助用工) × 人工幅度差系数

人工幅度差系数一般为 10% ~ 15%。

4)材料消耗量指标的确定

预算定额的材料消耗量指标是由材料的净用量和损耗量所构成。其中损耗量由施工操作损耗、场内运输(从现场内材料堆放点或加工点到施工操作地点)损耗、加工制作损耗和场内管理损耗(操作地点及材料堆放地点的管理)所组成。

(1)主材净用量的确定 主材净用量的确定,应结合分项工程的构造做法,按综合取定的工程量及有关资料进行计算确定。

现以 1 砖墙分项工程为例,经测定计算,每 10 m³ 墙体中梁头、板头体积为 0.28 m³,预留孔洞体积 0.063 m³,突出墙面砌体 0.062 9 m³,砖过梁为 0.4 m³,则每 10 m³ 墙体的砖及砂浆净用量计算如下:

$$标准砖 = \frac{2 \times 墙厚的砖数}{墙厚 \times (砖长 + 灰缝) \times (砖厚 + 灰缝)} \times (10 - 0.28)\text{m}^3 =$$

$$\frac{2\ 块}{0.24\ \text{m} \times (0.24 + 0.01)\ \text{m} \times (0.053 + 0.01)\ \text{m}} \times 9.72\ \text{m}^3 =$$

$$529.1\ 块/\text{m}^3 \times 9.72\ \text{m}^3 = 5\ 143\ 块$$

$$砂浆 = (1 - 砖数 \times 每块砖体积) \times (10 - 0.28)\ \text{m}^3 =$$

$$(1 - 529.1 \times 0.24 \times 0.115 \times 0.53) \times 9.72\ \text{m}^3 =$$

$$2.197\ \text{m}^3\ (取\ 2.20\ \text{m}^3)$$

主体砂浆和附加砂浆用量计算:附加砂浆是指砌钢筋砖过梁、砖碹所用的标号较高的砂浆。除了附加砂浆之外,其余便是砌墙用的主体砂浆。

已知,每 10 m³ 墙体中,砖过梁为 0.4 m³ 即占墙体的 4%,则

附加砂浆为:2.2 m³ × 4% = 0.088 m³

主体砂浆为:2.2 m³ × 96% = 2.112 m³

(2)主材损耗量的确定　因为损耗率为损耗量与总消耗量之比值,在总消耗量未知的情况下,损耗量是无法求得的。在已知净用量和损耗率的条件下,要求出损耗量,就得找出它们之间的关系系数,这个系数就称作损耗率系数。损耗率系数的计算式为:

$$损耗率系数 = \frac{损耗量}{净用量} = \frac{损耗率}{净用率} = \frac{损耗率}{1 - 损耗率}$$

根据损耗率系数公式可知:

$$损耗量 = 净用量 \times 损耗率系数$$

从材料损耗率表中查得,砖墙中标准砖及砂浆的损耗率均为 1%,则损耗率系数为:

$$\frac{1\%}{1 - 1\%} = \frac{0.01}{0.99} = 0.010\ 1$$

则标准砖的损耗量为:5 143 块 × 0.010 1 = 52 块

砂浆的损耗量为:2.2 m³ × 0.010 1 = 0.022 m³

故预算定额中每 10 m³ 一砖墙标准砖的消耗量为:

$$(5\ 143 + 52)\ 块 = 5\ 195\ 块$$

砂浆的消耗量为:(2.2 + 0.022) m³ = 2.222 m³

(3)次要材料消耗量的确定　预算定额中对于用量很少、价值又不大的次要材料,估算其用量后,合并成"其他材料费",以元为单位列入预算定额。

(4)周转性材料摊销量的确定　周转性材料是按多次使用、分次摊销的方式计入预算定额的,其具体计算方法见 2.3.3。

5)机械台班消耗量指标的确定

预算定额中的机械台班消耗量指标,一般是按全国统一劳动定额中的机械台班产量,并考虑一定的机械幅度差进行计算的。机械幅度差是指在合理的施工组织条件下机械的停歇时间,其主要内容包括:

施工中机械转移工作面及配套机械相互影响所损失的时间;

在正常施工情况下,机械施工中不可避免的工序间歇;

检查工程质量影响机械操作的时间;

因临时水电线路在施工过程中移动而发生的不可避免的机械作业间歇时间;

冬季施工期内发动机械的时间;

不同厂牌机械的工效差、临时维修、小修、停水停电等引起的机械停歇时间。

在计算机械台班消耗量指标时,机械幅度差以系数表示。大型机械的幅度差系数规定如下:土石方机构1.25;吊装机械1.3;打桩工程1.33;其他专用机械如打夯、钢筋加工、木作、水磨石等,幅度差系数为1.1。

垂直运输的塔吊、卷扬机、砼搅拌机、砂浆搅拌机是按工人小组配备使用的,应按小组产量计算台班产量,不增加机械幅度差。计算公式如下:

$$\frac{\text{分项定额机械}}{\text{台班消耗量}} = \frac{\text{分项定额计量单位值}}{\text{小组总人数} \times \sum(\text{分项计算取定比重} \times \text{劳动定额综合产量})} = \frac{\text{分项定额计量单位值}}{\text{小组产量}}$$

【例4.1】 某省劳动定额规定,砌砖小组成员为22人,一砖墙综合产量(塔吊):清水墙0.885 m³/工日,混水墙1.05 m³/工日,取定比重清水墙40%,混水墙60%,求每10 m³一砖墙机械台消耗量(塔吊、砂浆搅拌机)。

【解】

$$\frac{10 \text{ m}^3}{22 \text{ 工日} / \text{台班} \times (0.885 \times 0.4 + 1.05 \times 0.6) \text{m}^3 / \text{工日}} = \frac{10}{21.648} \text{台班} = 0.462 \text{ 台班}$$

4.3 人工工资标准、材料预算价格和机械台班预算单价的确定

一项工程直接费的多少,除取决于预算定额中的人工、材料和机械台班的消耗量外,还取决于人工工资标准、材料和机械台班的预算单价。因此,合理确定人工工资标准、材料和机械台班的预算价格,是正确计算工程造价的重要依据。

4.3.1 人工工资标准的确定

人工工资标准即预算人工工日单价。它是指一个建筑工人一个工作日在预算中应计入的全部人工费用。合理确定人工工资标准,是正确计算人工费和工程造价的前提和基础。

1)人工工日单价的构成

当前生产工人的人工工日单价组成如下:

(1)生产工人基本工资 根据有关规定,生产工人基本工资应执行岗位工资和技能工资制度。

(2)生产工人工资性补贴 是指为了补偿工人额外或特殊的劳动消耗及为了保证工人的工资水平不受特殊条件影响,而以补贴形式支付给工人的劳动报酬,它包括按规定标准发放的物价补贴,煤、燃气补贴,交通费补贴,住房补贴,流动施工津贴及地区津贴等。

(3)生产工人辅助工资 是指生产工人年有效施工天数以外非作业天数的工资,包括职工学习、培训期间的工资,调动工作、探亲、休假期间的工资,因气候影响的停工工资,女工哺乳时间的工资,病假在6个月以内的工资及产、婚、丧假期的工资。

（4）职工福利费　是指按规定标准计提的职工福利费。

（5）生产工人劳动保护费　是指按规定标准发放的劳动保护用品的购置费及修理费，徒工服装补贴，防暑降温费，在有碍身体健康的环境中施工的保健费用等。

人工工日单价组成内容，在各部门、各地区并不完全相同，但其中每一项内容都是根据有关法规、政策文件的精神，结合本部门、本地区的特点，通过反复测算最终确定的。

1999年《全国统一建筑工程基础定额重庆市基价表》中建筑工程人工工日单价分别为：土石方用工单价：15元/工日；机械操作用工单价：21.82元/工日；其他用工单价18元/工日。

2）建筑工程人工费的计算

建筑工程人工费应根据定额规定的用工量和相应的工日单价进行计算。

例如　1999年《全国统一建筑工程基础定额重庆市基价表》中规定砌10 m³ M5.0混合砂浆砖墙（标准砖）人工费为291.24元，其中机上人工为0.47工日，则砌10 m³ M5.0混合砂浆砖墙：

机上人工费 = 0.47工日 × 21.82元/工日 = 10.26元

其他用工人工费 = （291.24 - 10.26）元 = 280.98元

3）影响人工单价的因素

影响建筑安装工人人工单价的因素很多，归纳起来有以下方面：

（1）社会平均工资水平　建筑安装工人人工单价必然和社会平均工资水平趋同。社会平均工资水平取决于经济发展水平。由于我国改革开放以来经济迅速增长，社会平均工资也有大幅增长，从而影响人工单价的大幅提高。

（2）生产消费指数　生产消费指数的提高会带动人工单价的提高，以减少生活水平的下降，或维持原来的生活水平。生活消费指数的变动决定于物价的变动，尤其决定于生活消费品物价的变动。

（3）人工单价的组成内容　例如住房消费、养老保险、医疗保险、失业保险费等列入人工单价，会使人工单价提高。

（4）劳动力市场供需变化　在劳动力市场如果需求大于供给，人工单价就会提高；供给大于需求，市场竞争激烈，人工单价就会下降。

（5）政府推行的社会保障和福利政策　影响人工单价的变动。

4.3.2　材料预算价格的确定

材料预算价格是指建筑材料（包括燃料半成品、配件等）由其来源地（或交货地点）运至工地仓库（或施工现场材料存放点）后的出库价格。

1）材料预算价格的费用组成

从上述概念可以看出，材料预算价格是从材料来源地开始计算。来源地是指生产厂家或交货地点，所以应包括材料的出厂或交货地价格，这里统称为原价。材料从来源地到材料出库这段时间与空间内，必然会发生运输费、包装费、采购费、装卸费等等。

一般地，材料预算价格由以下5种费用所构成：

材料原价；

供销部门手续费；

材料包装费；

运杂费；

采购保管费。

材料预算价格 = [材料原价 + 供销部门手续费 + 包装费 + 运杂费] × (1 + 采购保管费率)

2)材料预算价格的确定方法

(1)材料原价的确定　材料原价是指材料的出厂价、交货地价格、市场批发价、国营商业部门的批发牌价以及进口材料的调拨价等。

在确定原价时,同一种材料,因产地或供应单位的不同而有几种原价时,应根据不同来源地的供应数量及不同的单价,计算出加权平均原价。

(2)材料供销部门手续费　建筑施工中所需要的材料,其供应方式大致有两种情况:一种是生产厂家直接供应;另一种则是由物资供销部门供应,如交电、五金、化工等产品。材料供销部门手续费,是指通过当地物资供销部门(如物资局、材料公司、材料供应站等)供应的材料所收取的附加手续费。不经物资供销部门供应而直接从生产厂家采购的材料,则不计算这项费用。

供销部门的手续费,按各地物资部门或供销部门现行的取费标准计算。目前,我国各地区大部分执行国家经委规定的费率:金属材料2.5%;机电材料1.8%;化工材料2%;木材3%;轻工产品3%;建筑材料3%。

供销部门手续费 = 材料原价 × 供销部门手续费率

(3)材料包装费　为了便于运输材料和保护材料,使材料免受损坏(或损失)而进行包装所需的一切费用称为材料包装费。如运输木材需要的木立柱,运输水泥需要的篷布等。包装费计算一般有两种情况:

①凡由生产厂家负责包装的材料(如水泥、玻璃、铁钉、卫生瓷器等),包装费已计入原价内,不得再计算包装费。但包装材料回收值,应从材料包装费中承以扣除。计算公式如下:

$$包装费 = 包装材料原价 - 包装材料回收价值$$

$$包装材料回收价值 = \frac{包装材料原价 × 回收量 × 回收折价率}{包装器材标准容量}$$

②采购单位自备包装材料(或容器),按下列公式计算包装费。

$$自备包装品的包装费 = \frac{包装品原价 × (1 - 回收率 × 回收折价率) + 使用期维修费}{周转使用次数 × 包装容器标准容量}$$

上述公式中,回收率及回收折价率按地区主管部门规定计取。若地区无规定,可按实际情况,参照表4.1计取。

表4.1　包装品回收率及回收折价率表

包装材料	回收率/%	回收折价率/%
木材、木桶、木箱	70	20
铁桶	95	50
铁皮	50	50
铁丝	20	50
纸袋、纤维品	60	50
草绳、草袋	不计	不计

$$使用期维修费 = 包装品原价 \times 使用期间维修费率$$

维修费率:铁桶为75%,其他不计。

周转使用次数:铁桶15次,纤维制品5次,其余不计。

(4)材料运杂费 运杂费是指材料由来源地(或交货地)运至工地仓库(或存放地点)的全部过程中所支付的一切费用,见运输流程示意图4.1。

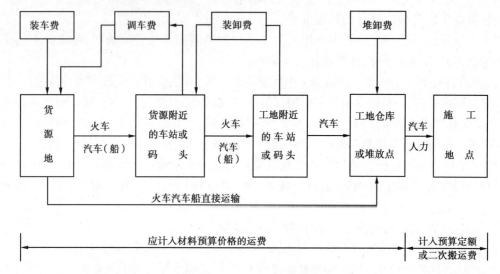

图4.1 材料运输流程示意图

从材料运输流程示意图中可以看出,材料运杂费主要包括:

①调车(驳船)费;②装卸费;③运输费;④附加工作费;⑤途中损耗。

调车(驳船)费是指机车到专用线(船只到专用装货码头)或非公用地点装货时的调车费(驳船费);

装卸费是指给火车、轮船、汽车上下货物时所发生的费用;

运输费是指火车、汽车、轮船的运输材料费

附加工作费是指货物从货源地运至工地仓库期间所发生的材料搬运、分类堆放及整理等费用;

途中损耗是指材料在装卸、运输过程中的不可避免的合理损耗。

$$材料途中损耗 = (原价 + 调车费 + 装卸费 + 运输费) \times 途中损耗率$$

一般建筑材料的运杂费约占材料预算价格的10% ~ 15%。有些地方材料由于质量大,价值低,运杂费往往相当于原价的1~2倍。可见运杂费直接影响着材料价格的高低。为了减少运杂费的支出,应尽量就地取材,缩短运输距离,并选择运价较低的运输工具。

运杂费可根据材料来源地、运输方式、运输里程,并根据国家或地方规定的运价标准,按加权平均的方法计算。

(5)采购保管费 采购保管费是指材料部门在组织采购、供应和保管材料过程中所发生的各种费用。包括各级材料部门的职工工资、职工福利、劳动保护费、差旅及交通费、办公费、固定资产使用费、工具用具使用费、材料检验试验费、材料存储损耗等。建筑材料的种类、规格繁多,采购保管费不可能按每种材料在采购保管过程中所发生的实际费用计算,只能规定几种费率。目前由国家经委规定的综合采保费率为 2.5%(其中采购费率为 1%,保管费率为 1.5%)。由建设单位供应材料到现场仓库,施工企业只收保管费。

$$采购保管费 = (原价 + 供销部门手续费 + 包装费 + 运杂费) \times 采购保管费率$$

上述是主要建筑材料预算价格的计算方法,次要材料因占工程直接费的比例很小,其预算价格可以简化计算。一般在原价确定之后,其他四项费用可按各地区规定的综合系数计算。

【例 4.2】 白石子系地方材料,经货源调查后确定,甲厂可供货 30%,原价 82.50 元/t,乙厂可供货 25%,原价为 81.60 元/t,丙厂可供货 20%,原价 83.20 元/t,其余由丁厂供应,原价为 80.80 元/t。甲、丙两地为水路运输,运费 0.35 元/(t·km),装卸费 2.8 元/t,驳般费 1.30 元/(t·km),途中损耗 2.5%,甲厂运距为 60 km,丙厂运距为 67 km。乙、丁两厂为汽车运输,运距分别分 50 km 和 58 km,运费为 0.40 元/(t·km),调车费 1.35 元/t,装卸费 2.30 元/t,途中损耗 3%,材料包装费均为 10 元/t,采购保管费率为 2.5%。试计算白石子的预算价格。

【解】 ①加权平均原价

原价 = 82.5 元/t × 30% + 81.6 元/t × 25% + 83.2 元/t × 20% + 80.80 元/t × 25% = 81.99 元/t

②地方材料直接从厂家采购,不计供销部门手续费。

③包装费 10 元/t

④运杂费:(1.33 + 2.55 + 21.9 + 2.96)元/t = 28.74 元/t

　a. 加权平均运距

　60 km × 30% + 50 km × 25% + 67 km × 20% + 58 km × 25% =

　(18 + 12.5 + 13.4 + 14.5) km = 58.4 km

　b. 加权平均调车驳船费

　1.3 元/t × (30% + 20%) + 1.35 元/t × (25% + 25%) = 1.33 元/t

　c. 加权平均装卸费

　2.8 元/t × (30% + 20%) + 2.30 元/t × (25% + 25%) = 2.55 元/t

　d. 加权平均运输费

　0.35 元/(t·km) × (30% + 20%) + 0.40 元/(t·km) × (25% + 25%) = 0.375 元/(t·km)

　e. 运输费计算

　58.4 km × 0.375 元/(t·km) = 21.9 元/t

　f. 加权平均途耗率

　2.5% × (30% + 20%) + 3.0% × (25% + 25%) = 2.75%

　g. 途中损耗率

　(81.99 + 1.33 + 2.55 + 21.9)元/t × 2.75% = 2.96 元/t

　h. 堆卸费暂不计

⑤采购保管费

　(81.99 + 10 + 28.74)元/t × 2.5% = 3.02 元/t

⑥白石子材料预算价格

　(81.99 + 10 + 28.74 + 3.02)元/t = 123.75 元/t

4.3.3　施工机械台班预算价格的确定

1）施工机械台班预算价格的概念

施工机械台班预算价格也称施工机械台班使用费,是指在一个台班中,为使机械正常运转所支出和分摊的各项费用之总和。

施工机械台班费的比重,将随着建筑施工机械化水平的提高而增加。所以,正确计算施工机械台班使用费具有重要的意义。

2）施工机械台班预算价格的构成

从上述概念可以看出,施工机械台班预算价格由两大部分构成,即分摊的费用和支出的费用。

分摊的费用有:

机械折旧费;

大修理费;

经常维修费;

替换设备及工具附具费

润滑及擦拭材料费;

安装、拆卸及辅助设施费;

机械进出场费;

机械保管费

支出的费用有:

机上人工费;

动力燃料费;

养路费及牌照税。

分摊的费用也称第一类费用(亦称不变费),支出的费用也称第二类费用(又称可变费)。

3）施工机械台班预算价格的计算

(1)第一类费用的计算　第一类费用是根据机械年工作制度决定的费用,是一种比较固定的经常性费用。其特点是不分施工地点和条件的不同,也不管机械是否开动都需支付,是按全年的费用分摊到全年的每一个台班之中。

第一类费用以货币形式直接计入台班预算单价中。

①几项基本数据的确定

a.机械预算价格的确定:机械的预算价格即机械的出厂价格加上供应机构手续费和由出厂地点至使用单位的一次性运杂费。

供应机构手续费和运杂费,国产机械按出厂价的5%计算,进口机械只有到岸价格者,则按到岸价的11%计取。

$$机械预算价格 = 机械出厂价格 \times 1.05(或1.11)$$

b.机械残值率:机械残值率是指机械到使用期限后残余价值占机械预算价格的百分比。

机械残值率一般为:大型机械 5%;中小型机械 4%;运输机械 6%。

c.机械使用总台班:机械使用总台班等于使用周期数与大修理间隔台班之积。即

$$使用总台班 = 使用周期数 × 大修理间隔台班$$

使用周期是指从开始使用到下次大修理为止的一段时间。根据我国建筑机械现状,使用周期数按 5 次控制为宜。大修理次数等于使用周期数减 1,即大修理次数最多为 4 次。

d.大修理间隔台班和一次大修理费:大修理间隔台班为两次大修理之间机械使用台班之总和。一次大修理费即一次大修理所需的全部费用。

②第一类费用的计算方法

a.台班基本折旧费:台班基本折旧费是指机械在使用期内收回机械原值而分摊到每一台班的费用。台班基本折旧费按下式计算:

$$台班基本折旧费 = \frac{机械预算价格 × (1 - 残值率)}{使用总台班}$$

b.台班大修理费:台班大修理费是指为保证机械完好和正常运转达到大修理间隔期需进行大修而支出各项费用的台班分摊额。包括必须更换的配件、消耗的材料、油料及工时费等。其计算公式为:

$$台班大修理费 = \frac{一次大修理费 × 大修理次数}{使用总台班}$$

c.台班经常修理费:台班经常修理费是指大修理间隔期分摊到每一台班的中修理费和定期的各级保养费。计算公式为:

$$台班经常修理费 = \frac{中修理费 + \sum(各级保养一次费 × 各级保养次数)}{大修理间隔台班}$$

修理费和各级保养费由机械配件、材料消耗、其他材料及工时费、检修费等组成。

为了简化计算,台班经常修理费可按台班大修费乘系数确定,如载重汽车系数为 1.46,自卸汽车系数为 1.52,塔式起重机系数为 1.69 等。

$$台班经常修理费 = 台班大修理费 × 系数$$

d.台班替换设备及工具附具费:该项费用是指为保证机械正常运转所需的蓄电池、变压器、车轮胎、传动皮带、钢丝绳等消耗性设备及随机使用的工具和附具所消耗的费用。计算公式为:

$$台班替换设备及工具附具费 =$$
$$\sum \frac{替换设备、工具、附具一次使用量 × 相应单价 × (1 - 残值率)}{替换设备、工具、附具使用总台班}$$

这项费用要对各种设备、工具附具一项一项的计算,并且各自的使用台班数不同,因此计算较繁琐。为了简化计算可采用经验公式:

$$替换设备及工具附具费 = 经常修理台班费 × k$$

式中　k——替换设备及工具附具费系数。

e.润滑材料及擦拭材料费:该费用是指为机械正常运转及日常保养所需的润滑油脂及擦拭用布、棉纱的台班摊销费。计算公式如下:

$$台班润滑及擦拭材料费 = \sum(某种润滑及擦拭材料台班使用量 × 相应单价)$$

$$某种材料台班使用量 = \frac{一次使用量 \times 每个大修间隔期平均次数}{大修理间隔台班}$$

这项费用往往按综合取定的具体金额数值计算。如在全国统一定额中,根据各地调查的资料,曾对 4 t 载重汽车的台班泔滑材料及擦拭材料确定为 1.50 元。

f. 安装、拆卸及辅助设施费:该项费用是指施工机械在施工现场进行安装、拆卸所需的人工、材料、机械费、试运转费及安装所需的辅助设施的费用(辅助设施包括安装机械的基础、底座、固定锚桩、行走轨道、枕木等的折旧费及其搭设、拆除费用)。

$$台班安装拆卸费 = \frac{一次安拆费 \times 每年中安拆次数}{摊销台班数}$$

$$台班辅助设施折旧费 = \sum \frac{一次使用量 \times 预算单价 \times (1 - 残值率)}{摊销台班数}$$

塔式起重机、打桩机械等需要计算该项费,运输机械不发生该项费。

g. 台班机械进出场费:该费用是指机械整体或分件从停置场地运至施工现场或由一个工地运至另一个工地,运距在 25 km 以内的机械进出场运输费用(包括机械的装、卸、运输、辅助材料费等)。计算公式为:

$$台班进出场费 = \frac{(每次运费 + 每次装卸费) \times 年平均次数}{年工作台班}$$

h. 台班机械保管费:该费用是指机械管理部门为保管机械而发生的各项费用的台班分摊额。包括停车库、停车棚的折旧、维修等费用。其计算式为:

$$台班机械保管费 = \frac{机械预算价格 \times 保管费率}{年工作台班}$$

或是前 7 种费用之和的 2.5%。

第一类费用在机械台班费用定额中是用货币形式表示的,适用于任何地区。在编制机械台班费用计算表时,从定额表中直接转抄,不必重新计算。

(2)第二类费用的计算

①人工费 该费用是指专业操作机械的司机、司炉及操作机械的其他人员的工资。机械专业操作人员的个数根据机械性能和操作需要来确定。

②动力燃料费 指机械在运转时所消耗的电力、燃料等的费用。其计算式为:

$$台班动力燃料费 = 每台班所消耗的动力燃料数 \times 相应单价$$

③养路费及牌照税 养路费及牌照税是自行机械按交通部门规定应缴纳的公路养护费及牌照税。这项费用一般按机械载重吨位或机械自重收取。

$$台班养路费 = \frac{自重(或核定吨位) \times 年工作月 \times (月养路费 + 牌照税)}{年工作台班}$$

施工机械台班费计算见表 4.2。表 4.2 摘自《全国统一施工机械台班费用定额》1994年版。

表 4.2 土石方筑路机械台班费

序 号		1	2	3	4	5	6	7
费用项目	单位	液压履带式单斗挖掘机		履带式推土机				
		斗容量/m³		功率/kW				
		0.6 以内	1 以内	50 以内	75 以内	90 以内	105 以内	135 以内
基价	元	487.46	716.92	235.49	460.47	547.30	570.31	878.91
第一类费用 折旧费	元	198.36	330.60	50.35	158.66	209.78	224.87	391.64
大修理费	元	51.86	65.40	18.53	38.30	45.28	47.42	83.25
经常修理费	元	116.18	137.99	48.17	99.59	117.73	123.30	216.45
替换设备及工具附具费	元							
润滑擦拭材料费	元							
安装、拆卸、辅助设施费	元							
机械场外运输费	元							
机械保管费	元							
小计	元	366.4	533.99	117.05	296.55	372.79	395.59	691.34
第二类费用 机上人工费	元	50.00	50.00	50.00	50.00	50.00	50.00	50.00
动力消耗 燃料动力费 其中:柴油	元 kg kW·h	71.06 33.68	132.93 63.00	64.14 30.40	113.92 53.99	124.51 59.01	124.72 59.11	137.57 65.20
电养路费及牌照税	元							
小计	元	121.06	182.93	114.14	163.92	174.51	174.72	187.57

57

4.4 计 价 定 额

4.4.1 计价定额的概念

计价定额是预算定额的货币表示形式,即是一定计量单位的分项工程或结构构件所需要的人工、材料和机械台班消耗量的货币表现形式。它是各地区正确计算建筑工程预算造价的主要依据。

预算定额是确定一定计量单位的分项工程或结构构件所需各种消耗量的标准,一般只列出基价,主要还是研究和确定定额消耗量。计价定额则是在预算定额所规定的各项消耗量的基础上,根据各地区人工工资标准、材料预算价格和机械台班预算单价而计算出本地区内分项工程或结构构件的预算单价。它既反映了预算定额统一规定的量,又反映了本地区所确定的价,把量与价的因素有机地结合起来,但主要还是确定价的问题。因此,计价定额具有在某一个地区使用的特点。

4.4.2 计价定额的编制

1）编制依据

①现行建筑安装工程预算定额及补充预算定额；

②地区建筑安装工人工资标准；

③地区材料预算价格；

④地区施工机械台班预算价格；

⑤国家与地区对编制单位估价表的有关规定及计算手册等资料。

2）计价定额的编制方法

编制计价定额的主要工作就是计算各分项工程或结构构件的单价。单价中的人工费是由预算定额中每一分项工程的用工数乘以地区人工工资标准计算得出；材料费是由预算定额中每一分项工程的各种材料消耗量乘以地区相应材料预算价格之和算出；机械费是由预算定额中每一分项工程的机械台班消耗量乘以地区相应施工机械台班预算价格之和算出。计算公式如下：

$$分项工程预算单价 = 人工费 + 材料费 + 机械费$$

式中　　　人工费 = 分项工程定额用工量 × 地区综合平均日工资标准

材料费 = $\sum$（分项工程定额材料用量 × 相应的材料预算价格）

机械费 = $\sum$（分项工程定额机械台班使用量 × 相应机械台班预算单价）

分项工程的单价计算见表4.3，建筑工程计价定额见表4.4。

3）计价定额的编制步骤

（1）选用计价定额项目　计价定额是针对某一地区的使用而编制的，所以要选用在本地适用的定额项目（包括定额项目名称、定额消耗量和定额计量单位等）。本地不需用或根本不适应的项目，在计价定额中可以不编入。反之，本地常用项目而预算定额中却没有的定额项目，要补充完善，以满足使用的要求。

（2）抄录定额的工、料、机械台班数量　将计价定额中所选定项目的工、料、机械台班数量，分别抄录在计价定额的分项工程单价计算表的相应栏目中。

（3）选择和填写单价　将地区日工资标准、材料预算价格、施工机械台班预算单价分别填入工程单价计算表中相应的单价栏内。

（4）进行单价计算　单价计算可直接在计价定额上进行，也可通过"工程单价计算表"计算出各项费用后，再把结果填入单位估价表。

（5）复核与审批　将计价定额中的数量、单价、费用等认真进行核对，以便纠正错误。汇总成册，由主管部门审批后，即可排版印刷，颁发执行。

4.4.3 计价定额的特点

计价定额一个非常明显的特点是地区性强，不同地区分别使用各自的计价定额，互不通用。计价定额的地区性特点是由工资标准的地区性及材料、机械台班预算价格的地区性所决定的。

表4.3 分项工程单价计算表

定额项目名称	单 位	分项工程单价 （基　价）	计　算　式	
M_5 混合砂浆砌—砖墙壁	10 m³	1 183.44 元	人工费＋材料费＋机械费	
人工费	元	50.83	3.39×14.995＝50.83	
材料费	元	1 090.73	灰砂砖	174.4×5.20＝906.88
			二等中枋	0.003×784.0＝2.35
			水泥325#	0.162×692.16＝112.13
			生石灰	0.07×192.64＝13.48
			特细砂	19×2.87＝54.53
			铁钉	3.45×0.08＝0.23
			水	0.50×2.16＝1.08
机械费	元	41.88	灯塔吊(2 t) 77.36×0.462＝35.74 砂浆搅拌机(200 L)：13.29×0.462＝6.14	
小　计	元	1 183.44	人工费＋材料费＋机械费	

表4.4 建筑工程计价定额

工程内容：(1)调运铺砂浆、运砖。(2)砌窗台虎头砖、腰线、门窗套。(3)安放木砖、铁件。

计量单位：10m³

定　额　编　号				121	122	123
项　目	单位	单价		砖　墙		
				水泥砂浆		
				M_5	$M_{7.5}$	M_{10}
预算价格	元			1 244.04	1 267.54	
其中	人工费	元		66.61	66.61	
	材料费	元		1 137.54	1 161.04	
	机械费	元		38.89	39.89	
材料	水泥砂浆 M_5	m³		(2.24)		
	水泥砂浆 $M_{7.5}$	m³			(2.24)	
	水泥砂浆 M_{10}	m³				
	二等中枋	m³	784.00	0.003	0.003	
	页标准岩砖	千匹	181.20	5.26	5.26	
	水泥#325	kg	0.161 9	757.12	911.63	
	生石灰	kg	0.070 7			
	特细砂	t	19.00	3.06	2.98	
	铁钉	kg	3.45	0.08	0.08	
	水	t	0.50	2.16	2.16	

4.5 预算定额(计价定额)的应用

4.5.1 概述

由于预算定额的内容与形式和计价定额的内容及形式基本相同,所以将预算定额的应用和单位估价表的应用统称为预算定额的应用。

要正确地使用预算定额,首先必须了解定额手册的基本结构。

1)预算定额手册的组成

预算定额手册由目录、总说明、分部工程说明、工程量计算规则、定额项目表、附注和附录等内容所组成,如图4.2所示。从图中可以看出,预算定额手册的内容可划分为三大部分,即文字说明、定额项目表和附录。

(1)文字说明部分

①总说明 在总说明中,主要阐述预算定额的用途、编制依据、适用范围、定额中已考虑的因素和未考虑的因素、使用中应注意的事项和有关问题的说明。

②分部工程说明 分部工程说明是定额手册的重要组成部分,主要阐述本分部工程所包括的主要项目、有关问题的说明、定额应用时的具体规定和处理方法等。

③分节说明 分节说明是对本节所包含的工程内容及使用的有关说明。

上述文字说明是预算定额正确使用的重要依据和原则,应用前必须仔细阅读,不然就会造成错套、漏套及重套定额。

(2)定额项目表 定额项目表列出每一单位分项工程中人工、材料、机械台班消耗量及相应的各项费用,是预算定额手册的核心内容。定额项目表由分项工程内容、定额计量单位、定额编号、预算单价(基价)、人工、材料消耗量及相应的费用、机械费等。

(3)附录 附录列在定额手册的最后,其主要内容有建筑机械台班预算价格,砼、砂浆配合比表,门窗五金用量表及钢筋用量参考表等。这些资料供定额换算之用,是定额应用的重要补充资料。

2)定额项目表与附录中半成品配合比的关系

定额子目中若含有砼或砂浆半成品用量,那么其半成品中的各种原材料消耗量就是根据半成品配合比算出来的。因此,凡是涉及半成品的原材料分析或涉及换算不同强度的砼、砂浆,都必须使用附录中的半成品配合比。所以,半成品配合比是编制预算定额的基础资料。

4.5.2 预算定额的具体应用

1)预算定额的直接套用

当设计要求与定额项目的内容相一致时,可直接套用定额的预算基价及工料消耗量计算该分项工程的直接费以及工料需用量。

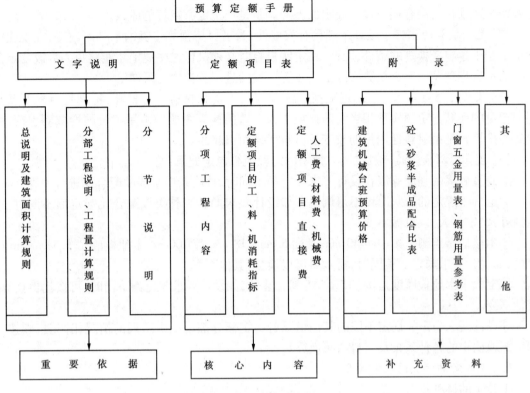

图 4.2　预算定额手册组成示意图

现以 1999 年《全国统一建筑工程基础定额重庆市基价表》为例,说明预算定额的具体使用方法。(以后各例均同)

【例 4.4】　某招待所现浇 C_{10} 毛石砼带型基础 15.23 m^3,试计算完成该分项工程的直接费及主要材料消耗量。

【解】　● 确定定额编号　1E0001

● 计算该分项工程直接费

$$分项工程直接费 = 预算基价 \times 工程量$$

$$1\ 162.55\ 元\ /10\ m^3 \times 15.23\ m^3 = 1\ 770.56\ 元$$

(定额中只有基价,如人工费、材料价格等有变动,则直接费应予调整)

● 计算主要材料消耗量

$$材料消耗量 = 定额规定的耗用量 \times 工程量$$

水泥 $325^{\#}$　　2 554.48 kg/10 $m^3 \times 15.23\ m^3 = 3\ 890.5$ kg

特细砂　　　4.57 t/10 $m^3 \times 15.23\ m^3 = 6.960$ t

碎石 5 ~ 60　12.48 t/10 $m^3 \times 15.23\ m^3 = 19.007$ t

毛石　　　　2.72 m^3/10 $m^3 \times 15.23\ m^3 = 4.143\ m^3$

2)预算定额的换算

(1)定额换算的原因　当施工图纸的设计要求与定额项目的内容不相一致时,为了能计算出设计要求项目的直接费及工料消耗量,必须对定额项目与设计要求之间的差异进行调整。这种使定额项目的内容适应设计要求的差异调整是产生定额换算的原因。

(2)定额换算的依据 预算定额具有权威性,为了保持预算定额的水平不改变,在说明中规定了若干条定额换算的条件,因此,在定额换算时必须执行这些规定才能避免人为改变定额水平的不合理现象。定额换算实际上是预算定额的进一步扩展与延伸。

(3)预算定额换算的内容 定额换算涉及到人工费和材料费的换算,特别是材料费及材料消耗量的换算占定额换算相当大的比重。人工费的换算主要是由用工量的增减而引起,材料费的换算则是由材料耗用量的改变及材料代换而引起的。

(4)预算定额换算的一般规定 常用的定额换算规定如下:

①砼及砂浆的强度等级在设计要求与定额不同时,按附录中半成品配合比进行换算;

②定额中规定的抹灰厚度不得调整。如设计要求的砂浆种类或配合比与定额不同时,可以换算,但定额人工、机械不变。

③木楼地楞定额是按中距40 cm、断面5 cm×18 cm,每100 m² 木地板的楞木313.3 m计算的,如设计要求与定额不同时,楞木料可以换算,其他不变。

④定额中木地板厚度是按2.5 cm毛料计算的,如设计要求与定额不同时,可按比例换算,其他不变。

⑤设计要求与定额规定不同的其他情况若与定额分部说明中所列的情况相同时,则按定额分部说明中的各种系数及工料增减换算。

(5)预算定额换算的几种类型

①砂浆的换算;

②砼的换算;

③木材材积的换算;

④系数换算;

⑤其他换算。

3)预算定额的换算方法

(1)砼的换算

砼的换算分两种情况,一是构件砼,二是楼地面砼。

构件砼的换算(砼强度和石子品种的换算)的特点是:的用量不发生变化,只换算强度或石子品种。其换算公式为:

换算价格 = 原定额价格 + 定额砼用量 × (换入砼单价 - 换出砼单价)

【例4.5】 某工程框架薄壁柱,设计要求为 C_{35} 钢筋砼现浇,试确定框架薄壁柱的单价及单位材料用量。

【解】 •确定换算定额编号 1E0045(低、特、碎砼 C_{30})

其单价为2 007.62 元/10 m³,砼定额用量10.15 m³/10 m³

•确定换入,换出砼的单价(低、特、碎)

查附录2:C_{35}砼单价　　163.41 元/m³(#525 水泥)

　　　　　C_{30}砼单价　　151.41 元/m³(#425 水泥)

•计算换算单价

$$2\,007.62\ \text{元}/10\ \text{m}^3 + 10.15\text{m}^3/10\text{m}^3 \times (163.41\ \text{元}/\text{m}^3 - 151.41\ \text{元}/\text{m}^3) =$$
$$(2\,007.62 + 121.80)\text{元}/10\ \text{m}^3 = 2\,129.42\ \text{元}/10\ \text{m}^3$$

● 换算后材料用量分析

水泥#525	$472.00\ \text{kg}/\text{m}^3 \times 10.15\text{m}^3/10\text{m}^3 = 4\,790.8\ \text{kg}/10\text{m}^3$
特细砂	$0.383\ \text{t}/\text{m}^3 \times 10.15\text{m}^3/10\text{m}^3 = 3.887\ \text{t}/10\text{m}^3$
碎石 $5 \sim 20$	$1.377\ \text{t}/\text{m}^3 \times 10.15\text{m}^3/10\text{m}^3 = 13.977\ \text{t}/10\text{m}^3$

（换算小结）

a. 选择换算定额编号及其单价,确定砼品种及其骨料粒径,水泥标号。

b. 根据确定的砼品种（塑性砼还是低流动性砼、石子粒径、砼强度）,从附录中查换出换入砼的单价。

c. 计算换算价格。

d. 确定换入砼品种须考虑下列因素：

是塑性砼还是低流动性砼；

根据规范要求确定砼中石子的最大粒径；

根据设计要求,确定采用砾石、碎石及砼的强度。

（2）楼地面砼的换算

当楼地面砼面层的厚度与强度的设计要求与定额规定不同时,应先按设计要求厚度确定石子的规格,然后以整体面层中的某一项定额和增减厚度定额为标准,进行砼面层厚度及强度的换算。

【例4.6】 某家属住宅地面,设计要求为 C_{15} 砼面层,厚度为 6 cm（无筋）,试计算该分项工程的预算价格及定额单位材料消耗量。

【解】 ● 确定换算定额编号 1H0054、1H0055[①]（C_{20} 塑性砼）

价格为 $1\,572.03\ \text{元}/100\ \text{m}^2 - 170.11\ \text{元}/100\ \text{m}^2 \times 2 = 1\,231.81\ \text{元}/100\ \text{m}^2$

砼用量为 $8.08\ \text{m}^3/100\ \text{m}^2 - 1.01\ \text{m}^3/100\ \text{m}^2 \times 2 = 6.06\ \text{m}^3/100\ \text{m}^2$（水泥为#425）

● 确定换入换出砼的单价（低、特、碎 $5 \sim 40$）

查附录2：C_{15} 砼单价 $111.14\ \text{元}/\text{m}^3$

C_{20} 砼单价 $122.33\ \text{元}/\text{m}^3$

a. 计算换算单价

$1231.81\ \text{元}/100\ \text{m}^2 + 6.06\ \text{m}^3/100\ \text{m}^2 \times (111.14 - 122.33)\text{元}/\text{m}^3 = 1164.00\ \text{元}$

b. 换算后材料用量分析

水泥#325	$598.62\ \text{kg}/100\ \text{m}^2$（不变）
水泥#425	$310.0\ \text{kg}/\text{m}^3 \times 6.06\ \text{m}^3/100\ \text{m}^2 = 1\,878.6\ \text{kg}/100\ \text{m}^2$
特细砂	$(0.541\ \text{t}/\text{m}^3 \times 6.06)\ \text{m}^3/100\ \text{m}^2 = 3.278\ \text{t}/100\ \text{m}^2$
碎石 $5 \sim 40$	$(1.397\ \text{t}/\text{m}^3 \times 6.06)\ \text{m}^3/100\ \text{m}^2 = 8.466\ \text{t}/100\ \text{m}^2$

（3）砂浆的换算 砂浆换算包括砌筑砂浆换算和抹灰砂浆换算两种。

①砌筑砂浆换算 砌筑砂浆换算与构件砼的换算相类似,其换算公式为：

---

① 1H0054 为砼面层为 8 cm 的定额编号;1H0055 为每增减厚度为 1 cm 的定额编号。

换算价格 = 原定额价格 + 定额砂浆用量 × (换入砂浆单价 - 换出砂浆单价)

【例4.7】 某工程空花墙,设计要求用粘土砖,$M_{7.5}$混合砂浆砌筑,试计算该分项工程预算价格及定额单位的主材耗用量。

【解】 •确定换算定额的编号 1D0030(M_5 混合砂浆)

价格为:1 087.30 元/10 m^3

砂浆用量为:1.18 m^3/10 m^3($^{\#}325$ 水泥)

•确定换入换出砂浆的单价

查附录2:$M_{7.5}$混合砂浆单价 94.11 元/m^3 (特细砂)

$M_{5.0}$混合砂浆单价 80.78 元/m^3 (特细砂)

•计算换算单价

1 087.30 元/10m^3 + 1.18 m^3/10m^3 × (94.11 - 80.78) 元/m^3 = 1 103.03 元/10m^3

•换算后的材料用量分析,每10m^3 砌体中:

红砖 4.02 千块

水泥$^{\#}325$ 315 kg/m^3 × 1.18 m^3 = 371.7 kg

石灰膏 0.077 m^3/m^3 × 1.18 m^3 = 0.091m^3

特细砂 1.169 t/m^3 × 1.18 m^3 - 1.379 t

②抹灰砂浆的换算 装饰分部说明第1条中规定:本分部定额中规定的抹灰厚度,不得调整。如设计中规定的砂浆种类或配合比与定额不同时,可以换算,但定额人工、机械不变。这里的抹灰厚度是抹灰的总厚度,而不是各层灰浆的厚度。也就是说当各层灰浆厚度与定额中的相应灰浆厚度不同时,亦可进行换算。这种条件下的换算可归纳为以下3种情况。

第1种情况是各层抹灰厚度与定额相同,只是砂浆品种或配合比与定额不同,这种情况的换算与砌筑砂浆的换算相同。

第2种情况是各层抹灰厚度与定额不同,但砂浆品种和配合比与定额相同,这种情况的特点是不同品种的砂浆用量发生变化,从而引起材料费的变化。

第3种情况是上述二种情况的综合出现,其特点是砂浆品种和用量同时换算。

以上3种情况的通用换算公式为:

换算价格 = 原定额价格 + $\sum$ [(换入砂浆用量 × 换入砂浆单价) -

(换出砂浆用量 × 换出砂浆单价)]

式中 换入砂浆用量 = $\dfrac{定额用量}{定额厚度}$ × 设计厚度

换出砂浆用量 = 定额规定砂浆用量

【例4.8】 某计算机房砖墙面,设计为一般抹灰,底层用1:0.5:2.5 混合砂浆9 mm 厚,中间层用1:2.5 石灰膏砂浆加1.5% 麻刀9 mm 厚,面层为纸筋石灰膏浆2 mm 厚,试计算该分项工程的预算价格及定额单位的材料耗用量。

【解】 •确定换算定额的编号及有关数据

定额编号1K0001,价格为432.43 元/100 m^2

各层砂浆的品种、厚度及用量:

底层:麻刀石灰膏砂浆1:3,8 mm 厚,0.905 m^3/100m^2

中间层:麻刀石灰膏砂浆 1:3,8 mm 厚,0.905 m³

面层:纸筋石灰膏浆,2 mm 厚,0.22 m³

- 计算换入砂浆的用量

底层:1:0.5:2.5 混合砂浆 $=\dfrac{0.905\text{m}^3}{8\text{mm}}\times 9\text{mm}=1.018$ m³

中间层:石灰膏砂浆 1:2.5 加 1.5% 麻刀 $=\dfrac{0.905\text{m}^3}{8\text{mm}}\times 9\text{mm}=1.018$ m³

面层:纸筋石灰膏浆 $=\dfrac{0.22\text{m}^3}{2\text{mm}}\times 2\text{mm}=0.22$ m³

- 确定换入换出砂浆的单价

查附录 2　1:0.5:2.5 混合砂浆,129.78 元/m³

石灰膏砂浆 1:2.5 加 1.5 麻刀,67.47 元/m³

纸筋石灰膏浆,101.01 元/m³

- 计算换算单价(每 100m² 中)

432.43 元 + (1.018m³ × 129.78 元/m³ + 1.018m³ × 67.47 元/m³ − 0.905 m³ × 62.36 元/m³ − 0.905 m³ × 62.36 元/m³ = 520.36 元

- 换算后的材料用量分析,每 100 m² 中:

水泥 #325　463 kg/m³ × 1.018 m³ + 635 kg/m³ × 0.03 m³ = 490.38 kg

石灰膏:　0.166 m³/m³ × 1.018 m³ + 0.458 m³/m³ × 1.018 m³ + 1.143 m³/m³ × 0.22 m³ = 0.887 m³

特细砂:　1.161 t/m³ × 1.018 m³ + 1.399 t/m³ × 1.018 m³ + 1.273 t/m³ × 0.03 m³ = 2.644 t

麻刀:　4.410 kg/m³ × 1.058 m³ = 4.49 kg

纸筋:　8.36 kg(用量不变)

(4)系数换算　系数换算是按定额说明中规定的系数乘以相应定额的基价(或定额中工、料之一部分)后,得到一个新单价的换算。

【例 4.9】　某工程平基土方,施工组织设计规定为机械开挖,在机械不能施工的死角有湿土 121 m³ 需人工开挖,试计算完成该分项工程的直接费。

【解】　根据土石方分部说明,得知人工挖湿土时,按相应定额项目乘以系数 1.18 计算;机械不能施工的土石方,按相应人工挖土方定额乘以系数 1.5。

- 确定换算定额编号及单价

定额编号 1A0001,单价 699.60 元/100 m³

- 计算换算单价

699.60 元/100 m³ × 1.18 × 1.5 = 1 238.29 元/100 m³

- 计算完成该分项工程的直接费

(1 238.29 × 1.21)元 = 1 498.33 元

(4)其他换算　其他换算是指上述三种换算类型不能包括的定额换算。由于此类定额换算的内容较多、较杂,故仅举例说明其换算过程。

【例 4.10】　某工程墙基防潮层,设计要求用 1:2 水泥砂浆加 8% 防水粉施工,试计算该分项工程的预算价格。

【解】 •确定换算定额编号　1I0058

单价为　　　585.76 元/100 m²

•计算换入换出防水粉的用量

换出量　　55.00 kg

换入量　　1 295.40 kg×8% =103.63 kg

•计算换算单价(防水粉单价为 1.17 元/kg):每 100 m² 中

585.76 元 +1.17 元/kg×(103.63 -55.00)kg =642.66 元

虽然其他换算没有固定的公式,但换算的思路仍然是在原定额价格的基础上减去换出部分的费用,加上换入部分的费用。

4.5.3　预算定额应用中的其他问题

1)预应力钢筋的人工时效费

预算定额一般未考虑预应力钢筋的人工时效费,如设计要求进行人工时效者,应按分部说明的规定,单独进行人工时效费调整。

2)钢筋价差调整

钢筋的预算价格具有时间性,随时都有程度不同的变化。而预算定额却具有相对稳定性,一般在几年内不变。在这种情况下,定额中的钢筋预算价格与实际的钢筋价格就有一个差额。所以在编制施工图预算时,要进行钢筋的实际价格与预算价格的调整。调整公式如下:

钢筋价差 = 按施工图计算出的钢筋用量×(现行钢筋单价 - 预算定额钢筋单价)

有些地方材料也采用综合系数调整或直接定时公布材料预算单价。

3)建筑物超高人工、机械降效费

建筑物超高人工、机械降效费适用于建筑物檐高 20 m(层数 6 层)以上的工程。

檐高是指设计室外地坪至檐口的高度。突出主体建筑屋顶的电梯间、水箱间等不计入檐高之内。

(1)建筑物超高人工、机械降效费的内容

工人上下班降低工效、上楼工作前休息及自然休息增加的时间。

垂直运输影响的时间。

由于人工降效引起的机械降效。

高层水加压。

(2)建筑物超高人工、机械降效费的计算依据及方法　建筑物超高人工、机械降效费的计算依据是建筑物超高人工、机械降效费用定额。

建筑物超高人工、机械降效费的计算方法是按"建筑面积计算规则"确定的建筑面积计算,同一建筑物檐高不同时,不分结构(除单层工业厂房外)、用途分别套用不同檐高项目计算。

【例4.11】　某建筑物为 18 层,每层建筑面积为 601 m²,层顶上楼梯间 30 m²,电梯机房 27 m²,水箱间 18 m²,试计算该工程的超高人工、机械降效费。

建筑工程定额与预算

【解】 • 确定定额编号 1L0032

单价为 1 398.65 元/100 m²

• 计算建筑面积

601 m²/层 × 18 层 + (30 + 27 + 18) m² = 10 893 m²

• 计算超高人工、机械降效费

超高人工、机械降效费 = 10 893 m² × 1 398.65 元/100m² = 152 354.94 元

【例4.12】 某单层工业厂房,建筑面积为 1 423 m²,檐高 23.7 m,试计算超高人工、机械降效费。

【解】 • 确定定额编号:1L0029

单价为 343.69 元/100 m²

• 计算超高人工、机械降效费

超高人工、机械降效费 = 1423m² × 343.69 元/100m² = 4 890.71 元

小 结 4

本章主要讲述预算定额的概念及作用;预算定额的编制原则、依据及各项消耗量指标的确定;人工工资标准、材料预算价格(基价)和机械台班预算单价的确定;计价定额(表)的概念、特点及编制方法;预算定额(计价定额)的应用等。现就其基本要点归纳如下:

①预算定额是确定完成一定计量单位合格的分项工程或结构构件所需人工、材料和机械台班的数量标准。其主要作用是编制施工图预算、进行工程结算和制定工程招标标底及招标标价的依据,也是编制概算定额和工程投资估算指标的基础。

②预算定额编制的基本原则是按社会平均水平确定其各种消耗量指标。人工消耗量指标 = 基本用工 + 超运距用工 + 辅助用工 + 人工幅度差;材料消耗量指标 = 材料净用量 + 材料损耗量;机械台班消耗量指标 = 分项定额计量单位值/小组产量。

③人工工资单价、材料预算价格和机械台班预算单价的计算如下:人工日工资单价 = 月工资标准/全月法定工作天数;材料预算价格 = (材料原价 + 供销部门手续费 + 包装费 + 运杂费) × (1 + 采购保管费率);机械台班预算单价 = 第一类费用 + 第二类费用(其中第一类费用包括机械折旧费、大修费、经常维修费等8项费用,第二类费用包括机上人工费、动力燃料费、养路费及牌照税)。

④计价定额是分项工程或结构构件的单价,是预算定额中的人工、材料和机械台班消耗量的货币表现形式。它是编制施工图预算、确定工程造价的主要依据,且具有地区使用的特点。定额中各项费用的计算公式如下:人工费 = 分项工程定额用工量 × 地区综合平均日工资单价;材料费 = ∑(分项工程定额材料用量 × 相应的材料预算价格);机械费 = ∑(分项工程定额机械台班使用量 × 相应的机械台班预算单价)。

⑤通过本章的学习,要了解预算定额的概念、作用、编制原则、编制依据及编制方法;熟悉

人工工资标准、材料预算价格和机械台班预算单价的确定方法;重点掌握预算定额(计价定额)的直接套用和定额的换算,这也是学习本章的难点。

复习思考题 4

4.1 什么是建筑工程预算定额?其作用有哪些?它的编制原则是什么?

4.2 编制预算定额的依据有哪些?编制步骤怎样?

4.3 预算定额中的人工消耗量指标包括哪些用工?

4.4 预算定额中的材料消耗指标包括哪些材料消耗量?

4.5 预算定额中的主要材料耗用量是如何确定的?什么是周转性材料?它的消耗量是怎样计算的?

4.6 预算定额(计价定额)中人工工资标准由哪几部分组成?

4.7 材料预算价格由哪些费用构成?

4.8 如何正确确定材料的原价?

4.9 什么是施工机械台班使用费?它由哪些费用因素构成?其计算方法是怎样的?

4.10 什么是计价定额?它有哪些用途?是怎样编制的?与预算定额有何异同?

4.11 编制计价定额的依据有哪些?

4.12 建筑工程预算定额手册有哪些内容?

4.13 试以 $M_{2.5}$ 混合砂浆砌砖框架框间墙为例,说明定额项目包括的工程内容,并计算每 $10m^3$ 该砌体所需水泥、砂子和石灰的用量。

4.14 查找本地区统一预算定额(或计价定额),说出下列工程项目所包括的工程内容,定额号、预算单价(基价)、人工费、材料费、机械费和主要材料用量。

(1)人工挖地坑(普通土,深 1.80 m);

(2)地坑回填夯实;

(3) $M_{2.5}$ 混合砂浆砌砖基础;

(4)五层建筑综合脚手架(层高 3.6m);

(5) C_{15} 混凝土带形基础;

(6)现浇 C_{20} 钢筋混凝土圈梁;

(7)预制 C_{20} 钢筋混凝土平板制作(单件体积小平 0.1 m^2);

(8)空心板汽车运输(运距 3 km);

(9)镶板门安装(有亮子);

(10)普通钢窗安装(带纱);

(11)1:2 防水砂浆墙基防潮层;

(12)1:2.5 水泥砂浆地面面层(20 厚);

(13)三毡四油一砂卷材层面;

(14)1:3 白灰砂浆抹砖墙 16 厚,麻刀灰罩面 2 厚(中级抹灰);

(15)木门窗刷底油一道,草绿色调和漆 2 道。

4.15 结合本地区计价定额,试计算 120 m³,M₇.₅水泥砂浆砖基础的预算价值(基价)、人工费、机械费、各种主要材料用量。

4.16 某办公楼室外 M₅.₀水泥砂浆砌毛条石挡土墙 120.5 m³,试问该分项工程的预算价值、用工量、主要材料需用数量和机械台班使用费各是多少?

4.17 某车间屋面做三毡四油卷材屋面(加粗砂,带女儿墙)2 450 m²,试问该分项工程的预算价值、用工数量、主要材料需用数量和机械台班使用费各是多少?

4.18 砖墙抹灰(2 遍成活)用 1:2.5 石灰砂浆打底(20 厚),麻刀灰浆面(2 厚),问每 100 m² 的预算价格是多少?

4.19 混凝土墙抹灰(3 遍成活),1:1:4 水泥石灰砂浆打底(10 厚),1:0.5:2.5 水泥石灰砂浆抹中间层(8 厚),纸筋灰浆面层(2 厚)。问每 100 m² 的预算单价是多少?

4.20 砖墙面水刷石,设计要求 1:2.5 的水泥砂浆(16 厚),1:1.5 的白石子浆(12 厚)面层。计算此项定额的换算价格。

4.21 某工字柱断面最小处为 80 mm,每根混凝土在 2 m³ 以内,设计要求用 C₂₅号碎石混凝土预制。计算每 10 m³ 的换算价格。

4.22 某车间混凝土墙面抹灰工程,设计图纸要求用 1:0.5:2.5 水泥石灰砂浆 20 厚,麻刀灰面层 2 厚。计算该项 100 m² 抹灰面积的换算价格。

4.23 某办公室楼地面工程,设计要求用 C₂₀号混凝土做地面垫层(垫层厚度 70 mm,骨料为碎石,料径在 20 mm 以内)。请计算此项定额的换算价格。

4.24 M₇.₅号混合砂浆砌煤干石砖外墙。每 10 m³ 的预算价格是多少?

4.25 某单身宿舍现浇 C₁₀毛石砼带形基础 9.29 m³。试计算此分项工程的预算价值和主要材料消耗量。

4.26 某单层工业厂房建筑搭设脚手架,建筑面积 205 m²,檐口高度 6.5 m。试计算该分项工程的预算价值。

4.27 试求预制 C₂₅砼踏步板(板厚 30)项目的预算单价。

4.28 某工程制作单层玻璃窗,框断面为 52 cm²(毛料),使用三类木材。求此分项工程的预算单价。

4.29 试计算墙面油浸麻丝变形缝(断面 16 ×4)项目的预算单价。

4.30 某单身宿舍预制 C₂₀砼空心楼板(圆孔)130 m³,根据设计图纸计算出钢筋用量 0.65 t/10m³(其中 φ4:0.2t,φ6:0.25t,φ8:0.2t),钢筋实际预算价格 φ4:2 247.00 元/t,φ6:1 881.20 元/ t,φ:81 870.50 元/ t。试计算:

(1)预制 C₂₀砼空楼板项目的预算价值。

(2)调整该项目的钢筋价差。

4.31 某单身宿舍的单层木窗刷调和漆 2 遍,室内的一面为浅蓝色,室外的一面为棕红色。试求该分项工程的预算单价。

第 5 章

概算定额、概算指标与投资估算指标

5.1 概 算 定 额

5.1.1 概算定额的概念

确定完成合格的单位扩大分项工程或单位扩大结构构件所需消耗的人工、材料和机械台班的数量限额,叫概算定额。概算定额又称作扩大结构定额。

概算定额是预算定额的合并与扩大。它将预算定额中有联系的若干个分项工程项目综合为一个概算定额项目。如砖基础概算定额项目,就是以砖基础为主,综合了平整场地、挖地槽(坑)、铺设垫层、砌砖基础、铺设防潮层、回填土及运土等预算定额中分项工程项目。又如砖墙概算项目定额,就是以砖墙为主,综合了砌砖,钢筋砼过梁制作、运输、安装,勒脚,内外墙面抹灰,内墙面刷白等预算定额的分项工程项目。

5.1.2 概算定额的作用

从 1957 年我国开始在全国试行统一的《建筑工程扩大结构定额》之后,各省、市、自治区根据本地区的特点,相继编制了本地区的概算定额。为了适应建筑业的改革,国家计划委员会、建设部规定,概算定额和概算指标由省、市、自治区在预算定额基础上组织编制,分别由主管部门审批,报国家计划委员会备案。概算定额的主要作用如下:

①是初步设计阶段编制概算,技术设计阶段编制修正概算的主要依据;

②是对设计项目进行技术经济分析比较的基础资料之一;

③是建设工程主要材料计划编制的依据;

④是编制概算指标的依据。

5.1.3 概算定额的编制依据

概算定额的编制依据包括：
①现行的设计规范和建筑工程预算定额；
②具有代表性的标准设计图纸和其他设计资料；
③现行的人工工资标准，材料预算价格，机械台班预算价格及概算定额。

5.1.4 概算定额的编制步骤

概算定额的编制一般分三阶段进行，即准备阶段、编制初稿阶段和审查定稿阶段。

（1）准备阶段　该阶段主要是确定编制机构和人员组成，进行调查研究，了解现行概算定额执行情况和存在的问题，明确编制的目的，制定概算定额的编制方案和确定概算定额的项目。

（2）编制初稿阶段　该阶段是根据已确定的编制方案和概算定额项目，收集和整理各种编制依据，对各种资料进行深入细致的测算和分析，确定人工、材料和机械台班的消耗量指标，最后编制出概算定额初稿。

（3）审查定稿阶段　该阶段的主要工作是测算概算定额水平，即测算新编概算定额与原概算定额及现行预算定额之间的水平差距。测算的方法既要分项进行测算，又要通过编制单位工程概算以单位工程为对象进行综合测算。概算定额水平与预算定额水平之间应有一定的幅度差，幅度差一般在5%以内。

概算定额经测算比较后，即可报送国家授权机关审批。

5.1.5 概算定额手册的内容

1）文字说明部分

文字说明部分有总说明和分章说明。在总说明中，主要阐述概算定额的编制依据、使用范围、包括的内容及作用、应遵守的规则及建筑面积计算规则等。分章说明主要阐述本章包括的综合工作内容及工程量计算规则等。

2）定额项目表

（1）定额项目的划分　概算定额项目一般按以下两种方法划分：
①按工程结构划分：一般是按土石方、基础、墙、梁板柱、门窗、楼地面、屋面、装饰、构筑物等工程结构划分。
②按工程部位（分部）划分：一般是按基础、墙体、梁柱、楼地面、屋盖、其他工程部位等划分，如基础工程中包括了砖、石、砼基础等项目。

（2）定额项目表　定额项目表是概算定额手册的主要内容，由若干分节定额组成。各节定额由工程内容、定额表及附注说明组成。定额表中列有定额编号、计量单位、概算价格、人工、材料、机械台班消耗量指标。概算定额表见表5.1。

表5.1　基础工程

项目名称	单位	砖基础深2m内		毛石基础150#水泥砂浆		100#混凝土带形基础	150#钢筋混凝土柱基
		50#混合砂浆	50#水砂浆	深2m内	深4m内		
		2—18	2—19	2—20	2—21	2—24	2—28
概算价格	元	40.13	43.26	31.94	37.15	52.84	101.25
工资	元	6.64	6.64	5.89	10.94	7.21	7.34
机械	元	0.34	0.34	0.40	0.57	1.39	1.90
水泥	kg	68.74	73.36	92.74	92.74	205.00	257.80
石灰	kg	17.55					
中砂	m³	0.02	0.32	0.43	0.43	0.50	0.50
细砂	m³	0.31					
标砖	块	510	510				
锯材	m³					0.020	0.011
钢筋							
砾石20~80	m³					1.01	0.714
砾石5~50	m³						0.36

（人工机械及主要材料）

编号	项目名称	单位	单价	2—18	2—19	2—20	2—21	2—24	2—28
2—4	基础土方深4m以内	m³	2.12				4.10		
2—3	基础土方深2m以内	m³	1.74	2.50	2.56	2.00		2.00	2.00
81	50#混合砂浆砖基础	m³	34.44	1					
82	50#水泥砂浆砖基础	m³	35.67		1				
180	50#水泥砂浆毛石基础	m³	27.12			1	1		
127	水泥砂浆防潮层	m³	1.68	0.8	0.8	0.8	0.8		
209	100#混凝土带形基础	m³	49.36					1	
207	150#钢筋混凝土带形基础	m³	97.77						1

（综合项目）

建筑工程定额与预算

5.2　概　算　指　标

5.2.1　概算指标的概念

　　以每100 m² 建筑物面积或每1 000 m³ 建筑物体积（如是构筑物，则以座为单位）为对象，确定的所需消耗的活劳动与物化劳动的数量限额，叫概算指标。

　　从上述概念可以看出，概算定额与概算指标的主要区别如下：

　　（1）确定各种消耗量指标的对象不同　概算定额是以单位扩大分项工程或单位扩大结构构件为对象，而概算指标则是以整个建筑物（如100 m² 或1 000 m³ 建筑物）和构筑物（如座）为对象。因此，概算指标比概算定额更加综合与扩大。

（2）确定各种消耗量指标的依据不同　概算定额是以现行预算定额为基础,通过计算之后才综合确定出各种消耗量指标,而概算指标中各种消耗量指标的确定,则主要来自各种预算或结算资料。

5.2.2　概算指标的表现形式

1）综合概算指标

综合概算指标是指按工业或民用建筑及其结构类型而制定的概算指标。综合概算指标的概括性较大,其准确性、针对性不如单项指标。如表5.2、表5.3、表5.4、表5.5、表5.6、表5.7均是按某省的预算和结算资料确定的一些综合概算指标。

表5.2　宿舍工程建筑实物量综合指标

序号	项目	单位	工程量		直　接　费		
			每 km²	每万元	元/km²	占直接费比率/%	占造价比率/%
1	土方工程	m³	364	32	1 009	1.21	0.89
2	基础工程	m³	131	11.58	9 030	10.87	7.96
3	砖砌体工程	m³	427	37.67	21 531	25.94	18.98
4	混凝土工程	m³	120	10.66	21 252	25.61	18.74
	其中:预制构件制作	m³	96	8.50	(170 927)	(15.54)	(11.37)
5	木作工程	m²			11 309	13.63	9.97
	其中:门制作	m²	278	25	(6 264)	(7.55)	(5.52)
	窗制作	m²	107	9.48	(1 735)	(2.09)	(1.53)
6	楼地面工程	m²	899	79.51	2 678	3.28	2.36
7	屋面工程	m²	216	19.10	1 851	2.25	1.63
8	装饰工程	m²			8 095	7.74	7.13
	其中:天棚抹灰	m²	1 078	95.34	(936)	(1.23)	(0.38)
	内墙抹灰	m²	2 898	256	(9 793)	(4.57)	(3.34)
	外墙抹灰	m²	1 704	151	(3 196)	(3.85)	(2.82)
9	金属工程	t	0.61	0.54	547	0.70	0.48
10	其他(包括调价)	元		503	5 694	6.84	5.02
11	直接费	元		7 316	82 996	100	73.16
12	间接费	元		2 864	30 438	—	26.84
13	合　计	元		10 000	113 434	—	100.00

表5.3　宿舍工程直接费、间接费占工程总造价的综合指标

费用名称	人工费	材料费	机械费	间接费	合　计
占直接费比率/%	10~8	80~85	5~8	31~36	100
占总造价比率/%	6~9	60~63	4~5	12~26	100

注:建筑特征:6层,层高3 m,带形基础,木门,木窗,磋砂外抹,混合砂浆内抹,刚性屋面

表5.4 单层工业建筑实物量综合指标

序号	项目	单位	工程量		工作量	
			每 km²	每万元	占造价比率/%	占直接费比率/%
1	土方工程	m³	833	42	2.09	2.84
2	基础工程	m³	84	4	2.44	3.31
3	砌砖工程	m³	644	32	14.49	19.64
4	混凝土工程	m³	200	10	18	24.4
5	门工程	m²	146	7.3	2.56	3.46
6	窗工程	m²	640	32	11.22	15.13
7	楼地面工程	m²	957	48	2.29	3.11
8	屋面工程	m²	1 077	54	4.68	6.35
9	装饰工程	m²	7 673	384	6.90	9.36
	其中:抹灰、粉刷	m²	(6 418)	(521)	(5.37)	(7.29)
10	金属工程	t	1.98	0.1	0.89	1.21
11	其他工程	元	16 414	821	8.21	11.13
12	直接费	元	147 535	7 377	73.77	100
13	间接费	元	52 465	2 623	26.23	
14	合 计	元		10 000	100.00	

表5.5 按用途、结构分的房屋建筑单方造价资料

序号	项目名称	本年竣工房屋单方造价/(元·m⁻²)	按结构分				
			钢结构	钢筋混凝土结构	混合结构	砖木结构	其他结构
1	高层建筑	266	259	282	205		247
2	住宅	205		225	145		207
3	厂房	247	484	245	213	123	188
4	多层厂房	246	560	241	220	151	239
5	仓库	174	150	198	147	134	126
6	多层仓库	186	254	193	149	83	144
7	商业服务业	199		232	173	143	180
8	住宅	141		165	140	152	144
9	集体宿舍	126		188	123	136	109
10	家属宿舍	144		167	143	156	142
11	办公室	168		218	150	172	125
12	文化教育用房	179	369	208	170	145	273
13	医疗用房	226		284	198	172	183
14	科学实验用房	208	275	288	179	267	286

表5.6　宿舍工程每1 000 m² 建筑面积主要材料消耗量综合参考指标

序号	材料名称	单位	每1 000 m² 数量	序号	材料名称	单位	每1 000 m² 数量
1	钢材	t	16 ~ 19	6	石子	m³	180 ~ 200
2	锯材	m³	30 ~ 40	7	油毡	m²	560
	其中:木门窗	m³	15 ~ 20	8	玻璃	m²	210 ~ 250
3	水泥	t	130 ~ 150	9	油漆	kg	150 ~ 200
4	标砖	千块	240 ~ 280	10	沥青	t	1.2 ~ 1.6
	其中:基础	千块	50 ~ 60	11	铁钉	kg	100 ~ 150
5	砂	m³	280 ~ 350	12	生石灰	t	25 ~ 30

表5.7　多层现浇框架建筑每1 000 m² 建筑面积主要材料消耗量综合参考指标

序号	材料名称	单位	数量	序号	材料名称	单位	数量
1	钢材	t	40 ~ 45	6	石子	m³	550 ~ 650
2	锯材	m³	60 ~ 70	7	油毡	m²	600
	其中:木门	m³	10 ~ 15	8	玻璃	m²	280 ~ 310
3	水泥	t	184 ~ 200	9	油漆	kg	200 ~ 300
4	标砖	千块	146 ~ 190	10	沥青	t	1.3 ~ 1.7
5	砂	m³	700 ~ 800	11	铁钉	kg	120 ~ 160

2)单项概算指标

单项概算指标是指为某种建筑物或构筑物而编制的概算指标。单项概算指标的针对性较强,故指标中对工程结构形式要作介绍。只要工程项目的结构形式及工程内容与单项指标中的工程概况相吻合,编制出的设计概算就比较准确。单项工程概算指标形式见表5.8(摘自北京市建筑工程单项概算指标)。

表5.8　某砖混结构住宅概算指标

建筑面积:2 785.78 m²　　　　　　　　　　　　　　　　　　　建筑层数:6层

工程概况:钢筋混凝土钻孔灌注桩基础;厚外墙37 cm,预制钢筋混凝土空心楼板13 cm厚,水泥焦渣保温层,二毡三油防水层;钢窗、木门;水泥砂浆地面;室内墙、顶一般抹灰;室外装修清水墙勾缝和干粘石、水刷石;闭式散热器采暖;户厕,座式便器,浴盆和脸盆;塑料管暗配电线,白炽灯、日光灯照明。

1.工程造价及工程费用组成

项目		单方指标/(元·m⁻²)	其中各种费用占造价比率/%					施工管理费	成本外独立费	法定利润
			直接费							
			人工费	材料费	机械费	其他直接费	直接费小计			
工程造价		164.68	6.35	66.53	3.02	4.36	83.26	9.13	5.66	1.95
其中	土建工程	141.74	6.35	68.07	3.46	4.80	82.86	9.30	5.84	2.00
	采暖工程	5.45	4.69	80.78	0.33	1.50	87.30	7.17	4.13	1.40
	上下水工程	11.53	3.77	84.34	0.26	1.20	89.57	5.75	3.55	1.13
	电照工程	5.96	8.69	65.38	0.61	2.78	77.46	13.30	6.63	2.61

2. 土建工程预算分部构成比率及主要工程量

项目	单位	每 m^2 工程量	占直接费比率/%	说明
一、基础工程			18.14	
挖土	m^3	0.332		
现浇钢筋混凝土桩基础	m^3	0.137		
现浇钢筋混凝土承台梁	m^3	0.024		
混凝土垫层	m^3	0.000 3		包括室外平台
砖基础	m^3	0.054		
钢筋混凝土基础圈梁	m^3	0.005		
钢筋混凝土构造柱基础	m^3	0.002		
回填土	m^3	0.324		
二、结构工程			44.79	
砖砌外墙	m^3	0.158		
砖砌内墙	m^3	0.187		
砖砌隔墙	m^3	0.032		
加气混凝土墙	m^3	0.005		
其他砌砖	m^3	0.000 2		包括女儿墙
现浇钢筋混凝土构造柱	m^3	0.02		
现浇钢筋混凝土圈梁	m^3	0.021		包括水箱间
现浇钢筋混凝土平板	m^3	0.002		
现浇钢筋混凝土阳台锚固梁	m^3	0.000 4		
现浇钢筋混凝土叠合梁	m^3	0.006		
板缝混凝土	m^3	0.012		包括压顶
其他现浇混凝土	m^3	0.001		
预制钢筋混凝土构件	m^3	0.078		
预制钢筋混凝土阳台栏板	m^3	0.003		
三、屋面工程			1.86	
水泥焦渣保温层	m^3	0.031		
二毡三油防水层	m^2	0.183		
四、门窗工程			19.23	
木门	m^2	0.250		
木窗	m^2	0.001		
钢窗	m^2	0.170		
五、楼地面工程			2.26	
灰土垫层	m^3	0.013		
混凝土地面	m^2	0.672		包括楼梯
水泥砂浆地面	m^2	0.241		
六、室内装修工程			7.41	
墙面抹灰	m^2	0.203		
顶板抹灰	m^2	0.796		
墙裙抹灰	m^2	0.318		
窗台抹灰	m^2	0.027		
水磨石窗台板	m^2	0.009		

项目	单位	每 m² 工程量	占直接费比率/%	说明
浴盆贴瓷砖	m²	0.013		
楼梯栏杆	kg	0.535		
七、外墙装饰工程			6.31	
墙面勾缝	m²	0.619		包括室外平台
墙面干粘石	m²	0.039		包括女儿墙
勒脚水刷石	m²	0.039		包括室外平台
门套水刷石	m²	0.009		
腰线干粘石	m²	0.024		
窗台抹灰	m²	0.038		
檐下抹灰	m²	0.024		
雨篷干粘石	m²	0.005		
阳台干粘石	m²	0.107		
阳台隔板抹灰	m²	0.042		
阳台抹灰	m²	0.061		
其他抹灰	m²	0.048		包括室外平台
台阶抹灰	m²	0.007		包括室外平台
散水抹灰	m²	0.02		

3. 工料消耗指标

项目	单位	每 m² 耗用量	每万元 耗用量	备注	项目	单位	每 m² 耗用量	每万元 耗用量	备注
一、定额用工	工日	4.11	249.27		加气混凝土	m³	0.003	0.19	
土建工程	工日	3.57	216.55		石渣	kg	1.386	84.15	
设备工程	工日	0.54	32.72		焦渣	m³	0.013	0.81	
二、材料消耗					马赛克	m²	0.013	0.78	
标准砖	千块	0.231	14.02		镀锌铁皮	kg	0.014	0.84	
砂	t	0.45	27.35		钢板	kg	0.045	0.74	
石子	t	0.314	19.06		型钢	kg	0.505	30.64	
石灰	t	0.03	1.80		散热器	kg	0.044	2.70	闭式
水泥	t	0.139	8.47		焊接钢管	kg	0.843	51.19	
钢筋	t	0.01	0.63		镀锌钢管	kg	0.512	31.09	
木材	m³	0.01	0.58		铸铁管	kg	0.252	197.48	
玻璃	m²	0.182	11.04		穿线钢管	m	0.004	0.22	
沥青	kg	1.07	64.96		硬塑料管	m	0.121	7.37	
油毡	m²	0.462	26.03		塑料软管	m	0.95	57.71	
各种油漆	kg	0.285	19.47		电线	m	2.819	171.34	
纤维板	m²	0.154	9.37						

注:本表不包括外加工预制钢筋混凝土构件、钢木门窗工料。

5.2.3 概算指标的应用

1)概算指标的直接套用

直接套用概算指标时,应注意以下问题:

拟建工程的建设地点与概算指标中的工程地点在同一地区;

拟建工程的外形特征和结构特征与概算指标中工程的外形特征、结构特征应基本相同;

拟建工程的建筑面积、层数与概算指标中工程的建筑面积、层数相差不大。

2)概算指标的调整

用概算指标编制工程概算时,往往不容易选到与概算指标中工程结构特征完全相同的概算指标,实际工程与概算指标的内容存在着一定的差异。在这种情况下,需对概算指标进行调整,调整的方法如下:

(1)每 $100\ m^2$ 造价调整 调整的思路如同定额换算,即从原每 $100\ m^2$ 概算造价中,减去每 $100\ m^2$ 建筑面积需换出结构构件的价值,加上每 $100\ m^2$ 建筑面积需换入结构构件的价值,即得每 $100\ m^2$ 造价调整指标,再将每 $100\ m^2$ 造价调整指标乘以设计对象的建筑面积,即得出拟建工程的概算造价。计算公式为:

每 $100\ m^2$ 建筑面积造价调整指标 = 所选概算造价 − 每 $100\ m^2$ 换出结构构件的价值 + 每 $100\ m^2$ 换入结构构件的价值

式中 换出结构构件的价值 = 原指标中结构构件工程量×地区概算定额基价

换入结构构件的价值 = 拟建工程中结构构件的工程量×地区概算定额基价

【例5.1】 某拟建工程,建筑面积为 $3\ 580\ m^2$,按图算出一砖外墙为 $646.97\ m^3$,木窗 $613.72\ m^2$。所选定的概算指标中,每 $100\ m^2$ 建筑面积有一砖半外墙 $25.71\ m^3$,钢窗 $15.50\ m^2$,每 $100\ m^2$ 概算造价为 29 767 元,试求调整后每 $100\ m^2$ 概算造价及拟建工程的概算造价。

【解】 概算指标调整详见表5.9,则

表5.9 概算指标调整计算表

序号	概算定额编号	构件	单位	数量	单价	复价	备注
	换入部分						
1	2—78	1砖外墙	m^3	18.07	88.31	1 596	$\dfrac{646.97}{35.8}=18.07$
2	4—68	木窗	m^2	17.143	39.45	676 2 272	$\dfrac{613.72}{35.8}=17.148$
	换出部分						
3	2—78	1.5砖外墙	m^3	25.71	87.20	2 242	
4	4—90	钢窗	m^2	15.5	74.2	1 150	
	小计					3 392	

建筑面积调整概算造价 = (29 767 + 2 272 − 3 392)元/100 m^2 = 28 647 元/100 m^2

拟建工程的概算造价为

$$35.8 \times 100\ m^2 \times 28\ 647\ 元/100\ m^2 = 1\ 025\ 562\ 元$$

（2）每100 m²中工料数量的调整　调整的思路是：从所选定指标的工料消耗量中，换出与拟建工程不同的结构构件的工料消耗量，换入所需结构构件的工料消耗量。

关于换出换入的工料数量，是根据换出换入结构权件的工程量乘以相应的概算定额中工料消耗指标而得出的。

根据调整后的工料消耗量和地区材料预算价格，人工工资标准，机械台班预算单价，计算每100 m²的概算基价，然后依据有关取费规定，计算每100 m²的概算造价。

这种方法主要适用于不同地区的同类工程编制概算。

用概算指标编制工程概算，工程量的计算工作很小，也节省了大量的定额套用和工料分析工作，因此，比用概算定额编制工程概算的速度快，但准确性要差。

5.3　投资估算指标

5.3.1　投资估算指标的作用和编制原则

1）投资估算指标及其作用

工程建设投资估算指标是指编制建设项目建议书、可行性研究报告等前期工作中投资估算的依据，也可作为编制固定资产长远规划投资额的参考。投资估算指标为完成项目建设的投资估算提供依据和手段，它在固定资产的形成过程中起着投资预测、投资控制、投资效益分析的作用，是合理确定项目投资的基础。估算指标中的主要材料消耗量是一种扩大材料消耗量指标，可以作为计算建设项目主要材料消耗量的基础。估算指标的正确订制对提高投资估算的准确度，对建设项目的合理评估、正确决策具有重要的意义。

2）投资估算指标编制原则

投资估算指标属于项目建设前期进行估算投资的技术经济指标，以投资估算指标为依据编制的投资估算，包含项目建设的全部投资额，它不但要反映实施阶段的静态投资，还必须反映项目建设前期和交付使用期内发生的动态投资。这就要求投资估算指标比其他各种计价定额具有更大的综合性和概括性。因此，投资估算指标的编制工作，除了应遵循一般定额的编制原则外，还必须坚持下述原则：

①投资估算指标项目的确定，应考虑以后几年编制建设项目建议书和可行性研究报告时投资估算的需要。

②投资估算指标的分类、项目划分、项目内容、表现形式等，要结合各专业的特点，并且要与项目建议书、可行性研究报告的编制制度相适应。

③投资估算指标的编制内容，典型工程的选择，必须遵循国家的有关建设方针，符合国家高科技政策和发展方面的原则，使指标的编制既能反映现实的高科技成果和正常建设条件下的造价水平，也能适应今后若干年的科技发展水平。坚持技术上的先进、可行和经济上的合理，力争以较少的投入求得最大的投资效益。

④投资估算指标的编制要反映不同行业、不同项目和不同工程的特点。投资估算指标要

适应项目前期工作深度的需要,而且要有更大的综合性。投资估算指标的编制必须密切结合行业特点和项目建设的特定条件。编制内容上既要贯彻指导性、准确性和可调性的原则,又要具有一定的深度和广度。

⑤投资估算指标的编制要体现国家对固定资产投资实施间接控制作用的特点。要贯彻能分能合、有粗有细、细算粗编的原则。投资估算指标应能满足项目建议书和可行性研究各阶段的要求,既能反映一个建设项目全部投资及其构成(建筑工程费、安装工程费、设备工器具购置费和其他费用),又能反映组成建设项目投资的各个单项工程投资构成(主要生产设施、辅助生产设施、公用设施、生活福利设施等)。做到既能综合使用,又能个别分解使用。占投资比重大的建筑工艺设备,要做到有量、有价。建筑物应列出每 100 m^2 的主要工程量和主要材料量,主要设备也要列出规格、型号、数量。同时,要以编制年度为计价基期,并有必要的调整、换算办法等,便于由于设计方案、选厂条件、建设实施阶段的变化而对投资产生影响作相应的调整,也便于对现有企业实行技术改造和改、扩建项目作投资估算,扩大投资估算指标的覆盖率。

⑥投资估算指标的编制要贯彻动态和静态相结合的原则。一定时期编出的投资估算指标是一静态指标,但实际建设项目由于建设条件、实施时间、建设期限等不同,以及市场经济条件下,人工及材料价格、银行利息、固定资产投资方向调节税等变动,将导致与投资估算指标的量差、价差、利息差、费用差等"动态"因素对投资估算产生影响。因此编制投资估算指标时,要对上述各"动态"因素给出科学合理的调整办法和调整参数,以便编制投资估算时对投资估算指标作适当调整,尽量减小"动态"因素对投资估算准确性的影响,使指标具有较强的实用性和可操作性。

5.3.2 投资估算指标的内容

投资估算指标是确定和控制建设项目全过程各项投资支出的技术经济指标,其范围涉及建设前期、建设实施期和竣工交付使用期等各个阶段的费用支出,内容因行业不同各异,一般可分为建设项目综合指标、单项工程指标和单位工程指标 3 个层次。

1)建设项目综合指标

指按规定应列入建设项目总投资的从项目筹建开始至竣工验收交付使用的全部投资,包括单项工程投资、工程建设其他费用和预备费等。其组成如图 5.1 所示。

建设项目综合指标一般以项目的综合生产能力单位投资表示,如元/t、元/kW。或以使用功能表示,如医院床位:元/床。

2)单项工程指标

指按规定应列入能独立发挥生产能力或使用效益的单项工程内的全部投资额,包括建筑工程费、安装工程费、设备及生产工器具费购置费和其他费用。单项工程一般包括:

①主要生产设施 指直接参加生产产品的工程项目,包括生产车间和生产装置。

②辅助生产设施 指为主要生产车间服务的工程项目。包括集中控制室,中央试验室,机修、电修、仪器仪表修理及木工(模)等车间,原材料、半成品、产品及危险品等仓库。

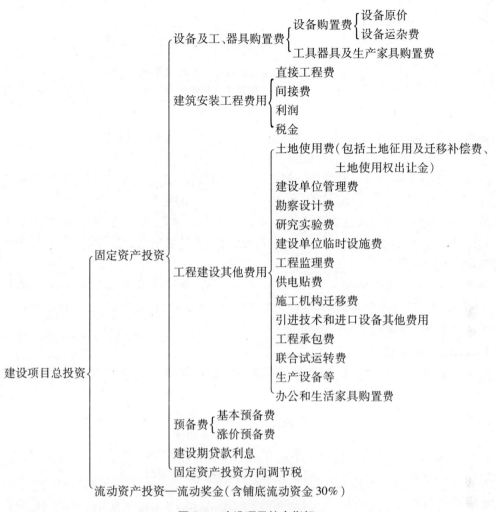

图 5.1 建设项目综合指标

The tree diagram shows:

建设项目总投资
- 固定资产投资
  - 设备及工、器具购置费
    - 设备购置费
      - 设备原价
      - 设备运杂费
    - 工具器具及生产家具购置费
  - 建筑安装工程费用
    - 直接工程费
    - 间接费
    - 利润
    - 税金
  - 工程建设其他费用
    - 土地使用费（包括土地征用及迁移补偿费、土地使用权出让金）
    - 建设单位管理费
    - 勘察设计费
    - 研究实验费
    - 建设单位临时设施费
    - 工程监理费
    - 供电贴费
    - 施工机构迁移费
    - 引进技术和进口设备其他费用
    - 工程承包费
    - 联合试运转费
    - 生产设备等
    - 办公和生活家具购置费
  - 预备费
    - 基本预备费
    - 涨价预备费
  - 建设期贷款利息
  - 固定资产投资方向调节税
- 流动资产投资—流动奖金（含铺底流动资金30%）

③公用工程　包括给排水系统（给排水泵房、水塔、水池及全长给排水管网）、供热系统（锅炉房及水处理设施、全厂热力管网）、供电及通信系统（变配电所、开关所及全厂输电、电信线路）热电站、热力站、煤气站、空压站、冷冻站。冷却塔和全厂管网等。

④环境保护工程　包括废气、废渣、废水等的综合处理和综合利用设施及全厂性绿化。

⑤总图运输工程　包括厂区防洪、围墙大门、传达及收发室、汽车库、消防车库、厂区道路、桥涵、厂区码头及大型土石方工程。

⑥厂区服务设施　包括厂区办公室、厂食堂、医务室、浴室、哺乳室、百行车棚等。

⑦生活福利设施　包括职工宿舍、住宅、生活区食堂、职工医院、俱乐部、托儿所、幼儿园、子弟学校、商业服务点以及与之配套的设施。

⑧厂外工程　如厂外水源、输电、输水、排水、通信、输油等管线以及公路、铁路专用线等。

单项工程指标如图 5.2 所示。

建筑工程费。包括场地平整、土石方工程、厂区绿化工程、各种厂房、办公及生活福利设施，各种设备基础、栈桥、管道支架、烟囱烟道、地沟、道路、桥涵、码头以及铁路专用线等工程费用。

- 单项工资投资
  - 建筑工程费
  - 安装工程费
  - 设备购置费
  - 工器具及生产家具购置费
  - 工程建设及其他费用

图 5.2 单项工程指标

安装工程费用。包括主要生产、辅助生产、公用工程的专用设备、机电设备、仪表、各种工艺管道、电力、通信电缆等安装以及设备、管道的保温、防腐等工程费用。

设备、工器具及生产家具购置费。包括各种专用设备、机电设备、仪器仪表工器具等以及试验台、化验台、工作台、工具箱(柜),更衣柜等生产家具购置费。

建设单位其他费用。包括土地补偿费和土地出让金、管理费、研究试验费、生产职工培训费、办公及生活家具购置费、联合试运行费、勘察设计费、供电贴费、施工机构迁移费、引进技术和进口设备的其他费用。

单项工程指标一般以单项工程生产能力单位投资,如元/t 或其他单位表示。如:变配电站:元/kW;锅炉房(按蒸汽计量):元/t;供水站:元/m^3;办公室、仓库、住宅等房屋则区别不同结构形式以元/m^2 表示。

3)单位工程指标

按规定应列入能独立设计、施工的工程项目的费用,即建筑安装工程费用,其费用组成如图 5.3 所示。

- 建筑安装工程费
  - 直接工程费
    - 材料费
      - 人工费
      - 施工机械使用费
    - 其他直接费用
      - 冬、雨季施工增加费
      - 夜间施工增加费
      - 材料二次搬运费
      - 仪器仪表使用费
      - 生产工具用具使用费
      - 检验试验费
      - 特殊工程培训费
      - 工程定位复测、工程点交、场地清理费
      - 特殊地区施工增加费
    - 现场经费
      - 临时设施费
      - 现场管理费
  - 间接费
    - 企业管理费
    - 财务费
    - 其他费用
  - 利润及税金
    - 利润
    - 税金
      - 营业税
      - 城市维护建设税
      - 教育费附加

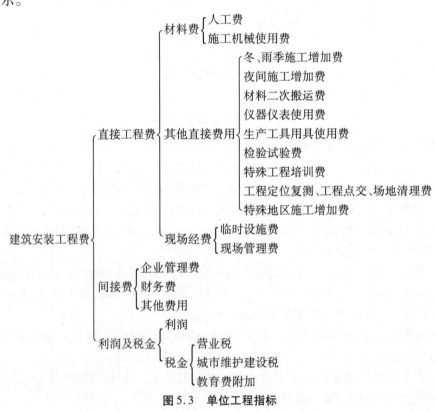

图 5.3 单位工程指标

5.3.3 投资估算指标的编制方法

投资估算指标涉及建设项目的产品规模、产品方案、工艺流程、设备选型、工程设计和技术经济等各个方面,编制工作中既要考虑到现阶段技术状况,又要展望近期技术发展趋势和设计动向,从而使编制出的投资估算指标能够指导以后建设项目的实践。投资估算指标的编制应成立专业齐全的编制小组,编制人员应具备较高的专业素质。投资估算指标的编制应当订立一个内容明确、程序合理、责任清楚的编制方案或编制细则,以便编制工作有章可循。投资估算指标的编制一般分为3个阶段进行:

1)整理资料阶段

收集整理已建成或正在建设的、符合现行技术政策和技术发展方向、有可能重复采用的、有代表性的工程设计施工图、标准设计以及相应的竣工决算或施工图预算等资料,这些资料是编制工作的基础,资料收集得越广泛,反映的问题越多,编制工作就会考虑得越全面,就越有利于提高投资估算指标的实用性。同时,对调查收集到的资料要选择占投资比重大、相互关联的项目进行认真的分析整理,因为已建成或正在建设的工程的设计意图、建设时间何地点、资料的基础等不同,相互之间的差异很大,需要科学地加以整理,才能合理利用。将整理后的数据资料按项目划分栏目加以归类、按照编制年度的现行定额、费用标准和价格,调制成编制年度的造价水平及相互比例。

2)平衡调整阶段

出于调查收集的资料来源不同,虽然经过一定的分析整理,但难免会由于设计方案、建设条件和建设时间上的差异带来的某些影响,使数据失准或漏项等。必须对有关资料进行综合平衡调制。

3)测算审查阶段

测算是将新编的指标和选定工程的概预算,在同一价格条件下进行比较,检验其"量差"的偏离程度是否在允许偏差的范围之内,如偏差过大,则要查找原因,进行修正,以保证指标的确切、实用。测算同时也是对中表编制质量进行的一次系统检查,应由专人进行,以保持测算口径的统一,在此基础上组织有关专业人员予以全面审查定稿。

由于投资估算的计算工作量非常大,在现阶设计算机已经广泛普及的条件下,应尽可能应用电子计算机进行投资估算指标的编制工作。

小 结 5

本章主要讲述概算定额的概念、作用、内容组成及编制方法,概算指标的概念、表现形式及具体应用,投资估算指标的作用、主要内容及编制方法等。现就其基本要点归纳如下:

①概算定额是规定生产合格的单位扩大分项工程或单位扩大结构构件所需人工、材料、机械台班和基价的数量标准。是由预算定额中有联系的若干个分项工程项目综合组成,是预算定额的合并与扩大。它是编制建设项目设计概算的依据。

②概算指标是以每 100 m² 建筑物面积或每 1 000 m³ 建筑物体积或每万元投资额为对象确定所需人工、材料、机械台班和基价的数量指标。概算指标是以整幢建筑物和构筑物为确定对象,概算定额是以单位扩大分项工程或单位扩大结构构件为确定对象,因此,概算指标比概算定额更加综合与强大。在初步设计与概算指标的工程结构特征基本相似的条件下,也是编制建设项目设计概算的依据。

③投资估算指标是确定和控制建设项目全过程各项投资支出的技术经济指标。按其主要内容与包括范围的不同,分为建设项目综合指标、单项工程指标和单位工程指标。一般是以元/m、元/m²、元/m³、元/t、元/kW 等表示。它是编制建设项目建议书和可行性研究阶段投资估算的依据。

④通过本章的学习,要了解概算定额、概算指标和投资估算指标的概念、作用、内容组成和编制方法,重点掌握概算指标和投资估算指标的表现形式和具体应用。

复习思考题 5

5.1 什么叫概算定额? 它有哪些作用?

5.2 概算定额的编制依据是什么? 编制原则是什么?

5.3 什么叫概算指标? 有何特点?

5.4 概算指标有哪两种表现形式?

5.5 概算定额与概算指标有何异同?

5.6 什么是投资估算指标? 它有什么作用?

5.7 怎样编制投资估算指标?

5.8 投资估算指标包括哪些内容?

建筑工程定额与预算

第6章

建设工程投资估算、设计概算与施工图预算概述

建设工程具有规模大、造价高、周期长等特点,因此建设项目的实施必须按建设程序分阶段进行,相应地也要在不同建设阶段多次计算工程造价,以保证建设工程造价计算、确定与控制的科学性。这种多次性计价是一个逐步深化、逐步细化和逐步接近实际造价的过程。按照我国现行规定,在编制项目建议书和可行性研究阶段,要对拟建工程的投资需要量进行投资估算,它是决策、筹资和控制投资的主要依据;在初步设计或扩大初步设计阶段,要根据初设图纸编制设计概算,以计算和确定拟建工程的概算造价,它受投资估算的控制,要求设计概算造价不得突破投资估算;在施工图设计结束进入工程实施阶段,要根据施工图纸编制施工图预算,以计算和确定拟建工程的预算造价,它比设计概算更详尽和准确,要求施工图预算造价不得突破设计概算。

6.1 建设项目投资估算

6.1.1 投资估算的概念

投资估算是指建设项目在整个投资决策过程中按照现行的计价资料和一定的方法对所需投资数额进行的估算。

投资估算是建设项目决策的一项重要依据。根据国家规定,在整个建设项目投资决策过程中,必须对拟建建设工程造价(投资)进行估算,并据此研究是否进行投资建设。投资估算的准确性是十分重要的,若估算误差过大,必将导致决策的失误。因此,准确、全面地估算建设项目的工程造价是建设项目可行性研究的重要依据,也是整个建设项目投资决策阶段工程造价管理的重要任务。

6.1.2 投资估算的阶段划分

由于建设项目可行性研究,一般是按照投资机会研究及项目建

议书阶段、初步可行性研究阶段和详细可行性研究阶段进行的,所以建设项目投资估算工作也相应分为上述三个阶段。由于不同阶段所具备的条件和掌握的信息资料不同,因而投资估算的准确度会有所不同,所起的作用也不一样。但是,随着研究阶段的不断发展,调查研究的不断深入,信息资料的不断丰富,建设投资估算也将逐步准确,其所起的作用也越来越重要。

1)投资机会研究及项目建议书阶段的投资估算

投资机会研究及项目建议书阶段的投资估算,主要是为投资者(业主)选择有利的投资机会,明确建设投资方向,提出估算建设项目的投资建议,并编制建设项目建议书。该阶段的研究工作较粗,投资估算的误差较大,约在±30%。因此,这一阶段的投资估算,只能作为拟制和审批建设项目建议书、初步选择投资项目的一项重要依据,当然也对下一步的初步可行性研究阶段及投资估算具有重要的参考作用。

2)初步可行性研究阶段的投资估算

初步可行性研究阶段的投资估算,主要是在投资机会研究及其投资估算的基础上,进一步对建设项目的投资规模、工艺技术、材料来源,建址选择、组织机构和建设进度等情况,进行综合技术经济分析,以判断建设项目的可行性,并作出初步投资评价与决策。该阶段是一种中间阶段,其投资估算的误差一般控制在±20%以内。这一阶段的投资估算是决定是否进行详细可行性研究的一项重要依据,也是对一些关键问题进行辅助性专题研究的重要依据。

3)详细可行性研究阶段的投资估算

详细可行性研究阶段的投资估算,主要是对选择拟建项目的最佳投资方案进行评价,并对建设项目的可行性研究提出结论性意见。该阶段是进行全面、详细、深入的技术经济分析和论证阶段,投资估算的误差应控制在±10%以内。这一阶段的投资估算是决定拟建项目和选择最佳投资方案的主要依据,也是编制设计文件、控制初步设计及概算的重要依据。

6.1.3 投资估算的内容

建设项目投资估算包括固定资产投资估算和铺底流动资金估算两部分。

1)固定资产投资估算

固定资产投资估算,其内容包括建设项目所需要的建筑工程费用、安装工程费用、设备购置费用、工器具及用具购置费用、工程建设其他费用、预备费用、建设期间贷款利息和固定资产投资方向调节税等。工程建设其他费用主要是指建设项目的前期准备工作所需要的费用。而预备费用又分为基本预备费和涨价预备费。建筑工程费用、安装工程费用、设备购置费用、工器具及用具购置费用、工程建设其他费用和基本预备费的估算,构成固定资产静态投资估算。

2)铺底流动资金估算

铺底流动资金是指建设项目建成投产使用后所需要的流动资金。该项流动资金是一项专用资金,是确保建设项目投入使用后的流动资金备用。

根据国家的现行规定及要求,凡新建、扩建或技术改造项目,都必须备有项目建成投产使用后所需的流动资金。该流动资金是建设项目总投资估算的重要组成部分,因此,国家规定铺底流动资金必须列入建设项目总投资计划,且铺底流动资金的估算数额应不低于建设项目投产后所需流动资金的30%,铺底流动资金不落实,国家不批准立项,银行也不给予贷款,这是国家对建设项目投资估算的一项重要规定。

6.1.4 投资估算的编制方法

1)固定资产投资估算方法

固定资产投资估算,包括其静态投资的估算和其他费税的估算,其方法分别简述如下:

(1)静态投资的估算方法 静态投资的估算方法是多种多样的,包括有资金周转率法、生产能力指数法、比例估算法、系数估算法和指标估算法等。尽管静态投资估算的方法较多,但是为提高投资估算的科学性和准确性,在估算方法选用时,应根据建设项目的性质(工业或民用)、技术资料和有关数据等具体情况,有针对性地选用适宜的估算方法。上述方法有的虽方法简便、计算速度快,但准确度较低,只适用于投资机会研究及项目建议书阶段的投资估算;有的方法要求类似工程的资料可靠、条件基本相同,否则误差很大;有的方法又仅适用于设备的购置估算。对于房屋、建筑物的投资估算,经常采用指标估算法,以元/m²或元/m³来表示。

指标估算法是根据各种具体的建设投资估算指标对拟建工程所进行的投资估算。投资估算指标是各地建设主管部门编制和颁发的,一般以元/m、元/m²、元/m³、元/t、元/kW等形式表示。根据这些投资估算指标,乘以相应的长度(m)、面积(m²)、体积(m³)、质(重)量(t)、容量(kW)等,就可以求出拟建项目相应的土建工程、给排水工程、电气照明工程、采暖通风工程、变配电工程等单位工程的投资估算额。采用这种方法估算建设投资时,要注意以下两方面的问题:一方面要注意所使用的估算指标若与拟建工程的标准或条件有差异时,应加以必要的换算或调整;另一方面要注意所使用的估算指标及单位,应符合拟建工程的特点,能反映其设计参数,切勿盲目乱用估算指标。另外投资估算应在某一特定的时间内进行,一般是以开工前一年为基准年,并以这一年的单位价格作为计算依据,否则就会影响建设投资估算的准确性。

(2)其他费税的估算方法 其他费税的估算,主要包括涨价预备费、建设期贷款利息及固定资产投资方向调节税的估算,现分述如下:

①涨价预备费的估算方法 涨价预备费,可按以下计算公式进行估算,即:

$$PF = \sum_{t=0}^{n} I_t \left[(1+f)^t - 1 \right]$$

式中 PF——涨价预备费估算额;

n——建设期年份数;

t——年数的变量,

I_t——建设期中第 t 年的投资额,包括建筑安装工程费、设备及工器用具购置费、工程建设其他费用及基本预备费;

f——年投资价格上涨率。

②建设期贷款利息的估算方法 建设期贷款利息是指建设项目在建设期间内应偿还的全部借款利息。包括向国内银行和非银行金融机构贷款、出口信贷、外国政府贷款、国际商业银行贷款及在境内外发行的债券等应偿还的利息。建设期借款利息一般实行复利计算。当总贷款分年均衡发放时,若当年贷款按半年计息,上年贷款按全年计息,则建设期利息的计算公式如下:

$$Q_i = \left(P_{j-1} + \frac{1}{2}A_j\right)i$$

公式　Q_j——建设期第 j 年应计利息；

P_{j-1}——建设期第 $(j-1)$ 年末贷款累计金额与利息累计金额之和；

A_j——建设期第 j 年贷款金额；

i——年利率。

③固定资产投资方向调节税的计税方法　国家为了促进国民经济持续稳定协调发展,规定凡在我国境内进行固定资产投资的单位和个人应缴纳固定资产投资方向调节税,简称投资方向调节税。国家规定投资方向调节税实行差别税率,且分为两大类:一类是基本建设项目投资,其税率分为 4 个档次,即 0%、5%、15%、30%;另一类是更新改造项目投资,其税率分为 2 个档次,即 0%、10%。如在基本建设项目投资中,国家急需发展的项目投资(包括农业、水利、交通、能源等)实行 0% 税率;受能源、交通等制约的项目投资(包括钢铁、化工、石油等)实行 5% 的税率;住宅建设项目投资分三种情况:对城乡个人修建、购买住宅的投资实行 0% 税率;对单位修建、购买一般性住宅的投资实行 5% 的低税率;对单位修建,购买高标准独院别墅式住宅的投资实行 30% 的高税率;国家限制发展的楼堂馆所等项目投资实行 30% 的高税率;不属上述的其他项目投资实行 15% 的中等税率。在更新改造项目投资中,国家急需发展的更新技改项目投资实行 0% 税率;一般更新技改项目投资实行 10% 的税率。

国家规定投资方向调节税,按固定资产投资项目的单位工程年度计划投资额预缴,年终按年度完成实际投资额结算,多退少补。建设项目竣工后,按应征投资方向调节税的项目及其单位工程完成实际投资额进行清算,多退少补。

2) 铺底流动资金的估算方法

铺底流动资金是指建设项目投产使用后,为保证能正常进行生产经营活动所必需的基本周转资金。按国家现行规定,这部分资金在建设项目决策阶段就要落实。铺底流动资金的计算公式如下:

$$铺底流动资金 = 流动资金 \times 30\%$$

式中流动资金是指建设项目投产后为维持正常生产经营、购买原材料和燃料、支付工资等必不可少的周转资金。流动资金的估算方法有扩大指标估算法和分项详细估算法。扩大指标估算法,一般采用企业的百元产值中流动资金占用比例估算,或采用固定资产投资额中流动资金所占百分比估算。虽然这种估算方法简便易行,但准确度不高,仅适用于项目建议书阶段的估算。分项详细估算法,计算内容详尽,且准确度较高,是国际上通常使用的流动资金估算方法。其计算公式如下:

$$流动资金 = 流动资产 - 流动负债 =$$
$$(现金 + 应收及预付账款 + 存货) - (应付账款 + 预收账款)$$

上式中

①现金的估算

$$现金 = \frac{年工资及福利费 + 年其他费用}{周转次数}$$

年其他费用 ＝ 制造费用 ＋ 管理费用 ＋ 财务费用 ＋ 销售费用 －
以上四项费用中所包含的工资及福利费、折旧费、维检费、
摊销费、修理费和利息支出

$$周转次数 = \frac{360\ 天}{最低需要周转天数}$$

② 应收（预付）账款的估算

应收（预付）账款 ＝ 年经营成本/周转次数

③ 存货的计算　存货的估算，一般仅考虑外购的原材料、燃料，在产品、产成品、备品件等的估算。

$$外购原材料、燃料 = \frac{年外购原材料、燃料费用}{周转次数}$$

$$在产品 = \frac{年外购原材料、燃料 ＋ 动力费 ＋ 年工资及福利费 ＋ 年修理费 ＋ 年其他制造费用}{周转次数}$$

产成品 ＝ 年经营成本/周转次数

④ 应付（预收）账款的估算：

$$应付（预收）账款 = \frac{年外购原材料燃料动力和商品备件费用}{周转次数}$$

在采用分项详细估算法进行流动资金估算时，应分别确定现金、应收账款、存货和应付账款的最低周转天数，并留有一定的保险系数。存货中的外购原材料、燃料，要根据其不同品种、来源、运输方式与运输距离等因素确定。流动资金属于长期性资金，其资金筹措可通过长期负债和资本金方式解决。流动资金借款利息应计入财务费用，建设项目计算期末收回全部流动资金。

6.2　设　计　概　算

6.2.1　设计概算及其作用

1）设计概算的概念

设计概算是设计文件的重要组成部分。设计概算是指设计单位在拟建项目投资估算的控制下，根据其初步设计（或扩大初步设计）图纸及说明，概算定额（或概算指标）、费用定额、设备及材料价格所编制和确定拟建项目所需全部建设费用的经济文件。采用两阶段设计的建设项目，其初步设计阶段必须编制设计概算；若采用三阶段设计的建设项目，其技术设计阶段必须编制修正概算。

设计概算的编制应包括静态投资和动态投资两部分。静态投资主要是指编制期的价格、费率、利率、汇率等所决定的投资额，它可以作为考核工程设计和控制施工图预算的重要依据；动态投资主要是指从编制期到工程竣工验收前的工程变化和价格变化等因素所影响的投资额，它可以作为筹措、供应和控制建设资金使用的限额依据。

2）设计概算的作用

设计概算的主要作用归纳如下：

①设计概算是编制建设项目投资计划和确定、控制建设项目投资的依据；
②设计概算是签订建设工程合同和贷款合同的依据；
③设计概算是控制施工图设计和施工图预算的依据；
④设计概算是衡量设计方案技术经济合理性和选择最佳设计方案的依据；
⑤设计概算是考核建设项目投资效果的依据。

6.2.2　设计概算的组成内容

1）设计概算的划分及组成

设计概算按其编制内容和使用范围的不同划分为建设项目总概算、单项工程综合概算和单位工程概算。建设项目总概算由一个或若干个单项工程综合概算、工程建设其他费用概算和其他费税概算等组成；单项工程综合概算由若干个单位工程概算等组成。因此，建设项目总概算是由单个到整体、局部到综合、逐个编制，层层汇总而成。

2）设计概算的内容

（1）单位工程概算　单位工程概算是指概略计算和确定各单位工程所需建设费用的经济文件。它是单项工程综合概算的组成部分，也是编制单项工程综合概算的主要依据。单位工程概算按工程性质的不同，其内容组成分为建筑单位工程概算和设备及安装单位工程概算两大类。建筑单位工程概算的内容组成，包括土建工程概算、装修装饰工程概算、给排水及采暖工程概算、通风及空调工程概算、电气照明工程概算、弱电工程概算、特殊构筑物工程概算等；设备及安装单位工程概算的内容组成，包括机械设备及安装工程概算、电气设备及安装工程概算、以及工具、器具及生产家具购置费概算等。

（2）单项工程综合概算　单项工程综合概算是概略计算和确定建设项目中各单项工程所需建设费用的经济文件。单项工程综合概算是建设项目总概算的主要组成部分，由单项工程中各单位工程概算的逐个编制与汇总而组成。因此，单项工程综合概算的组成内容，主要包括建筑单位工程概算、设备及安装单位工程概算和工程建设其他费用概算（不编总概算时列入）。

（3）建设项目总概算　建设项目总概算是概略计算和确定整个建设项目从筹建到竣工验收所需全部建设费用的经济文件。建设项目总概算，主要由建设项目中的各单项工程综合概算、工程建设其他费用概算、预备费概算、投资方向调节税概算、财务费用概算和经营性项目铺底流动资金等的编制汇总而成。

关于设计概算的编制原则、编制依据、编制方法及步骤，将在后面的第10章作详细介绍。

6.3　施工图预算概述

6.3.1　施工图预算及其作用

1）施工图预算

施工图预算是施工图设计预算的简称。施工图预算是建设单位或施工单位在施工图设计完成后,根据施工图设计图纸,现行预算定额(或计价定额)、费用定额、施工组织设计,以及地区人工、材料、施工机械台班等预算价格而编制和确定的建筑安装工程造价的经济文件。根据国家建设主管部门有关建设工程预决算工作的规定,施工图预算是以各单位工程作为编制对象的,并据此作为确定单位工程造价和考核单位工程成本的主要依据。

2)施工图预算的作用

施工图预算在整个工程建设中具有十分重要的作用,现归纳如下:
①施工图预算是计算和确定单位工程造价的主要依据;
②施工图预算是控制单位工程造价和控制施工图设计不突破设计概算的重要依据;
③在建设工程招投标中,施工图预算是建设单位(业主)编制工程标底的依据,也是建筑承包企业(承包商)投标报价的基础;
④施工图预算是编制或调整固定资产投资计划的依据。

6.3.2 施工图预算的组成内容

1)施工图预算的划分及组成

施工图预算按编制内容和使用范围的不同,分为单位工程施工图预算、单项工程施工图预算和建设项目总预算。其中单项工程施工图预算由各单位工程施工图预算汇总而成,项目总预算则由各单项工程施工图预算汇总而成。

2)单位工程施工图预算的组成内容

单位工程施工图预算主要分为建筑工程预算和设备及安装工程预算两部分。建筑工程预算按其工程性质的不同,其组成内容包括土建工程预算、给排水及采暖工程预算、通风及空调工程预算、电气照明工程预算、弱电工程预算、特殊构筑物工程预算等;设备及安装工程预算,包括机械设备及安装工程预算、电气设备及安装工程预算等。

6.3.3 施工图预算造价的费用组成

编制施工图预算的目的在于确定建筑产品的价格。按照产品价格的理论,其费用必须体现 C、V、m 3 部分。具体来说,施工图预算造价的费用由直接工程费、间接费、利润、税金 4 个部分组成。

1)直接工程费

直接工程费由直接费、其他直接费、现场经费组成。

(1)直接费 是指可直接计入构成建筑产品实体的各项费用,也就是指可直接计入每一分项工程或结构构件上的各项费用之和,包括人工费、材料费和施工机械费。

①人工费 人工费是指应列入预算定额的直接从事现场施工的工人(包括现场水平运输和垂直运输等辅助工人)和附属辅助生产单位(非独立经济核算单位)工人的基本工资、附加工资和工资性质的津贴。

人工费中不包括材料管理、采购及保管人员、材料到达工地仓库以前的搬运、装卸的工人、驾驶施工机械和运输机械的工人以及其他由施工管理费支付工资的人员工资。上述人员的工资应分别列入材料采保费、材料运输费、施工机械台班费和管理费等项目中。

②材料费　是指列入预算定额中的材料、构件、零配件和半成品的费用及周转材料摊销费的总和。

③施工机械使用费　施工机械使用费是指列入预算定额的各种施工机械在完成建筑产品施工中所发生的费用总和。

（2）其他直接费　是指直接费以外施工过程中发生的其他费用,内容包括:

①冬雨季施工增加费　指在冬雨季施工中增加的临时设施（如防雨、防寒棚等）、劳保用品、防滑、排除雨雪的人工及劳动效率降低等费用（不包括冬雨季施工的蒸汽养护费）。

②夜间施工增加费　指为确保工期和工程质量,需要在夜间连续施工而发生的照明设施、夜餐补助、劳动效率降低及支付噪声干扰等费用。

③建筑材料、成品、半成品以及各种构件的二次或多次搬运费　指由于施工场地狭小而发生的材料、成品、半成品一次运输不能达到规定的堆放地点,构件不能达到起吊点,必须进行二次或多次搬运的费用。

④生产工具用具使用费　是指施工、生产所需而不属于固定资产的生产工具和检验、试验用具等的购置、摊销和维修费,以及支付给工人自备工具的补贴费。

⑤检验试验费　指对建筑材料、构件和建筑安装物进行一般鉴定、检查所发生的费用,包括自设试验室进行试验所耗用的材料和化学药品费用等,以及技术革新和研究试验费。不包括新结构、新材料的试验费和建设单位要求对具有出厂证明的材料进行检验、对构件进行破坏性试验及其他特殊要求检验试验费用。

⑥工程点交费　指工程交工验收所发生的费用。

⑦工程定位复测费　指工程定位复测所发生的费用。

⑧场地清理费　指建筑物 2 m 以内的垃圾及 2 m 以外因施工造成的障碍物清理所发生的费用。但不包括建筑物垃圾的场外运输费用。

⑨特殊工种培训费　对施工所需要的特殊工种进行培训的费用。

⑩工程预算包干费　指工程材料的理论质（重）量与实际质（重）量的差等因素所产生的费用。

其他直接费按规定的综合费率计算（综合费率包含了其他直接费率）,其计算基础为基价直接费或基价人工费（即预算定额中的基价计算出的直接费或人工费）。

（3）现场经费　是指为施工准备、组织施工生产和管理所需费用,内容包括:

①临时设施费　是指施工企业为进行工程建设所必需的生活和生产用的临时建筑物、构筑物和其他临时设施的搭设、维修、拆除和摊销费。

临时设施包括　临时宿舍、文化福利及公用事业房屋与构筑物、仓库、办公室、加工场、食堂、理发室、诊疗所、搅拌台、现场以内的人行便道、手推架车道,便桥、临时简易水塔、水池、围墙以及施工现场范围内每幢建筑物（构筑物）沿外边起 50 m 以内的水管、电线及其他动力管线（不包括锅炉、变压器等设备）。

②现场管理费　是指现场组织施工过程中发生的费用,内容包括:

管理人员工资:指现场管理人员的基本工资、工资性补贴、职工福利费、劳动保护费等。

办公费:是指现场管理办公用的文具、纸张、账表、印刷、邮电、书报、会议、水、电、烧水和集体防暑、取暖(包括现场临时宿舍取暖)用煤等费用。

差旅交通费:是指现场职工因公出差期间的旅费、住勤补助费,市内交通费和误餐补助费,职工探亲路费,劳动力招募费,职工离退休、退职一次性路费,工伤人员就医路费,工地转移费以及现场管理使用的交通工具的油料、燃料、养路费及牌照费。

固定资产使用费:指现场管理使用的属于固定资产的设备、仪器等的折旧、大修理、维修费或租赁费等。

工具用具使用费:是指现场管理使用的不属于固定资产的工具、器具、家具、交通工具和检验、试验、测绘、消防用具等的购置、维修和摊销费。

保险费:是指施工管理用财产、车辆保险及特殊工种安全保险等。

工程保修费:是指工程竣工交付使用后,在规定的保修期以内的修理费用。

其他费用:是指上述项目以外的其他现场管理所必要的费用开支。

2)间接费

间接费是指施工企业在完成多个工程项目的过程中所共同发生的费用。因它不能直接计入某一工程的成本,而只能以间接分摊的方式计入各个单位工程造价中,所以称作间接费。

间接费由企业管理费、财务费用、其他费用组成,分述如下:

(1)企业管理费 是施工企业为组织和管理建筑工程施工所需支付的各项经营管理费。其具体内容如下:

①公司管理人员工资 指施工企业的政治、行政、经济、技术、试验、警卫、消防、炊事和勤杂人员以及行政管理部门汽车司机等工作人员的基本工资、附加工资(未冲减部分)、辅助工资和工资性质的津贴(包括副食品补贴、粮食差价补贴、上下班交通补贴等)。不包括由材料采购保管费、职工福利基金、工会经费、营业外开支的人员工资。

②公司管理人员工资附加费 指按国家规定计算的公司工作人员的职工福利基金和工会经费。

③公司管理人员劳动保护费 指按国家有关部门规定标准发放的公司工作人员的劳动保护用品的购置费、修理费和保健费、防暑降温费、取暖费等。

④职工教育经费 指按财政部有关规定在工资总额1.5%的范围内掌握开支的、为职工学习先进技术和提高文化水平按规定应计提的费用。

⑤办公费 指公司行政管理办公用的文具、纸张、账表、印刷、邮电、书报、会议、水电、烧水用煤等费用。

⑥差旅交通费 指公司工作人员因公出差、调动工作(包括家属)的差旅费、住宿补助费、市内交通费和误餐补助费,职工探亲路费,劳动力招募费,职工离退休、退职一次性路费,工伤人员就医路费,25 km以内的工地转移费以及行政管理部门使用的交通工具的油料、燃料、养路费、车船使用税、机动车辆第三者责任法定保险费。

⑦固定资产使用费 指公司行政管理部门和试验部门使用的属于固定资产的房屋、设备、

仪器等的折旧基金、大修理基金、维修、租赁费以及房产税、土地使用税等。

⑧行政工具用具使用费　指公司行政管理使用的,不属于固定资产的工具、器具、家具、交通工具和检验、试验、测验、消防用具等的购置、摊销和维修费。

⑨劳动保护费　指按国家有关规定发给公司管理人员的劳动保护用品购置费、洗理费、保健费及防暑降温费等。

⑩工会经费　是指企业按规定应计提的工会费用。

⑪劳动保险费　是指企业支付离退休职工的退休金(包括提取的离退休职工劳保统筹基金)、价格补贴、医药费、易地安家补助费、职工退职金、6 个月以上的病假人员工资、职工死亡丧葬补助费、抚恤费以及按规定支付给离休干部的各项经费。

⑫职工养老保险及失业保险费　是指按规定标准计提的职工退休养老金及待业保险费。

⑬保险费　是指企业财产保险、管理用车辆等保险费用。

⑭住房公积金　是指按有关规定由企业支付的职工住房储备金。

⑮税金　是指企业按规定交纳的房产税、车辆使用税、土地使用税、印花税及土地使用费等。

⑯其他费用　是指上述费用以外的其他企业管理费用开支。包括技术转让费、技术开发费、业务招待费、绿化费、广告费、公证费、法律顾问费、审计费、咨询费等。

(2)财务费用　是指企业为筹集资金而发生的各项费用。包括企业经营期间发生的短期贷款利息净支出、汇兑净损失、调剂外汇手续费、金融机构手续费以及企业为筹集资金发生的其他财务费用。

(3)其他费用　是指按规定支付工程造价(定额)管理部门的定额编制管理费(按建安工作量的 1.3‰计取)和支付劳动定额管理部门的劳动定额测定费(按建安工作量的 0.05% 计取)。

3)利润

利润是指按规定应计入建筑工程造价的施工企业利润。施工企业利润按其承担的不同工程类别实行差别利润率计取。

4)税金

税金是指按国家税法规定应计入建筑工程造价内的营业税、城市维护建设税、教育费附加及交通建设费附加。

5)计费标准与计算程序

(1)计费实行"核定书"制度　计费标准是以工程类别的不同划分的,并相应实行"建设工程类别费用核定书"制度。重庆市规定:在项目报建或招标前,由建设方(业主)向建设工程造价主管部门申办工程类别费用核定书副本(以核定工程类别),定标后,中标企业凭副本换领工程类别费用核定书正本(包括劳动保险费的核定标准)。建筑工程类别划分标准、建设工程类别核定书申请表及建设工程类别费用核定书,详见表6.1、表6.2及表6.3。

表6.1　建筑工程类别划分标准表

项　目				一　类	二　类	三　类	四　类
工业建筑	单层厂房	跨度	m	>24	>18	>12	≤12
		檐高	m	>20	>15	>9	≤9
	多层厂房	面积	m²	>8 000	>5 000	>3 000	≤3 000
		檐高	m	>36	>24	>12	≤12
民用建筑	住宅	层数	层	>24	>15	>7	≤7
		面积	m²	>12 000	>8 000	>3 000	≤3 000
		檐高	m	>67	>42	>20	≤20
	公共建设	层数	层	>20	>13	>5	≤5
		面积	m²	>12 000	>8 000	>3 000	≤3 000
		檐高	m	>67	>42	>17	≤17
	特殊建筑			Ⅰ级	Ⅱ级	Ⅲ级	Ⅳ级
构筑物	烟囱	高度/m		>100	>60	>30	≤30
	水塔	高度/m		>40	>30	≤30	砖水塔
	筒仓	高度/m		>30	>20	≤20	砖筒仓
	贮池	容量/m³		>2 000	>1 000	>500	≤500

表6.2　建设工程类别核定书申请表(建设单位填写部分)

建设单位填写	工程名称			
	工程地点			
	建设单位			
	通讯地址		邮政编码	
	联系人		联系电话	
	设计单位			
	图纸编号		计划立项批文号	
	建筑工程	建筑类型_____ 高　　度_____(m) 跨　　度_____(m) 面　　积_____(m²) 层　　数_____(层) 容积(量)_____(m³)(t) 其　　他_____		

表6.3 建设工程类别费用核定书

渝建价发〔　　〕证字　　号

建设单位	
工程名称	
所属专业	
核定工程类别	
施工企业	
核定劳动保险费/%	

重庆市建设工程造价管理总站

二〇〇二年　　月　　日

（2）费用标准　为简化计算，"费用定额"规定将其他直接费、现场经费（含临时设施费、现场管理费）、间接费（含企业管理费、财务费用，不含间接费中的劳动保险费及其他费用），合并列为综合费，并将各项费用的计算基数换算为"基价直接费"进行计算。建筑工程综合费标准、利润标准及工程税金标准，详见表6.4、表6.5、表6.6。

表6.4 建筑工程综合费标准

工程类别	建 筑 工 程				机械土石方	人工土石方
	一类	二类	三类	四类		
取费基础	基 价 直 接 费					基价人工费
取费标准/%	20.21	18.42	15.73	12.61	17.30	68.82

表6.5 建筑工程利润标准

工程类别	建 筑 工 程				机械土石方	人工土石方
	一类	二类	三类	四类		
取费基础	基价直接费 + 综合费					基价人工费
取费标准/%	10	8.5	5.6	3.8	5.70	17.72
取费基础	基价直接费					基价人工费
取费标准/%	12.45	10.37	6.64	4.35	6.77	17.72

表6.6 建筑工程税金标准

工程地点	取费标准/%
在市区	3.56
在县城、镇	3.49
不在市区、县城、镇	3.43

注：税金不分建筑工程、市政工程的工程类别和机械、人工土石方，但按工程地点不同分别计取。

（3）工程造价计算程序　按照"重庆市建设工程费用定额"的规定，土建工程是以基价直接费作为计取费用的基础，安装工程、装饰工程是以基价人工费作为计取费用的基础，其工程

建筑工程定额与预算

造价计算程序,详见表6.7、表6.8。

表6.7 土建工程造价计算程序

序号	费用名称	计算式
1	基价直接费	按基价表计算
2	综合费	1×规定费率
3	劳动保险费	1×核定费率
4	利润	1×规定费率(计费基础换算后的费率)
5	允许按实计算的费用及材料价差	按规定
6	定额编制管理费和劳动定额测定费	(1+2+3+4+5)×规定费率
7	税金	(1+2+3+4+5+6)×规定费率
8	造价	1+2+3+4+5+6+7

表6.8 安装(装饰)工程造价计算程序

序号	费用名称	计算式
1	基价直接费	按基价表计算
2	基价人工费	按基价表计算
3	综合费	2×规定费率
4	劳动保险费	2×核定费率
5	利润	2×规定费率
6	未计价材料	按规定
7	定额编制管理费和劳动定额测定费	(1+3+4+5+6)×规定费率
8	税金	(1+3+4+5+6+7)×规定费率
9	造价	1+3+4+5+6+7+8

注:①计算程序中所列"允许按实计算的费用及材料价差"包括:钢筋混凝土预制构件、钢构件、木门窗缴纳的增值税;构件、预拌混凝土、热沥青混合物、多渣拌合物、土石方运输等实际发生的过路费、过桥费、弃渣费、排污费、材料、成品、半成品价差;机械台班单价中允许按实计算的养路费、车船使用税、大型机械进出场费等等。

②计算程序中所列"劳动保险费"的计取标准,以基价直接费为基础取费的为0.5%~4.26%,以基价人工费为基础取费的为4.2%~12.94%,具体收费标准由重庆市建设工程造价管理总站,根据企业退(离)休职工人数及参加社会劳保统筹情况每年进行核定。为使工程造价不留缺口,可暂按4.26%或12.94%计取。

关于单位工程(土建工程)施工图预算的编制原则、编制依据、编制方法及编制步骤,在后面的第9章做详细介绍。

小 结 6

本章主要讲述建设项目投资估算的概念、阶段划分、主要内容和编制方法,设计概算和施工图预算的含义、作用、划分及组成内容,施工图预算造价的费用组成、费用标准及计算程序。现就其基本要点归纳如下:

①投资估算是指在项目建议书和可行性研究阶段对拟建工程项目所需投资额进行的预先估算。就一个建设项目来讲,投资估算一般是按可行性研究的三个阶段分别进行编制的,它是决策、筹资和控制工程造价的主要依据。

②投资估算的内容包括固定资产投资估算和铺底流动资金估算。固定资产投资估算包括建筑安装工程费用、设备购置费用、工器具和生产用具购置费用、工程建设其他费用、预备费用、建设期贷款利息和投资方向调节税等。其编制方法较多,但对于房屋建筑经常采用指标估算法进行投资估算。

③设计概算是指在初步设计或扩大初步设计阶段对拟建工程所需费用进行的概略计算。设计概算是控制施工图设计和施工图预算的主要依据,分有单位工程概算、单项工程综合概算和建设项目总概算;施工图预算是根据施工图纸、预算定额(或计价定额)、费用定额等进行建筑安装工程造价的计算。施工图预算是确定单位工程预算造价的主要依据,分有单位工程施工图预算、单项工程施工图预算和建设项目总预算。设计概算和施工图预算的编制,都是由单个到整体、局部到综合、逐个编制、层层汇总而成。

④施工图预算造价由直接工程费、间接费、利润和税金4个部分组成。直接工程费由直接费、其他直接费、现场经费组成。直接费是指施工可直接计入每一分项工程或结构构件上的各项费用之和,包括人工费、材料费、施工机械使用费;其他直接费是指直接费以外施工过程中发生的其他费用,包括冬雨季及夜间施工增加费、材料等二次或多次搬运费等;现场经费是指为施工准备、组织施工生产和管理所需费用,包括临时设施费、现场管理费等。间接费是指不能直接计入某一工程的成本,而只能以间接分摊的方式计入各个单位工程造价中的费用,由企业管理费、财务费用、其他费用组成。企业管理费包括管理人员工资、办公费、差旅交通费等;财务费用指企业为筹集资金而发生的各项费用。利润指按规定应计入建筑工程造价的施工企业利润。税金指按国家税法规定应计入工程造价的各项税费。计费标准与计算程序是按"重庆市建设工程费用定额"中的规定在教材中作了详细介绍,做练习或实际应用时可作参考。

⑤通过本章的学习,要了解投资估算、设计概算和施工图预算的基本概念,熟悉和掌握投资估算的主要内容及编制方法。

复习思考题 6

6.1 什么叫建设项目投资估算?

6.2 投资估算是怎么划分的? 它们有何作用?

6.3 投资估算包括哪些主要内容？

6.4 什么叫指标估算法？有何特点？

6.5 什么叫铺底流动资金？该资金怎样估算？

6.6 请分述涨价预备费、贷款利息及投资方向调节税的计算方法和计算公式？

6.7 什么叫设计概算？有何作用？

6.8 设计概算是怎么划分的？其内容是怎样组成的？

6.9 什么叫施工图预算？有何作用？

6.10 施工图预算是怎么划分的？其内容是怎样组成的？

6.11 施工图预算造价由什么费用组成？

6.12 "费用定额"中工程类别是怎样划分的？费用标准是什么？土建工程造价计算程序是
什么？

建设工程投资估算、设计概算与施工图预算概述

第7章

土建工程量计算

7.1 概　述

工程量是编制预算的原始数据,是计算工程直接费、确定预算造价的重要依据,是进行工料分析、编制材料需用量计划和半成品加工计划的直接依据,是编制施工进度计划、检查计划执行情况、进行统计分析的重要依据,是进行成本核算和财务管理的重要依据。能否及时、正确地完成工程量计算工作,直接影响着预算编制的质量和速度。因此,必须认真做好工程量的计算工作,这也是本章学习的重点所在。

7.1.1 工程量的概念

工程量是以物理计量单位或自然计量单位所表示的各分项工程或结构构件的实物数量。物理计量单位是以分项工程或结构构件的物理属性为单位的计量单位,如长度、面积、体积和质(重)量等。自然计量单位是指以客观存在的自然实体为单位的计量单位,如套、个、组、台、座等。

7.1.2 工程量计算的一般要求

(1)熟悉图纸和定额　施工图纸是工程量计算的首要依据,也就是说,工程量计算必须根据施工图纸所确定的工程范围和内容,依据预算定额的计量单位和要求,才能逐项的列项计算。在计算数据上,不能人为地加大或缩小数据,只能按图算量。在分项工程的列项上,既不允许漏项,也不许重复,只能与预算定额的口径相一致。如楼地面分部卷材防潮层定额项目中,已包括刷冷底子油一遍和附加层工料的消耗,所以在计算该分项的工程量时,不能再列冷底子油项目。

(2)必须按工程量计算规则进行计算　工程量计算规则是整个工程量计算的指南,是预算定额编制的重要依据之一,是预算定额和工程量计算之间联系、沟通与统一的桥梁。只有按工程量计算规则计算出的工程量,才能从定额中分析出相应的活劳动与物化劳动的消耗量。否则,就不能正确套用定额和进行工料分析。如墙体工程量计算规则中规定:若为钢筋砼平屋面时,外墙高度算至钢筋砼板顶面;若有钢筋砼楼隔层者,内墙高度算至钢筋砼板顶面。计算实砌墙身时,应扣除门窗洞口、过人洞、空圈、嵌入墙身的钢筋砼柱、梁(包括过梁、圈梁、挑梁)和暖气包壁龛的体积,但不扣除梁头、板头、梁垫、檩木、垫木、木楞头、沿椽木、木砖、门窗走头、砖墙内的加固钢筋、木筋、铁件的体积,突出墙面的窗台虎头砖、压顶线、山墙泛水、烟囱根、门窗套、三皮砖以内的腰线和挑檐等体积亦不增加。因为标准砖和砂浆的定额消耗量已综合考虑了上述因素,如果工程量计算时再考虑上述因素,就必然会出现重复计算。

(3)统一格式,以便校核 为了便于检查核对,工程量的计算式,应按一定的格式排列。例如:面积为长×宽;体积为长×宽×高(厚);计算梁、柱体积时则为截面面积×长(高);计算钢筋、型钢质量时为长度×每 m 质(重)量等。

(4)先算基数,细算粗汇 工程量计算在方法上要力求科学、简明,计算数据要保证准确。为了达到这一目的,可按统筹法原理,将一些对工程量计算带有共性的基本数据先算出来,如外墙中心线长、内墙净长等。尽可能做到一数多用,避免重复计算,简化计算过程。

具体计算时,力求做到简单明了。各分项工程的计算式需做些简要的文字注释,如轴线号、剖面号、构件编号等。计算的精确度,一般在小数点后 2 位。汇总工程量时,可视具体情况而定,如土方取整数,钢筋以 t 为单位取 3 位小数,若以 kg 为单位,则取整数等。

7.1.3　工程量的计算方法

一个单位工程的分项工程很多,稍有疏忽,就会有漏项少算或重复多算的现象发生。因此对工程量计算方法的研究是一个十分重要的问题。由于全国各省、市、自治区的预算定额和工程量计算规则有一定的差异,加之预算人员经历和经验不同,工程对象多样等,因而就全国范围来说,对工程量的计算也没有一个定型的统一计算方法。归纳各地的做法,现简要介绍如下:

(1)按施工顺序列项计算 这种方法是按施工的先后顺序安排工程量的计算顺序。如基础工程是按场地平整、挖地槽、地坑、基础垫层、砌砖石基础、现浇砼基础、基础防潮层、基础回填土、余土外运等列项计算,这种方法打破了预算定额按分部划分的项目。

(2)按定额的编排顺序列项计算 这种方法是按预算定额手册所排列的分部分项顺序依次进行计算。如土石方、砖石、脚手架、砼及钢筋砼⋯⋯

(3)按顺时针方向列项计算 这种方法是从平面图纸的左上角开始,从左到右按顺时针方向环绕一周,再回到左上角为止。这种方法适用于外墙挖地槽、外墙基础、外墙砌筑、外墙抹灰等,如图 7.1 所示。

(4)按先横后竖、从上而下、从左到右的顺序列项计算 这种方法是指在同一平面图上有纵横交错的墙体时,可按先横后竖的顺序进行计算。计算横墙时按先上后下,横墙间断时先左后右。计算竖墙时先左后右,竖墙间断时先上后下。如计算内墙基础、内墙砌筑、内墙墙身防潮等均可按上述顺序进行计算,如图 7.2 所示。

按图 7.2 所示,计算内墙时应按先横后竖的顺序,先计算横线①,在同一横面,先左后右,则先算②线再算③线,然后计算④、⑤线。计算竖墙时,应从左到右,在同一竖面上,则应先上后下。如图所示先算⑥线,其次是⑦⑧⑨⑩⑪⑫线。

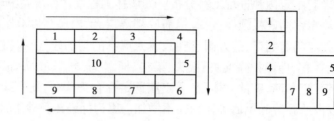

图 7.1 顺时针方向示意图　　　　　图 7.2 先横后竖示意图

（5）按构件的分类和编号顺序计算　这种方法是按照各类不同的构、配件,如空心板、平板、过梁、单梁、门窗等,就其自身的编号(如柱 Z_1, Z_2,…,梁 L-1,L-2,…,门,M_1,M_2,…等)分别依次列表计算。这种分类编号列表计算的方法,既方便检查核对,又能简化算式。因此,各类构件和门窗均可采用此方法计算工程量。

以上所述的仅是工程量计算的一般方法,在实际工作中,应视具体情况灵活运用。不论采用何种计算方法,都应做到项目不重不漏,数据准确可靠,方法科学简便,以提高预算的编制速度和质量。

7.1.4　工程量计算的总体步骤

在熟悉图纸和掌握定额的基础上,工程量计算的总体步骤一般为:先结构、后建筑,先平面、后立面,先室内、后室外,然后分别根据施工图纸的有关内容,列出分项工程项目名称和计算式依次进行计算。

7.2　主要工程量计算规则及计算公式

7.2.1　建筑面积计算规则

建筑面积是指房屋建筑的水平面面积,它是计算土地利用系数,使用面积系数,有效面积系数,开、竣工面积,全优工程率等指标的依据,也是分析建筑工程技术经济指标的依据,如单位面积的造价、人工消耗指标、三大主材及主要材料的消耗指标等。

建筑面积的正确计算,有利于正确计算如场地平整、室内回填土、楼地面等工程量。建筑面积也是计划和统计工作的重要指标。

为了正确计算建筑面积,统一建筑面积的计算方法,1999 年《全国统一建筑工程基础定额重庆市基价表》中对《建筑面积计算规则》作了明确的规定,其具体内容如下:

1）计算建筑面积的范围

①单层建筑物不论其设计高度如何,均按一层计算建筑面积。其建筑面积按建筑物外墙勒脚以上结构的外围水平面积计算。单层建筑物内设有部分楼层者,首层建筑面积已包括在单层建筑物内,2 层及 2 层以上应计算建筑面积。高低联跨的单层建筑物,需分别计算建筑面积时,应以高跨结构外边线为界分别计算,如图 7.3,图 7.4,图 7.5 所示。

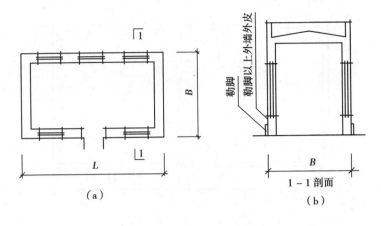

图7.3 单层建筑物平面、剖面图

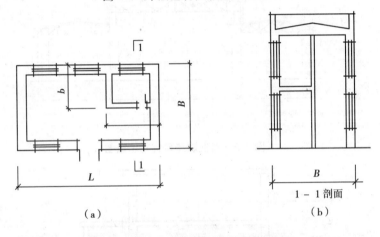

图7.4 单层建筑物设有部分楼层示意图

②多层建筑物建筑面积,按各层建筑面积之和计算,其首层建筑面积按外墙勒脚以上结构的外围水平面积计算,2层及2层以上按外墙结构的外围水平面积计算。

③同一建筑物如结构、层数不同时,应分别计算建筑面积。

④地下室、半地下室、地下车间、仓库、商店、车站、地下指挥部等及有顶盖的相应出入口建筑面积,按其外墙(不包括采光井、防潮层及其保护墙)的内边线加宽250 mm计算建筑面积,如图7.6所示。

⑤建于坡地的建筑物吊脚空间和深基础地下架空层,设计加以利用时,其层高超过2.20 m,按围护结构外围水平面积计算建筑面积,如图7.7、图7.8所示。

⑥穿过建筑物的通道,建筑物内的门厅、大厅、和有顶盖的天井,不论其高度如何均按一层计算建筑面积。门厅、大厅内设有回廊时,按其自然层的水平投影面积计算建筑面积,如图7.9、图7.10所示。

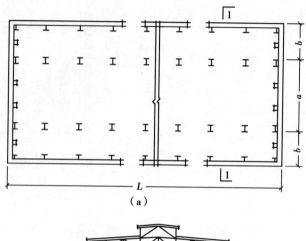

（a）

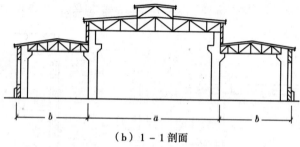

（b）1－1剖面

图7.5　高低联跨建筑物示意图

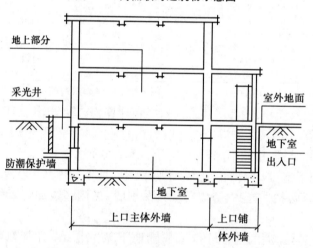

图7.6　地下室及出入口示意图

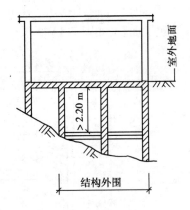

图 7.7　地下架空层示意图　　　　　图 7.8　吊脚空间示意图

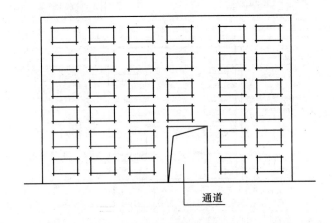

图 7.9　通道示意图

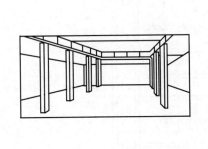

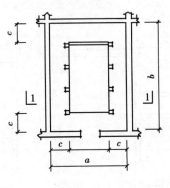

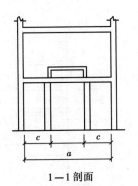

1—1 剖面

图 7.10　大厅设有回廊示意图

⑦书库、立体仓库设有结构层的,按结构层计算建筑面积,没有结构层的按承重书架层或货架层计算建筑面积,如图7.11所示。

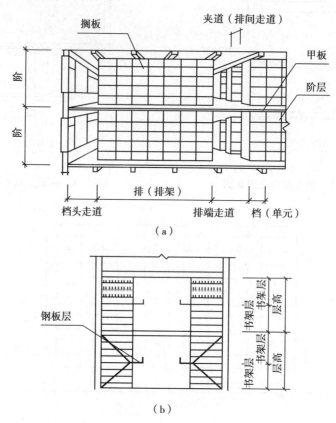

图 7.11　书架层示意图

(a)书库剖面图;(b)书架层图

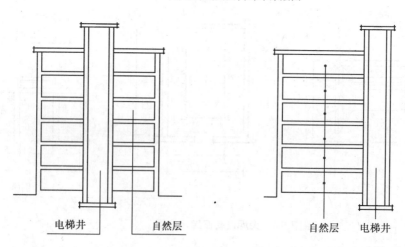

图 7.12　电梯井示意图

建筑工程定额与预算

⑧室内楼梯间、电梯井、提物井、垃圾道、管道井等均按建筑物的自然层计算建筑面积,如图 7.12 所示。

⑨有围护结构的舞台灯光控制室,按其围护结构外围水平面积乘以层数计算建筑面积,如图 7.13 所示。

⑩建筑物内设备管道层,储藏室其高超过 2.20 m 时应计算建筑面积,如图 7.14 所示。

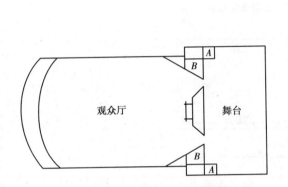

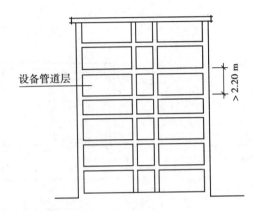

图 7.13　灯片控制室示意图　　　　图 7.14　设备管道层示意图

⑪有柱的雨篷、车棚、货棚、站台和独立柱两面有墙的雨篷等按柱外围水平面积计算建筑面积;独立柱的雨篷、单排柱的车棚、货棚、站台等,按其顶盖水平投影面积的一半计算建筑面积,如图 7.15,图 7.16,图 7.17,图 7.18,图 7.19 所示。

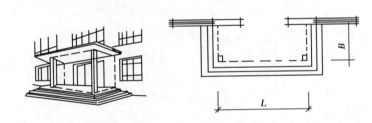

图 7.15　两根柱以上雨篷示意图

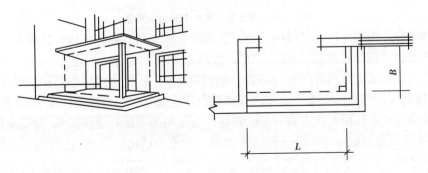

图 7.16　独立柱两面有墙的雨篷示意图

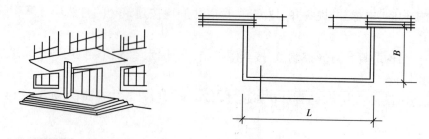

图 7.17 独立柱雨篷示意图

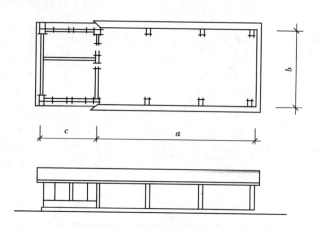

图 7.18 有柱车棚示意图

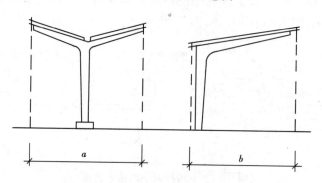

图 7.19 单排柱、独立柱车棚示意图

⑫屋面上部有围护结构的楼梯间、水箱间、电梯机房等,其层高超过 2.20 m 时,按围护结构外围水平面积计算建筑面积,如图 7.20,图 7.21 所示。

⑬建筑物外有围护结构的门斗、眺望间、观望电梯间、阳台、挑廊、走廊和高度大于 2.20m 的橱窗等,按其围护结构外围水平面积计算建筑面积,如图 7.22、图 7.23、图 7.24 所示。

⑭建筑物外有柱和顶盖的走廊、檐廊,按柱外围水平面积计算建筑面积;有盖无柱的挑廊、走廊、檐廊按其顶盖投影面积一半计算建筑面积。无围护结构的凹阳台、挑阳台,按其水平面积一半计算建筑面积。建筑物间的有顶盖的架空走廊,按走廊水平投影计算建筑面积,如图 7.25 所示。

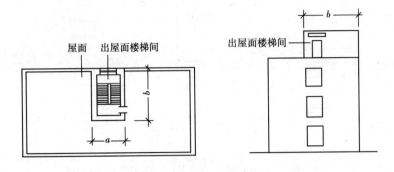

图7.20　屋面上部楼梯间示意图

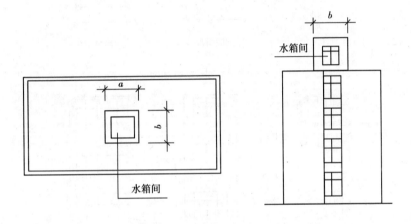

图7.21　屋顶水箱间示意图

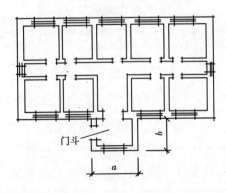

图7.22　门斗示意图

⑮室外楼梯,按其自然层投影面积之和计算建筑面积。

⑯建筑物内变形缝、沉降缝等,凡缝宽在300 mm以内者,均依其缝宽按自然层计算建筑面积,并入建筑物建筑面积之内计算。

2)不计算建筑面积的范围

①突出外墙的构件、配件、附墙柱、垛、勒脚、台阶、悬挑雨篷、墙面抹灰、镶贴块材、装饰面等。

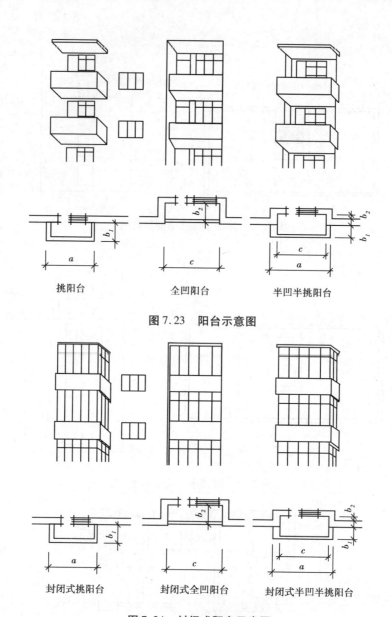

挑阳台　　　　　　　全凹阳台　　　　　　半凹半挑阳台

图 7.23　阳台示意图

封闭式挑阳台　　　封闭式全凹阳台　　　封闭式半凹半挑阳台

图 7.24　封闭式阳台示意图

②用于检修、消防等室外爬梯和利用地势砌筑的室外梯道。

③层高 2.20 m 以内设备管道层、储藏室、屋面上部的楼梯间、水箱间、电梯机房和设计不利用的深基础架空层及吊脚架空层。

④建筑物内操作平台、上料平台、安装箱或罐体平台;没有围护结构的屋顶水箱、花架、凉棚等。

⑤独立烟囱、烟道、地沟、油(水)罐、气柜、水塔、储油(水)池、储仓、栈桥、地下人防通道等构筑物。

⑥单层建筑物分隔单层房间,舞台及后台悬挂的幕布、布景天桥、挑台。

⑦建筑物内宽度大于 300 mm 的变形缝、沉降缝。

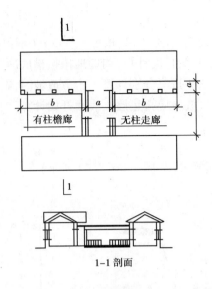

图 7.25　走廊、檐廊示意图

3）其他

①建筑物与构筑物连接成一体的,属建筑物部分按本规则上述有关规定计算。

②本规则适用于地上、地下建筑物的建筑面积计算,如有未尽事宜,可参照上述规则办理。

7.2.2　土石方工程主要计算规则及计算公式

土石方工程主要包括平整场地、挖土、人工凿石、石方爆破、回填土、土石方运输等项目,按施工方法和使用机具的不同,分为人工土石方和机械土石方两类。

在计算工程量之前,应确定下列资料:

土壤类别与地下水位的标高;

挖、填、运土和排水的施工方法;

土方是放坡还是支挡土板;

起点标高。

1）平整场地

在土方开挖之前,须对施工现场高低不平的部位进行平整,以便进行建筑物的定位放线。凡施工现场高差在 30 cm 以内的就地挖、填、找平叫平整场地。其工程量按建筑物(或构筑物)的外边线每边各加 2 m 后的平面面积计算。对于常见矩形场地,场地平整工程量计算公式为:

$$S_{场} = S_{底} + 2L_{外} + 16$$

式中　$S_{场}$——平整场地工程量;

$S_{底}$——底层建筑面积;

$L_{外}$——外墙外边线周长。

2）挖土

要根据挖土的部位分别计算,因此,要掌握挖地槽、挖地坑、挖土方之间的区别及地下水位资料,了解是否需放坡、支挡土板等。

（1）挖地槽（沟）　凡槽长大于槽宽3倍，槽底宽在3 m（不包括加宽工作面）以内者，按挖地槽计算。外墙地槽按图示中心线长度计算，内墙地槽按槽底净长计算，其突出部分体积并入地槽工程量计算。地槽深度不同时，应分别计算。土方放坡时，在交接处所产生的重复工程量不予扣除。原槽做基础垫层时，放坡应自垫层上表面开始计算。其计算公式为：

①不放坡和不支挡土板

$$V_{土} = (L_{中} + L'_{内})(a + 2c)H$$

②由垫层上表面或下表面放坡（如图7.26、7.27所示）

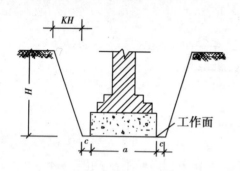

图7.26　垫层下表面放坡示意图　　　图2.27　垫层上表面放坡示意图

垫层上表面放坡：$V_{土} = (L_{中} + L'_{内})\left[(a + KH_1)H_1 + aH_2\right]$

垫层下表面放坡：$V_{土} = (L_{中} + L'_{内})(a + 2c + KH)H$

式中　$L_{中}$——外墙中心线；

$L'_{内}$——内墙槽底净长线；

c——工作面宽度；

a——垫层宽度；

H——挖土深度；

H_1——槽面至垫层上表面深度；

H_2——垫层厚度；

K——坡度系数。

其中：基础施工时所需增加的工作面宽度按施工组织设计规定计算。如无规定时，可按表7.1的规定计算。

表7.1　工作面增加宽度表

基础材料	每边各增加工作面宽度/cm
	地槽、地坑
砖	20
浆砌毛石	15
浆砌条石	15
砼基础或垫层需支模者	30
使用卷材或防水砂浆做垂直防潮层者	80

建筑工程定额与预算

地槽或地坑需放坡时,应按施工组织设计规定放坡。如施工组织设计无规定而又需放坡时,可按表7.2的规定计算。

表7.2 地槽、地坑放坡系数表

人工挖土	机　械　挖　土		放坡起点深度/m
	在槽、坑底	在槽、坑边	
1：0.30	1：0.25	1：0.67	1.5

（2）挖地坑　凡坑底面积在 20 m² 以内（不包括加宽工作面）的挖土，称为挖地坑。其计算公式为：

①不放坡和不支挡土板时

矩形　$V_{土} = abH$

圆形　$V_{土} = \pi R^2 H$

②放坡时

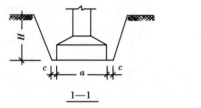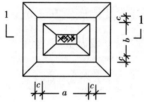

图 7.28　正方形或长方形地坑体积

矩形（如图 7.28 所示）

$$V_{土} = (a + 2c + KH)(b + 2c + KH)H + \frac{1}{3}K^2H^3$$

或

$$V_{土} = \frac{1}{3}H(S_1 + S_2 + \sqrt{S_1 S_2})$$

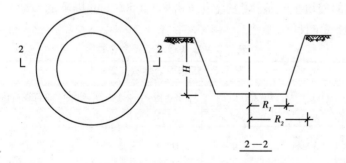

图 7.29　圆形地坑体积

圆形（如图 7.29 所示）

$$V_{土} = \frac{1}{3}\pi H(R_1^2 + R_2^2 + R_1 R_2)$$

$$或 \qquad V_{挖} = \frac{1}{3}H(S_1 + S_2 + \sqrt{S_1 S_2})$$

式中 a—— 基础或垫层的宽度;

$\quad c$—— 工作面宽度;

$\quad b$—— 基础或垫层的长度;

$\quad H$—— 挖土深度;

$\quad R_1$—— 坑底半径;

$\quad R_2$—— 坑上口半径;

$\quad S_1$—— 坑底面积;

$\quad S_2$—— 坑上口面积。

其中 $\quad S_1 = (a + 2c)(b + 2c)$（矩形）

或 $\quad S_1 = \pi(R_1 + c)^2$（圆形）

$\quad S_2 = (a + 2c + 2KH)(b + 2c + 2KH)$（矩形）

或 $\quad S_2 = \pi(R_1 + c + KH)^2$（圆形）

（3）挖土（平基） 凡槽底宽在 3 m 以上或坑底面积在 20 m² 以上的大于 30 cm 深度的挖土,称作挖土（平基）。

3）回填土

基础工程完成后,为达到地面垫层下的设计标高,必须按设计要求进行土方回填。回填土包括松填和夯填两种。

（1）槽、坑回填土工程量

$$V_{填} = V_{挖} - 设计室外标高以下埋设的基础及垫层工程量$$

（2）室内回填土工程量

$$V_{填} = 墙与墙间的净面积 \times 填土厚度$$

其中:墙指 11.5 cm 以上的墙体;附墙柱、垛及附墙烟囱所占的体积均不扣除;填土厚度为室外与室内设计地坪高差减地面的面层和垫层厚度。

计算管道沟的回填土时,需减去管道所占体积（500 mm 以下的不减）。每 m 应减去的数量,可按表 7.3 的规定计算。

表 7.3 每 m 管道应减土方量表

项目	土方量/m³					
管道直径/mm	600 以内	800 以内	1 000 以内	1 200 以内	1 400 以内	1 600 以内
钢管	0.21	0.44	0.71			
铸铁管	0.24	0.49	0.77			
砼管	0.33	0.60	0.92	1.15	1.35	1.55

4)运土

运土是指把开挖后的余土运至指定地点,或回填土不足时从指定地点运土回填。计算运土工程量,要确定运土方法(采用人工运土或双轮车或其他运输工具)和运距。预算定额包括5 m以内的运距,超过5 m时需计算运土工程量,其计算式为:

$$V_{运} = 挖土体积 - 回填土体积$$

$$V_{取} = 回填土体积 - 挖土体积(系指挖土少于回填土)$$

设计标高与自然标高差所产生的余土或取土另行计算。

人工取已松动土时,只计算取土的运输工程量;取未松动土时,除计算运输工作量外,还需计算挖土工程量。

7.2.3 脚手架工程主要计算规则及计算公式

脚手架定额分为综合脚手架与单项脚手架两类。凡建筑物所搭设的脚手架,均按综合脚手架计算。单项脚手架是作为不能计算建筑面积而又必须搭设脚手架的项目。

脚手架的种类和搭设方法很多,费用相差悬殊。为了使脚手架摊销费相对合理,简化计算,定额规定凡能按《建筑面积计算规则》计算建筑面积的建筑工程,均按综合脚手架定额计算脚手架摊销费。综合脚手架定额中已综合考虑了砌筑、吊装、装饰等脚手架。但不包括满堂基础、设备基础等脚手架。

1)综合脚手架计算规则

①综合脚手架应分不同檐高、层高和结构,按《建筑面积计算规则》计算建筑面积。

②层高在2.2 m以上的技术层,既计算层数,亦计算建筑面积。突出屋面的有围护结构的楼梯间、水箱间、电梯机房只计算建筑面积,但不计算层数。

2)单项脚手架计算规则

①外脚手架、单排脚手架、装饰脚手架、里脚手架均按垂直墙面的投影面积计算,不扣除门窗洞口和空圈等所占面积。

②砌砖工程高度在1.35~3.6 m以内按里脚手架计算,高度在3.6 m以上者按外脚手架计算。独立砖柱高度在3.6 m以内者,按柱外围周长乘实砌高度以里脚手架计算。高度在3.6 m以上者按柱外围周长加3.6 m乘实砌高度以单排脚手架计算。

③高度在4.5 m以上的装饰工程(抹灰、加浆勾缝等)可计算装饰脚手架。但装饰面已计算砌筑脚手架者,不得再计算装饰脚手架。

④满堂脚手架按搭设的水平投影面积计算,不扣除垛、柱所占的面积。满堂脚手架高度以设计地坪到装饰面计算,高度在3.6~5.2 m时,按满堂脚手架基本层计算,高度超过5.2 m时再计算增加层。增加层的高度若在0.6 m以内时舍去不计,在0.6~1.2 m时,按增加一层计算。

⑤满堂基础可按满堂脚手架基本层的50%计算脚手架。

例如:设计地坪到装饰面高度为9.5 m,其增加层数为3层$\left(\dfrac{9.5-5.2}{1.2}\right)$,余0.7 m,则取4层。

⑥水平防护架按脚手板实铺的水平投影面积计算;垂直防护架以高度(从自然地坪算至最上层横杆)乘搭设长度(两端立杆之间距离)计算。

7.2.4　砖石工程主要计算规则及主要计算公式

砖石工程是一个主要分部工程,包括砌砖、砌石两部分。砌砖部分包括砖基础、砖墙、砖柱、空花墙、填充墙、其他砌体等内容;砌石部分包括基础、墙身、护坡及石表面加工等内容。

1)基础

基础是建筑物地面以下承受建筑物全部荷载的构件。基础与墙、柱的划分:砖基础与墙、柱以防潮层为界,无防潮层者以室内地坪为界。毛石基础与墙身的划分:内墙以室内设计地坪为界;外墙以室外设计地坪为界。条石基础、勒足与墙身的划分:条石基础与勒足以室外设计地坪为界;勒足与墙身以设计室内地坪为界。砖围墙以设计地坪为分界线。若围墙内外地坪标高不同时,以其较低标高为分界线,标高以下为基础,内外标高之差部分为挡土墙,挡土墙以上为墙身。

砖石基础以图示尺寸(单位为 m^3)计算,如图 7.30 所示。砖石基础长度:外墙墙基按外墙中心线长度计算,内墙墙基按内墙净长线计算。嵌入砖石基础的钢筋、铁件、管子、基础防潮层、

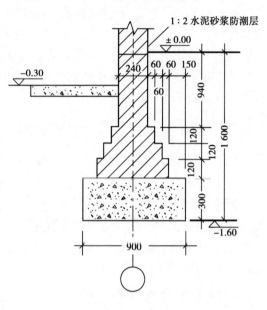

图 7.30　砖基础详图

单个面积在 $0.3\ m^2$ 以内的孔洞以及砖石基础大放脚的 T 形接头重复部分,均不扣除。但靠墙暖气沟的挑砖,石基础洞口上的砖平碳亦不另算。计算式为:

$$砖带形基础工程量 = L_{中} \times 砖基础断面面积 + L_{内} \times 砖基础断面面积$$

$$砖基础断面面积 = 基顶宽度 \times 设计高度 + 增加的大放脚断面 =$$
$$基顶宽度 \times (设计高度 + 折加高度)$$

$$折加高度 = \frac{增加断面面积}{基顶宽度}$$

等高、不等高砖墙基础大放脚折加高度和增加断面面积表见表 7.4。

砖柱基础以 m^3 计算,其计算式为:

$$砖柱基础工程量 = 砖柱断面 \times (柱基高 + 折加高度)$$

$$折加高度 = \frac{柱四周大放脚体积}{砖柱断面}$$

$$柱四周大放脚体积 = 0.007\,875n(n+1)[(a+b) + 0.041\,65(2n+1)]$$

式中　a——基顶断面的长;

　　　b——基顶断面的宽;

　　　n——大放脚层数。

建筑工程定额与预算

表 7.4 标准砖大放脚折加高度和增加断面面积

放脚层数	折加高度/m												增加断面面积/m²	
	1/2 砖		1 砖		$1\frac{1}{2}$ 砖		2 砖		$2\frac{1}{2}$ 砖		3 砖			
	等高	不等高	等高	不等高	等高	不等高	等高	不等高	等高	不等高	等高	不等高	等高	不等高
1	0.137	0.137	0.066	0.066	0.043	0.043	0.032	0.032	0.026	0.026	0.021	0.021	0.015 75	0.015 75
2	0.411	0.342	0.197	0.164	0.129	0.108	0.096	0.08	0.077	0.064	0.064	0.053	0.047 25	0.039 38
3			0.394	0.328	0.259	0.216	0.193	0.161	0.154	0.128	0.128	0.106	0.094 5	0.078 75
4			0.656	0.525	0.432	0.345	0.321	0.253	0.256	0.205	0.213	0.17	0.157 5	0.126
5			0.984	0.788	0.647	0.518	0.482	0.38	0.384	0.307	0.319	0.255	0.236 3	0.189
6			1.378	1.083	0.906	0.712	0.672	0.58	0.538	0.419	0.447	0.351	0.330 8	0.259 9
7			1.838	1.444	1.208	0.949	0.90	0.707	0.717	0.563	0.596	0.468	0.441	0.346 5
8			2.363	1.838	1.553	1.208	1.157	0.90	0.922	0.717	0.766	0.596	0.567	0.441 1
9			2.953	2.297	1.942	1.51	1.447	1.125	1.153	0.896	0.956	0.745	0.708 8	0.551 3
10			3.61	2.789	2.372	1.834	1.768	1.366	1.409	1.088	1.171	0.905	0.866 3	0.669 4

注：①本表按双面放脚等高度为 126 mm,砌出 62.5 mm,灰缝 10 mm 计算。

②本表不等高大放脚最上一层高度为 126 mm,第二层高度为 63 mm,砌出 62.5 mm,灰缝 10 mm 计算。

③增加断面面积 $= n(n+1) \times 0.062\ 5 \times 0.126 = 0.007\ 875n(n+1)$,式中 n 为放脚层数。

标准砖等高式砖柱基大放脚折加高度见表 7.5；标准砖不等高式(间隔式)砖柱基大放脚折加高度见表 7.6。

表 7.5 标准砖等高式砖柱基大放脚折加高度表

砖柱断面/m²	断面积/m²	等高式大放脚层数								
		1 层	2 层	3 层	4 层	5 层	6 层	7 层	8 层	9 层
		每个柱基的折加高度/m								
0.24 ×0.24	0.057 6	0.168	0.564	1.271	2.344	3.502	5.858	8.458	11.70	15.655
0.24 ×0.365	0.087 6	0.126	0.444	0.969	1.767	2.863	4.325	6.195	8.501	11.298
0.24 ×0.49	0.117 6	0.112	0.378	0.821	1.477	2.389	3.381	5.079	6.936	9.172
0.24 ×0.615	0.147 6	0.104	0.337	0.733	1.312	2.1	3.133	4.423	6.011	7.904
0.365 ×0.365	0.133 2	0.099	0.333	0.724	1.306	2.107	3.158	4.482	6.124	8.101
0.365 ×0.49	0.178 9	0.087	0.279	0.606	1.089	1.734	2.581	3.646	4.955	6.534
0.365 ×0.615	0.224 6	0.079	0.251	0.535	0.932	1.513	2.242	3.154	4.266	5.592
0.365 ×0.74	0.270 1	0.070	0.229	0.488	0.862	1.369	2.017	2.824	3.805	4.979
0.49 ×0.49	0.240 1	0.074	0.234	0.501	0.889	1.415	2.096	2.95	3.986	5.23
0.49 ×0.615	0.301 4	0.063	0.206	0.488	0.773	1.225	1.805	2.532	3.411	4.46
0.49 ×0.74	0.362 6	0.059	0.186	0.397	0.698	1.099	1.616	2.256	3.02	3.951
0.49 ×0.865	0.423 9	0.057	0.175	0.368	0.642	1.009	1.48	2.06	2.759	3.589
0.615 ×0.615	0.378 2	0.056	0.170	0.38	0.668	1.055	1.549	2.14	2.881	3.762
0.615 ×0.74	0.455 1	0.052	0.163	0.343	0.599	0.941	1.377	1.92	2.572	3.343
0.615 ×0.865	0.532	0.047	0.150	0.316	0.515	0.861	1.257	2.746	2.332	3.025

表 7.6　标准砖不等高式砖柱基大放脚折加高度表

砖柱断面/m²	断面积/m²	不等高式大放脚层数							
		1 层	2 层	3 层	4 层	5 层	6 层	7 层	8 层
		每个柱基的折加高度/m							
0.24 ×0.24	0.057 6	0.165	0.396	1.097	1.602	3.113	4.220	6.814	8.434
0.24 ×0.365	0.087 6	0.131	0.287	0.814	1.240	2.316	3.112	4.975	6.130
0.356×0.356	0.133 2	0.101	0.218	0.609	0.899	1.701	2.268	3.596	4.415
0.356×0.49	0.178 9	0.087	0.185	0.509	0.747	1.399	1.854	2.921	3.575
0.49 ×0.49	0.240 1	0.072	0.154	0.420	0.614	1.140	1.504	2.357	2.876
0.49 ×0.615	0.301 4	0.064	0.136	0.367	0.535	0.987	1.296	2.021	2.462
0.615×0.615	0.378 2	0.056	0.118	0.319	0.462	0.849	1.111	1.725	2.097
0.615×0.74	0.455 1	0.051	0.107	0.287	0.415	0.757	0.988	1.529	1.855
0.74 ×0.74	0.547 6	0.046	0.096	0.256	0.370	0.673	0.875	1.349	1.635
0.74 ×0.865	0.640 1	0.043	0.089	0.234	0.338	0.612	0.795	1.222	1.479
0.865×0.865	0.748 2	0.039	0.081	0.214	0.307	0.555	0.719	1.104	1.334
0.865×0.990	0.856 4	0.037	0.075	0.198	0.285	0.513	0.663	1.015	1.230
0.990×0.990	0.980 1	0.034	0.070	0.183	0.263	0.472	0.610	0.931	1.123
0.990×1.115	1.103 9	0.032	0.066	0.171	0.246	0.431	0.568	0.866	1.043
1.115×1.115	1.243 2	0.030	0.061	0.160	0.229	0.410	0.425	0.803	0.967

2)墙体和柱

墙体按使用材料及使用要求分为实砌墙、空斗墙、空花墙、空心砖墙、砌块墙、毛石条石墙等。

(1)砖墙(实砌墙)

砖墙一般不分清水、混水、内墙、外墙及墙厚,分别以不同的砂浆标号进行计算。

①墙长　外墙按外墙中心线长度($L_中$),内墙按内墙净长线($L_内$)计算。

②墙厚　计算规则规定的标准砖墙体厚度如表 7.7 所示。

③墙高　按下列规定计算。

表 7.7　标准粘土砖厚度尺寸表

墙厚/砖	$\frac{1}{4}$	$\frac{1}{2}$	$\frac{3}{4}$	1	$1\frac{1}{2}$	2	$2\frac{1}{2}$
计算厚度/mm	53	115	180	240	365	490	615

外墙墙身高度:按图示尺寸计算,如设计图纸无规定时,有屋架的斜屋面,且室内外均有天棚者,算至屋架下弦再加 12 cm,其余情况算至屋架下弦底面再加 30 cm(如出檐宽度超过 60 cm 时,应按实砌高度计算)。平屋面算至砼板顶面。

内墙墙身高度:位于屋架下弦者,其高度算至屋架底,无屋架者算至天棚底再加 10 cm,有砼楼隔层者算至砼楼板顶面。

3/4 和 1/2 砖厚内墙墙身高度:按实砌高度计算(如同一墙上板高不同时,可按平均高度计算)。山墙按图示尺寸计算。

计算实砌墙身时,应扣除过人洞、空圈、门窗框洞和每个面积在 0.3 m² 以上的孔洞所占的体积,嵌入墙身的砼柱、梁(包括圈梁、过梁、挑梁)和暖气包壁龛的体积,但不扣除梁头、板头、梁垫、檩木、垫木、木楞头、沿椽木、木砖、门窗走头，以及砖墙内的加固筋、木筋、铁件的体积。突出墙面的窗台虎头砖、压顶线、山墙泛水、烟囱根、门窗套、三皮砖以内的腰线和挑檐等体积亦不增加。

砖垛、三皮砖以上的挑檐和腰线的体积，并入墙身体积内。

框架间墙以净空面积乘墙厚计算，执行砖墙定额项目。女儿墙以自屋面板上表面算至图示的高度，以 m^3 计算，按砖墙定额项目执行。

附墙烟囱（包括附墙通风道、垃圾道）、采暖锅炉烟囱，按其外形体积，并入依附的墙体内，不扣除每一孔洞横截面积在 $0.1\ m^2$ 以内的体积，但孔洞内的抹灰工料亦不增加；如每一孔洞横截面积超过 $0.1\ m^2$ 时，应扣除孔洞所占的体积，孔洞内的抹灰应另列项目计算。附墙烟囱如带有缸瓦管、除灰门及垃圾道带有垃圾道门、垃圾斗、通风百页窗、铁篦子、钢筋混凝土顶盖等，应另列项目计算。

内、外实砌墙体工程量计算式为：

内墙体积 ＝［（$L_内$ ×高 ＋ 内山尖面积）－ 内门窗及 $0.3\ m^2$ 以上孔洞面积］× 墙厚 － 嵌入内墙砼柱、梁的体积 ＋ 砖垛、附墙烟囱等体积

外墙体积 ＝［（$L_中$ ×高 ＋ 外山尖面积）－ 外门窗及 $0.3\ m^2$ 以上孔洞面积］× 墙厚 － 嵌入外墙砼梁、柱的体积 ＋ 砖垛、女儿墙、附墙烟囱等体积

（2）空花墙、填充墙　空花墙按空花部分外形尺寸以 m^3 计算，不扣除空洞部分。填充墙按外形尺寸以 m^3 计算，扣除门窗框洞和梁（包括过梁、圈梁、挑梁）所占的体积，其实砌部分已包括在定额内，不另计算。

（3）砌块墙　加气砼块、硅酸盐块、水泥煤渣空心砌块，按图示尺寸以 m^3 计算，扣除门窗框洞和每个面积在 $0.3\ m^2$ 以上的孔洞所占的体积以及嵌入砌体的柱、梁（包括过梁、圈梁、挑梁）所占的体积，其需要镶嵌的标砖已综合考虑在定额内，不另计算。但空心砌块的规格与定额规格不同时，允许换算。

（4）石墙　毛石墙、毛、清条石墙，方整石墙按图示尺寸以 m^3 计算。

（5）砖柱　砖柱按柱基、柱身分别以 m^3 计算。应扣除砼或钢筋砼梁垫，但不扣除伸入柱内的梁、板头所占的体积。

3）墙面勾缝

墙面勾缝按墙面垂直投影面积以 m^2 计算，应扣除墙裙的抹灰面积，不扣除门窗框外围面积及腰线抹灰、门窗套所占的面积，但附墙垛和门窗洞口侧壁的勾缝面积亦不增加。独立柱、房上烟囱勾缝按图示外形尺寸以 m^2 计算。其计算式为：

外墙面勾缝 ＝ $L_中$ × 墙高 － 外墙裙抹灰面积

内墙面勾缝 ＝ 2 × $L_内$ × 墙高 － 内墙裙抹灰面积

砖柱面勾缝 ＝ 柱周长 × 柱高 × 根数

4）其他零星砌体

砖石工程的其他砌体包括砖砌锅台、污水斗、小便槽、台阶、地沟、炉灶等。

砖砌锅台、炉灶不分大小，均按外形尺寸以 m^3 计算，不扣除各种空洞体积。其灶面抹灰、镶贴块料面层者，应另行计算。

砖砌污水斗按个计算。小便槽分别按不同抹面以延长米计算。砖砌沟道不分墙基与墙身,其工程量合并计算。砖砌地垄墙以 m³ 计算,执行砌地沟项目。支承地楞的砖墩按方砖柱定额项目执行。砖砌台阶(不包括梯带)按水平投影面积计算。

零星砌体不包括厕所蹲台、水槽腿、垃圾箱、台阶梯带、阳台栏杆、花台、花池、房上烟囱、架空隔板砖墩、砖带、石墙的门窗口立边、窗台虎头砖(石墙)、钢筋砖过梁、砖平碹等实砌体,均以 m³ 计算。

7.2.5 砼及钢筋砼工程主要计算规则及计算公式

砼及钢筋砼构件按其材料组成,可分为素砼、钢筋砼及预应力钢筋砼。按施工方法可分为现场捣制、现场预制及工厂预制。

1)工程量计算说明

(1)砼及钢筋砼工程定额项目适用的范围

①现浇毛石砼基础适用于毛石砼带形基础和独立基础;

②现浇钢筋砼基础适用于带型基础、独立基础、杯型基础、带形桩承台、独立桩承台;

③现浇钢筋砼满堂基础适用有梁式和无梁式满堂基础;

④现浇钢筋砼基础梁适用于有底模和无底模基础梁;

⑤现浇钢筋砼梁适用矩形梁和异形梁;

⑥现浇钢筋砼圈梁适用于圈梁、过梁、叠合梁;

⑦现浇钢筋砼直形墙适用于墙和电梯井壁;

⑧现浇钢筋砼零星项目适用于小型池槽、压顶、垫块等;

⑨预制钢筋砼梁适用于基础梁、楼梯斜梁、矩形梁、异形梁、T形吊车梁、过梁;

⑩预制钢筋砼工字型柱适用于工字型柱和双肢柱;

⑪预制钢筋砼屋架适用于折线、三绞拱、三角形、锯齿形屋架;

⑫预制钢筋砼槽形板适用于槽板和槽形墙板;

⑬预制钢筋砼花格适用于花格和阳台花饰栏杆(空花、刀片);

⑭预制钢筋砼零星构件适用于天沟、烟囱、垃圾道、地沟盖板、檩条、垫头、压顶、窗台板、阳台隔断、架空隔热平板、架空隔热槽板、壁龛、粪槽、池槽、雨水管、厨房壁柜、搁板、井圈等;

⑮预应力钢筋砼屋架适用于屋架、托架;

⑯预应力钢筋砼梁适用于连系梁、T形吊车梁、过梁。

(2)构件运输及安装说明

①构件运输按下列分类进行计算,见表7.8。

表7.8　构件运输分类表

构件分类	构件名称
Ⅰ类	天窗架,档风架、侧板、端壁板、天窗上下档、及单体积在 0.1 m³ 以内小构件。预制水磨石窗台板、隔断板、池槽、楼梯踏步、花格等
Ⅱ类	空心板、实心板、6 m 以内的桩、屋面板、梁、吊车梁、楼梯段、槽板、薄腹梁等
Ⅲ类	6 m 以上至 14 m 梁、板、柱、桩、各类屋架、桁架、托架(14 m 以上另行处理)等

②预制矩形柱、工字形柱和管道支架按柱安装定额执行。

③栏杆安装执行小型构件安装定额。

④安装定额中未包括修路以及铺垫道木、钢板、钢轨等的辅设及维修工料费,如发生时另行计算。塔吊路基铺设按有关定额项目执行。

(3)灌浆说明

①预制构件接头灌缝是指安装时的座浆和安装后的接头灌缝,凡不需座浆及接头灌缝者,不得计算。

②空心板灌缝定额中已包括堵头工料,不另计算。

2)工程量计算规则

(1)现浇和预制构件　除定额注明按水平投影面积和延长米计算外,均按图示尺寸以 m^3 为单位计算,不扣除钢筋、铁件和面积在 $0.05\ m^2$ 以内的螺拴盒等所占的体积。

(2)现浇墙、板及预制板　均不扣除面积在 $0.3\ m^2$ 以内孔洞的体积,面积超过 $0.3\ m^2$ 的孔洞体积应予扣除,留孔所需的工料,定额已综合考虑,不另计算。

(3)基础

①无梁式满堂基础,其倒转的柱头(帽)应列入基础计算,肋形满堂基础的梁、板合并计算。

②框架式设备基础分别按基础、柱、梁、板计算工程量,执行相应定额项目。

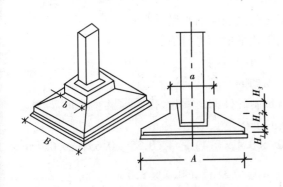

③砼高杯柱基(长颈柱基),高杯(长颈)部分的高度小于其横截面长边的三倍,则高杯(长颈)部分按柱基计算,高杯(长颈)高度大于其截面长边的三倍,则高杯(长颈)按柱计算。

④砼墙基的颈部高度小于该部分厚度五倍者,则颈部按基础计算,颈部高度大于该部分厚度5倍者,则颈部分按墙计算。

⑤计算承台工程量时,不扣除浇入承台的桩头体积。

图7.31　角锥形杯形基础

杯形基础(如图7.31所示)工程量的计算公式:

$$V_基 = ABH_1 + \frac{1}{3}H_2 \times (AB + \sqrt{ABab} + ab) + abH_3 - 杯孔体积$$

【例7.1】 试计算图7.32所示钢筋砼杯形基础工程量和细石砼二次灌浆工程量。

【解】 • 计算钢筋砼基础工程量

$$V_基 = (2 \times 2.2 \times 0.2)m^3 + \frac{1}{3} \times 0.35\ m \times (2 \times 2.2 + \sqrt{2 \times 2.2 \times 1.15 \times 1.35} +$$

$$1.15 \times 1.35)m^2 + (1.15 \times 1.35 \times 0.3)m^3 - \frac{1}{3} \times 0.65\ m \times (0.5 \times 0.7 +$$

$$\sqrt{0.5 \times 0.7 \times 0.55 \times 0.75} + 0.55 \times 0.75)m^2 =$$

$$(0.467 + 0.880 + 1.000 - 0.248)m^3 = 2.099\ m^3$$

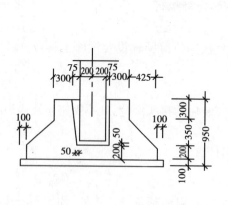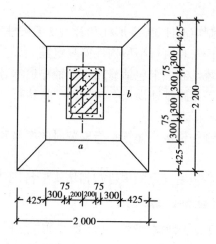

图 7.32 钢筋混凝土杯形基础

• 计算二次灌浆工程量

$$V_{灌} = 杯孔体积 - 柱脚体积 = 0.248\ m^3 - (0.4 \times 0.6 \times 0.6)m^3 = 0.104\ m^3$$

（4）柱　钢筋砼柱分为现浇柱和预制柱两类，现浇柱按矩形柱、异形柱、构造柱分项。预制柱按矩形柱、工字形柱、围墙柱等分项。

柱高的计算规定如下：

a. 有梁板的柱高，应以柱基上表面至上一层楼板上表面的高度计算；

b. 无梁楼板的柱高，应以柱基上表面至柱帽下表面的高度计算；

c. 有楼隔层的柱高，应以柱基上表面至梁上表面的高度计算；

d. 无楼隔层的柱高，应以柱基上表面算至柱顶面的高度计算。

附属于柱的牛腿，应并入柱身体积内计算。预制砼柱的工程量，按图示尺寸以 m^3 计算。

【例 7.2】　试计算图 7.33 钢筋砼工字形柱的工程量

【解】　$V_{柱} = (6.35 \times 0.6 \times 0.4)m^3 + (3.05 \times 0.4 \times 0.4)m^3 + (0.25 + 0.65)m \times 0.4\ m \times$

$$0.4\ m \div 2 - \frac{1}{3} \times 0.14\ m \times (0.35 \times 3.55 + 0.4 \times 3.6 +$$

$$\sqrt{0.35 \times 3.55 \times 0.4 \times 3.6})m^2 \times 2 = 1.709\ m^3$$

（5）梁

钢筋砼梁分现浇梁、预制梁和预应力梁 3 种。

梁高为梁底至梁顶面的距离。梁长：梁与柱连接时，梁长算至柱侧面，伸入墙内的梁头，应计算在梁的长度内；与主梁连接的次梁，长度算至主梁的侧面。现浇梁头处有现浇垫块者，垫块体积并入梁内计算。

圈梁带挑梁时，以墙的结构外皮为分界线，伸出墙外部分按挑梁计算；墙内部分按圈梁计算。

梁带宽度 30 cm 以内线脚者按梁计算。

现浇弧形梁、圈梁执行相应的梁和圈梁定额项目，人工乘以系数 1.2。

梁工程量计算公式为：

梁的体积 = 梁长 × 断面面积

（6）板

①现浇板　现浇板按有梁板、无梁板、平板等分项。

有梁板系指梁（包括主梁、次梁、圈梁除外）、板构成整体的构件,其梁板体积合并计算。

无梁板系指不带梁（圈梁除外）直接用柱支承的板,其柱头（帽）的体积并入楼板计算。

平板系指无梁（圈梁除外）直接由墙支承的板,其工程量按图示尺寸计算。

有多种板连接时,其各种板的分界线以相接处划分,如无明确的分界线,则以墙的中心线划分。伸入墙内的板头体积并入板内计算。

预制梁现浇平板楼（屋）面应按预制梁和现浇板分别计算。

梁带宽度 30 cm 以上线脚、圈梁带线脚或带遮阳板者,按有梁板计算。

②预制板　预制板按平板、空心板、槽形板、大型屋面板分项。预制板的工程量按实体积以 m³ 计算。

（7）墙　现浇墙按直形（按不同厚度）墙、挡土墙分项、工程量按实际体积以 m³ 计算。

（8）其他

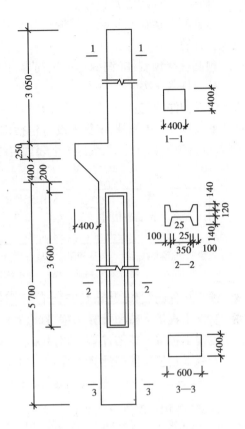

图 7.33　钢筋混凝土工字形柱

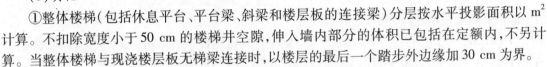

①整体楼梯（包括休息平台、平台梁、斜梁和楼层板的连接梁）分层按水平投影面积以 m² 计算。不扣除宽度小于 50 cm 的楼梯井空隙,伸入墙内部分的体积已包括在定额内,不另计算。当整体楼梯与现浇楼层板无梯梁连接时,以楼层的最后一个踏步外边缘加 30 cm 为界。

②螺旋型和艺术型楼梯（包括梁、休息平台、楼板）以水平投影面积计算。

③楼梯基础、栏杆、与地坪相连的砼（或砖）踏步和楼梯的支承柱按相应定额项目计算。

④砼台阶按水平投影面积计算。如台阶与平台连接时,其分界线以最上层踏步外边缘加30 cm 计算。台阶侧的梯带或花台另按相应定额项目计算。

⑤雨篷伸出墙外在 1.5 m 以内时,按伸出墙外的水平投影面积（包括牛腿和雨篷的反边）以 m² 计算。雨篷伸出墙外超过 1.5 m 时其梁板体积合并按有梁板以 m³ 计算。雨篷嵌入墙内部分,按相应定额项目另行计算。

⑥天沟（檐沟）、挑檐与屋面板与板连接时,以外墙皮为分界线;与梁、圈梁连接时,以梁、圈梁外皮为分界线,分别套用相应定额项目。

⑦小型池槽按实体积以 m³ 计算。支承池槽的砌体和抹灰另按相应定额项目计算。

⑧现浇梁、板、有梁板每超高 1 m 增加工料以层高计算,不足 1 m 按 1 m 计算。

⑨预制花格按外围尺寸以折算体积计算:每 10 m² 漏空花格折算为 0.5 m³ 砼。

⑩预制扶手以延长米计算,每 100 m 折合砼体积 1.46 m³,执行"零星构件"定额项目。

土建工程量计算

⑪预制构件运输安装：

组合屋架运输和安装工程量只计算构件中的砼部分以 m³ 计算,型钢部分按金属结构相应项目计算。

预制柱接预制柱(钢板焊或钢筋焊)的安装工程量,以上层预制柱的体积计算。

柱与柱基二次灌浆,柱与柱、柱与梁的接头灌缝工程量按接头个数计算,其余预制构件的接头灌缝以构件(不包括座浆、堵头、灌缝)体积计算。预制构件的制作、运输及安装工程量,除按设计图纸尺寸计算体积外,定额中没有包括构件的制作废品率、运输堆放和安装损耗率,计算工程量时,应按施工图纸计算后,再按下表规定的损耗率分别进行计算,见表7.9。

表7.9　预制构件损耗率表

名　　称	制作废品率/%	运输堆放损耗率/%	安装、打桩损耗率/%
各类预制砼构件	0.2	0.8	0.5
预制钢筋砼桩	0.1	0.4	1.5

说明:除预制柱、梁(不包括预制围墙柱、过梁)不计上述损耗外,其他预制砼构件一律按本表规定的损耗率计算。现场预制砼构件及桩一律不计算运输堆放损耗。

预制构件的制作、运输及安装工程量计算方法如下:

制作工程量 = 按图计算工程量×(1 +0.2% +0.8% +0.5%)

运输工程量 = 按图计算工程量×(1 +0.8% +0.5%)

安装工程量 = 按图计算工程量×(1 +0.5%)

3)钢筋砼构件中钢筋用量的计算

预算定额中,现浇、预制、预应力构件的定额项目均未包括钢筋及预埋铁件的用量,其工程量按施工图纸进行计算,执行"钢筋、预埋铁件制作安装"定额项目。

预制构件的吊钩,现浇构件中固定钢筋位置的支撑钢筋,双层钢筋用的"铁马",伸出构件的锚固钢筋均按钢筋计算,并入钢筋工程量。

(1)钢筋净用量的计算方法　钢筋工程量应按现浇构件、预制构件和预应力构件,区别不同构件形式(如单梁、过梁、平板、基础等)、钢筋的不同级别(如Ⅰ、Ⅱ、Ⅲ级等)、不同规格(指直径大小),分别以 t 为计量单位进行计算。

现将钢筋净用量计算的有关规定和计算方法介绍如下:

①一般规定

a. 钢筋类别:建筑工程常用钢筋类别见表7.10。

表7.10　钢筋类别表

级别	钢筋名称	代号	符号	直径范围/mm	外形
Ⅰ	3号钢筋	A₃	φ	6~40	光圆
Ⅱ	16锰钢筋	16Mn	⏉	6~60	人字纹
	20锰硅钢筋	20MnSi		6~40	
Ⅲ	25锰硅钢筋	25MnSi	⏊	6~40	人字纹
	25硅钛钢筋	25SiTi		6~40	

建筑工程定额与预算

级别	钢筋名称	代号	符号	直径范围/mm	外形
IV	44 锰二硅钢筋	44Mn₂Si		6～28	螺旋纹
	45 硅二钛钢筋	45Si₂Ti	田	6～28	
	45 锰硅钒钢筋	45MnSiV		6～28	
	5 号钢筋	A₅	#	10～40	人字纹

b. 钢筋保护层:为了使砼中的钢筋不致锈蚀,在受力钢筋的外边缘至构件的外表面间,需要一定厚度的砼来保护钢筋,此层砼称为钢筋保护层。根据设计规范要求,保护层的厚度应遵照表 7.11 的规定。

表 7.11　钢筋保护层最小厚度表

项次	构件名称			墙和板保护层厚度/mm
1	受力钢筋	墙和板	截面厚度 $h \leqslant 100$ mm	10
			截面厚度 $h > 100$ mm	15
2		梁和柱		25
3		基础	有垫层	35
			无垫层	70
4	箍筋与构造钢筋	梁和柱		15
5	分布钢筋	墙和板		10
6	钢筋端头	预制钢筋砼受弯构件		10

②钢筋质(重)量:钢筋工程量是按 kg 或 t 计算的。如果将不同直径钢筋的单位质(重)量(kg/m)先计算出来并列成表,在计算钢筋工程量时,就只需按照施工图纸和有关规定先算出钢筋的长度,以此长度乘以表中相应规格钢筋的单位质量,所得结果就是所要计算的钢筋工程量。

钢筋单位质(重)量计算公式如下:

$$\frac{D^2}{4}\pi \times 7\,850 = 单位质量$$

式中　D——钢筋直径,单位为 m;

7 850——钢材容重(即 7 850 kg/m³)。

③计算方法:计算钢筋工程量主要是计算不同规格的钢筋长度。钢筋长度应根据构件配筋图逐个抽出计算,然后求出各种不同规格钢筋的总长度,再乘以相应的钢筋单位长度重量,汇总后就是该构件的钢筋净用量。各种不同构件钢筋净用量之和,即为该单位工程的钢筋净用量。

计算钢筋长度时,应了解所算钢筋的类别以及砼保护层的厚度,并利用表格的形式进行。

【例 7.3】　试计算图 7.34 所示某工程预制 YL-1 矩形单梁的钢筋工程量(净用量)。YL-1 由 4 个编号的钢筋组成,按其形状可分为直筋、弯起钢筋和箍筋 3 种,其钢号类别均为 3 号钢

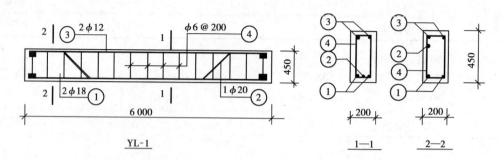

图 7.34　YL-梁配钢筋图(10 根)

(A_3),属 I 级钢筋。

【解】　直筋计算:

$$直筋长度 = 构件长度 - 两端砼保护层厚度$$

钢筋的理论质(重)量,按表 7.12 计算。

表 7.12　钢筋理论质(重)量表

直径/mm	2.5	3	4	5	6	6.5	8	10	12	14
单位量/(kg·m⁻¹)	0.039	0.055	0.099	0.154	0.222	0.260	0.395	0.617	0.888	1.208
直径/mm	16	18	20	22	25	28	30	32	36	40
单位量/(kg·m⁻¹)	1.578	1.998	2.466	2.984	3.850	4.834	5.549	6.313	7.990	9.865

图 7.34 中,直筋有①号 2ϕ18 的受拉钢筋和③号 2ϕ12 的架立筋,查表 7.11,钢筋端头砼保护层为 10 mm,它们的钢筋简图和钢筋计算长度为:

①号钢筋 6 000 mm $-$ 2 × 10 mm = 5 980 mm

③号钢筋 6 000 mm $-$ 2 × 10 mm = 5 980 mm

(2)弯起钢筋

弯起钢筋的计算长度 = 构件长度 $-$ 保护厚度 + 弯起增加长度

弯起钢筋的增加长度与弯起坡度有关,一般为 45°,当梁较高时,则为 60°,当梁较低时,为 30°。如图 7.35 所示利用这个关系,预先算出有关数据,如表 7.13 所示。只要知道弯起坡度和梁高,就能很快算出弯起钢筋增加长度。

如图 7.34 所示,②号钢筋 1ϕ20 是一根弯起钢筋。查表 7.11,钢筋端头砼保护层为 10 mm,受拉、压区、砼保护层各为 25 mm。

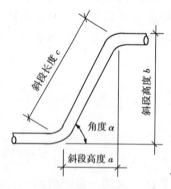

图 7.35　斜关系图

②号钢筋的计算简图(如图 7.36 所示)和计算长度为:

6 000 mm $-$ 2 × 10 mm + 0.414 × 400 mm × 2 = 6 312 mm

表 7.13　弯起钢筋增加长度系数表

弯起角度	$\alpha = 30°$	$\alpha = 45°$	$\alpha = 60°$
斜段长度 c	$2b$	$1.414b$	$1.155b$
斜段宽度 a	$1.732b$	$1b$	$0.577b$
增加长度 $c-a$	$0.268b$	$0.414b$	$0.578b$

注:b 为弯起高度,如图 7.35 所示应为弯起筋外皮之间的高度。

（3）箍筋

箍筋长度 = 箍筋的内周长 + 长度调整值

$$箍筋数量 = \frac{构件长度 - 砼保护层}{箍筋间距} + 1$$

箍筋长度调整值可按表 7.14 计算。

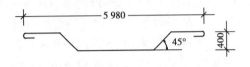

图 7.36　②号钢筋计算简图

表 7.14　箍筋长度调整值表

箍筋直径/mm	4	5	6	8	10	12
长度调整值/mm	70	80	100	130	160	200

图 7.34 中④号 $\phi6$ 箍筋间距为 200 mm,其钢筋简图见右图,计算长度和数量分别为:

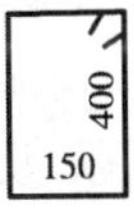

$$计算长度 = (150 + 400)\,mm \times 2 + 100\ mm = 1\,200\ mm$$

$$筋箍数量 = \frac{6\,000\ mm - 20\ mm}{200\ mm/根} + 1\ 根 \approx 31\ 根$$

实际工作中,一般按表 7.15 所列格式进行计算。

表 7.15　钢筋工程量(净用量)计算表

构件名称	筋号	简图	钢号	直径/mm	单根长度/mm	单件数量/根	总长度/mm	质(重)量/kg
预制 YL-1 矩形单梁 (共 10 根)	①	 5 980	ϕ	18	5 980 + 18 × 6.25 × 2	2	124.10	247.95
	②	 6312	ϕ	20	6 312 + 20 × 6.25 × 2	1	65.62	161.82
	③	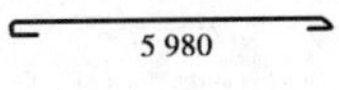 5 980	ϕ	12	5 980 + 12 × 6.25 × 2	2	122.60	108.87
	④	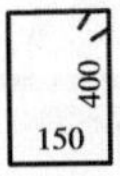 400 / 150	ϕ	6	1 200	31	372.00	82.58
		小计						601.22

④钢筋消耗量的计算　钢筋消耗量是指为制作某种钢筋砼构件而需消耗的钢筋总量。包括构件中的钢筋净用量,钢筋制作损耗和钢筋的搭接用量(含搭接需做的弯钩)。

钢筋消耗量的计算应按构件制作的方式(如现浇、预制、预应力等)及预应力筋的不同分别计算。其计算公式如下:

现浇构件钢筋消耗量 = 按图计算的净用量 ×(1 + 8%)

预制构件钢筋消耗量 = 按图计算的净用量 ×(1 + 7%)×(1 + 构件损耗率)

采用标准图的预制构件钢筋消耗量 = 按图计算净用量 ×(1 + 2%)×(1 + 构件损耗率)

先张法预应力构件钢筋消耗量 = 按图计算的净用量 ×(1 + 6%)×(1 + 构件损耗率)

后张法预应力构件钢筋消耗量 = 按图计算的净用量 ×(1 + 10%)×(1 + 构件损耗率)

吊车梁预应力钢筋消耗量 = 按图计算的净用量 ×(1 + 13%)

预应力钢丝(ϕ5 以内的高强钢丝)和钢丝束消耗量 = 按图计算的净用量 ×(1 + 9%)

如例 7.3 中 10 根预制 YL-1 梁的钢筋消耗量为:

601. 22 kg ×(1 + 7%)×(1 + 1.5%) = 652.95 kg

7.2.6　金属结构工程主要计算规则及计算公式

1)金属结构制作计算规则

金属结构制作项目是按施工企业附属加工车间和现场加工条件综合考虑的,不适合于金属结构加工厂。主要计算规则如下:

①金属结构制作工程量,按理论质量以 t 计算　型钢按施工图纸的规格尺寸计算(不扣除孔、眼、切肢、切边等的质量),钢板按几何图形的外接矩形计算(不扣除孔、眼质量),螺拴及焊缝质(重)量已包括在定额内,不另计算。

②计算钢柱制作工程量时,依附于柱上的牛腿及悬臂梁的主材质(重)量,应并入柱身主材内。

2)金属构件运输计算规则

金属构件运输定额规定只适用于自制加工的钢门和金属结构构件,商品钢门窗运输费不得套用该部分定额。构件运输定额中已考虑了一般运输支架的摊销费,不另计算。构件运输按表 7.16 进行分类计算。

金属结构构件运输工程量,按制作工程量增加 1.5% 的焊缝质(重)量计算。

表7.16　金属构件运输分类表

类别	构 件 名 称
I	钢柱、屋架、托架梁、防风桁架
II	吊车梁、制动梁、型钢檩条、钢支撑、上下档、钢拉杆、栏杆、盖板、垃圾出灰门、倒灰门、蓖子、爬梯、零星构件、平台、操作台、走道休息台、扶梯、钢吊车梯台、烟囱紧固箍
III	墙架、挡风架、天窗架、组合檩条、轻型屋架、滚动支架、悬挂支架、管道支架

建筑工程定额与预算

3）金属结构构件安装计算规则

金属结构构件安装工程量等于运输工程量。钢门窗安装中，除密闭门、推拉门、折叠门、厂库房平开大门、钢管铅丝网门、铁栅门、射线防护门按扇外围面积以 m^2 计算外，其余均按框外围面积以 m^2 计算。

4）铝合金制品计算规则

铝合金门窗、间壁、幕墙的制作、安装工程量，按框外围面积以 m^2 计算。间壁带门、幕墙带窗时，应扣除门窗框外围面积。

铝合金天棚、地板制作、安装工程量按实铺面积以 m^2 计算。

铝合金栏杆、扶手、栏板的制作、安装工程量按延长米计算。

金属卷闸门安装工程量按两边槽外皮间的距离乘以下框下皮至边槽顶端的长度再加 50 cm 计算。

7.2.7　木结构工程主要计算规则及计算公式

木结构工程主要包括木门窗制作、安装，木装修、间壁墙，天棚，木楼地楞及木地板、屋架等分项。

1）木门窗计算规则

①各种门、窗的制作安装工程量按框外围面积以 m^2 计算（玻璃间壁除外），无框者，按扇外围面积计算。

②定额项目内已包括窗框披水条工料，不另计算。如设计规定窗扇设披水条时，另按披水条定额以延长米计算。

③门窗框上钉贴脸板按图示尺寸以延长米计算。

④木门、窗半成品运输定额项目包括框和扇的运输，工程量按框外围面积计算。若单运框或单运扇时，定额项目乘以系数 0.5。

⑤一樘窗上部为半圆窗，下部为矩形窗时，其工程量应分别计算，以其横挡上表面为分界线。

2）木装修及其他计算规则

①木窗台板按 m^2 计算。如图纸未注明窗台板长度和宽度时，可按窗框外围宽度两边共加 10 cm 计算，凸出墙面的宽度按墙外皮加 5 cm 计算。

②窗帘盒按图示尺寸以延长米计算。

③挂镜线按延长米计算，如与门窗贴脸或窗帘盒连接时，应扣除门窗贴脸和窗帘盒所占的长度。

④木搁板、木盖板按图示尺寸以 m^2 计算。

3）间壁墙计算规则

①间壁墙、护壁及墙裙的工程量，均按墙的净长乘净高以 m^2 计算，应扣除门窗所占的面积，但不扣除 $0.3\ m^2$ 以内的孔洞面积。

②厕所、浴室隔断，其高度自下横挡底面算至上横挡顶面，以 m^2 计算。门扇面积并入隔断面积内计算。

③玻璃间壁墙以 m² 计算。高度以上横挡上皮算至下横挡下皮,宽度以两边立挺外皮距离计算,扣除门窗框外围所占的面积和 0.3 m² 以上的孔洞面积。

4)天棚计算规则

天棚楞木及其面层的工程量,按墙与墙间净面积以 m² 计算,不扣除间壁墙,检查孔,穿过天棚的柱、垛和附墙烟囱所占的面积。天棚检查孔的工料已包括在定额项目内,不另计算。檐口天棚按相应的楞木及面层定额项目计算。

5)木楼地楞及木地板计算规则

①木楼地楞及其面层的工程量按墙与墙间净面积以 m² 计算。不扣除间壁墙,穿过木地板的柱、垛和附墙烟囱等所占的面积,但门和空圈的开口部分亦不增加。

②木楼地楞定额项目内已包括剪刀撑、平撑、游沿木、木砖、不另计算。定额项目"木地板铺在小木楞上"已包括小木楞在内,不另计算。

③木踢脚板工程量以 m² 计算,不扣除门洞口和空圈处的长度,但侧壁部分亦不增加。柱的踢脚板工程量应合并计算。

④木楼梯工程量按水平投影面积计算,不扣除宽度在30 cm 以内的楼梯井所占的面积。定额内已包括踢脚板、平台及伸入墙内部分的工料,不另计算。

⑤楼梯栏杆和扶手工程量全部按水平投影长度(不包括伸入墙内部分的长度)乘以系数 1.15,以延长米计算。

6)屋架工程量计算规则

①屋架按竣工木料以 m³ 计算,其后备长度及配制损耗均已包括在定额内,不另计算。附属于屋架的木夹板、垫木、风撑与屋架连接的挑沿木,均按竣工木材计算后并入相应的屋架内。与圆木屋架相连接的挑沿木、风撑等如为方木时,应乘以系数 1.563 折合成圆木并入圆木屋架竣工木材材积内。

②单独的挑沿木按方檩木计算。

③带气楼屋架的气楼部分及马尾、折角和正交部分的半屋架并入相连接的正屋架竣工材积计算。

④檩条按竣工材积以 m³ 计算,檩条垫木或钉在屋架上的檩托木,已包括在定额内,不另计算,檩条长度按设计规定计算,檩条搭接长度按全部连续檩木总体积的5%计算。

⑤屋面木基层工程量按斜面积以 m² 计算,不扣除附墙烟囱、通风孔、通风帽底座、屋顶小气窗和斜沟的面积。天窗挑沿与屋面重叠部分按设计规定增加。

⑥封檐板工程量按延长米计算,博风板按斜长计算,有大刀头者,每个大刀头增加长度50 cm 计算。

计算木屋架时,应根据屋架的不同类型、跨度,分别确定出各杆件的长度,然后按公式计算所需材积。

各型木屋架示意图如图 7.37 所示。

各型木屋架杆件计算长度如表 7.17 所示。

屋架跨度是指屋架上下弦中心线交点之间的长度,以 L 表示。

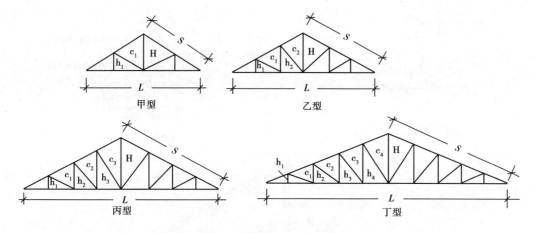

图 7.37 各型木屋架示意图

表 7.17 木屋架杆件长度系数表

杆件号	甲型		乙型		丙型		丁型	
	26°34′	30°00′	26°34′	30°00′	26°34′	30°00′	26°34′	30°00′
S	0.559	0.577	0.559	0.577	0.559	0.577	0.559	0.577
H	0.25	0.289	0.25	0.289	0.25	0.289	0.25	0.289
H_1	0.125	0.114	0.083	0.096	0.063	0.072	0.05	0.058
H_2			0.167	0.192	0.125	0.144	0.10	0.116
H_3					0.188	0.216	0.15	0.173
H_4							0.20	0.231
C_1	0.28	0.289	0.186	0.192	0.139	0.144	0.112	0.116
C_2			0.236	0.254	0.177	0.191	1.141	0.153
C_3					0.226	0.25	0.18	0.20
C_4							0.224	0.252

注:杆件长度 = L × 系数

【例7.4】 试计算如图7.38所示甲型五分水木屋架的竣工材积。

【解】 ●原木计算见表7.18。

表 7.18 原木计算表

名称	尾径/cm	长度/m	单根体积/m³	量数/根	材积/m³
下弦	φ15	7 + 0.5 = 7.5	0.241	1	0.241
上弦	φ13.5	3.5 × 1.118 = 3.913	0.082	2	0.164
竖杆	φ10	3.5 × 0.25 = 0.875	0.008	2	0.016
斜杆	φ11	3.5 × 0.56 = 1.96	0.025	2	0.050
托木	φ12	1.7	0.022	2	0.044
合计					0.515

注:①杉原木材积按 LY104—60 杉原木材积表计算;

②径级以2 cm 为增进单位,不足2 cm 时,凡满1 cm 的进位,不足1 cm 的舍去;

③长度按0.2 m 进位。

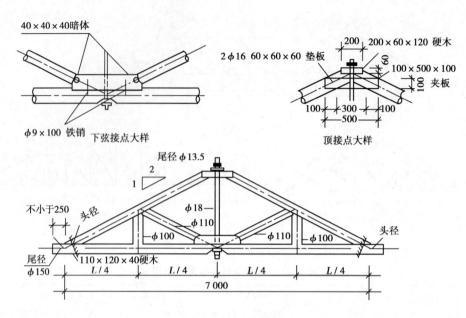

图 7.38　木屋架

计算式为：$V = 0.0001 \times \dfrac{\pi}{4} L \times \left[(0.025L + 1) \times D^2 + (0.37) \times D + 10 \times (10 \times (L-3)) \right]$

式中　V——材积，m^3；

　　　L——材长，m；

　　　D——原木小头直径，cm。

建筑工程定额与预算

- 枋料计算

顶点夹板	$0.50\ m \times 0.10\ m \times 0.10\ m \times 2 = 0.01\ m^3$
顶点硬木	$0.20\ m \times 0.12\ m \times 0.06\ m = 0.0014\ m^3$
下　　弦	$0.15\ m \times 0.20\ m \times 0.12\ m = 0.0036\ m^3$
小　　计	$0.015\ m^3$
枋料折成原木	$0.015\ m^3 \times 1.563 = 0.023\ m^3$
竣工原木材积	$0.515\ m^3 + 0.023\ m^3 = 0.538\ m^3$

7.2.8　楼地面工程主要计算规则及公式

楼地面工程主要包括垫层、防潮层、找平层、整体面层、块料面层等分顶。

1）垫层

垫层的作用是把荷载传递至地基上。地面垫层以地面面层面积（扣除只作地面面层的沟道所占的面积）乘以垫层厚度以 m^3 计算。其计算式为：

$$V_{垫} = \left[S_底 - (L_中 \times 墙厚 + L_内 \times 墙厚) - 沟道等 \right] \times 垫层厚$$

基础垫层按图示尺寸以 m^3 计算。其计算式为：

$$V_{墙基垫} = L_中 \times 垫层断面 + L'_内 \times 垫层断面 + 垛等垫层体积$$

$$V_{柱基垫} = 垫层长 \times 垫层宽 \times 垫层厚$$

式中 $L'_内$——内墙垫层净长。

2）面层和找平层

面层和找平层按墙与墙间的净面积计算,应扣除凸出地面的构筑物、设备基础、室内铁道和不作面层的地沟盖板等所占的面积。不扣除柱、垛、间壁墙、烟囱及 0.3 m^2 以内孔洞所占的面积,但门洞空圈开口部分亦不增加。

3）防潮层

防潮层按不同作法,分平面、立面以 m^2 计算。平面防潮层同面层面积。墙基防潮层:外墙按外墙中心线长度乘宽度,内墙按内墙净长度乘宽度,以 m^2 计算。墙面防潮层按图示尺寸,不扣除 0.3 m^2 以内孔洞,以 m^2 计算。

4）变形缝

各类变形缝按不同用料分别以延长米计算。变形缝如内外双面填缝者,工程量按双面计算。

5）楼梯面层

水泥砂浆、水泥豆石浆及水磨石楼梯面层以水平投影面积(包括踏步、休息平台、锁口梁、不包括伸入墙内部分)计算。定额内已包括踢脚线工料,不得另算。楼梯井宽在 50 cm 者不扣除。其计算公式为:

$$S_{梯面} = 一层楼梯水平投影面积 \times 楼层数$$
$$楼层数 = 层数 - 1$$

6）台阶、散水等

水泥砂浆台阶、水磨石台阶、马赛克台价、防滑坡道面层均按水平投影面积计算(不包括梯带、花池等),其垫层另列项目以 m^3 计算,按相应垫层定额项目执行。散水按实铺面积以 m^2 计算。其计算公式为:

$$S_{散} = [L_外 - (台阶 + 坡道 + 花台等)] \times 散水宽 + 4 \times 散水宽 \times 散水宽$$

明沟以延长米计算,其挖填土石方按土石方分部相应定额项目执行。其计算式为:

$$L_沟 = L_外 + 8 \times (檐宽 + 0.5 沟宽) = L_外 + 8 \times 檐宽 + 4 \times 沟宽$$

台阶剁假石以展开面积计算,按地面剁假石定额项目执行。

踢脚线以 m^2 计算(楼梯除外),不扣除门洞及空圈所占的面积,但门洞、空圈的侧壁亦不增加。其计算公式为:

$$S_{踢} = (L_中 + L_内 \times 2 - 楼梯间内周长) \times 踢脚线高 \times 层数$$

7.2.9 屋面工程主要计算规则及公式

屋需工程主要包括瓦屋屋面、卷材屋面、刚性屋面、屋面保温层、屋面排水等分项。

1）瓦屋面

瓦屋面按图示尺寸的水平投影面积乘以坡度延尺系数以 m^2 计算(如图 7.39 所示)。不扣除房上烟囱、风帽底座、风道、屋面小气窗和斜沟等所占面积,但屋面小气窗出檐与屋面重叠部分的面积亦不增加。天窗出檐与屋面重叠部分的面积,应并入屋面工程量内计算。计算公

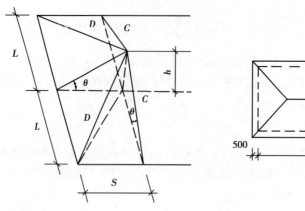

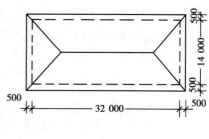

图 7.39　延尺系数 C 隔延尺系数 D 示意图　　　图 7.40　屋面平面图

式为：

$$S_{瓦} = (S_{屋} + L_{外} \times 檐宽 + 4 \times 檐宽 \times 檐宽) \times 延尺系数$$

式中　$S_{屋}$——屋面水平投影面积。

延尺系数见表 7.19。

【例 7.5】　试计算图 7.40 所示瓦屋面工程量。已知屋面坡度的高跨比为 1/4（即 $\theta = 26°34'$）

【解】　●查表 7.19,屋面延尺系数 $C = 1.118\ 0$

表 7.19　屋面坡度延尺和隔延尺系数表

坡　度			延尺系数 $C(A=1)$	隔延尺系数 $D(A=1)$
$B(A=1)$	$B/2A$	角度(θ)		
1	1/2	45°	1.414 2	1.732 1
0.75		36°52′	1.250 0	1.600 8
0.70		35°	1.220 7	1.577 9
0.666	1/3	33°40′	1.201 5	1.562 0
0.65		33°01′	1.192 6	1.556 4
0.60		30°58′	1.166 2	1.536 2
0.577		30°	1.154 7	1.527 0
0.55		28°49′	1.141 3	1.517 0
0.50	1/4	26°34′	1.118 0	1.500 0
0.45		24°14′	1.096 6	1.483 9
0.40	1/5	21°48′	1.077 0	1.469 7
0.35		19°17′	1.059 4	1.456 9
0.3		16°42′	1.044 0	1.445 7
0.25		14°02′	1.030 8	1.436 2
0.2	1/10	11°19′	1.019 8	1.428 3
0.15		8°32′	1.011 2	1.422 1
0.125		7°8′	1.007 8	1.419 1
0.1	1/20	5°42′	1.005 0	1.417 7
0.083		4°45′	1.003 5	1.416 6
0.066	1/30	3°49′	1.002 2	1.415 7

建筑工程定额与预算

- 计算屋面工程量

$$S_{瓦} = (32 + 0.5 \times 2)\text{m} \times (14 + 0.5 \times 2)\text{m} \times 1.118 = 553.41 \text{ m}^2$$

2）卷材屋面

卷材屋面按实铺面积以 m^2 计算，不扣除房上烟囱、风帽底座、风道、斜沟、变形缝等所占面积，但屋面山墙、女儿墙、天窗变形缝、天沟等弯起部分以及天窗出檐与屋面重叠部分应按图示尺寸（如无图纸规定时，女儿墙和缝弯起高度可按 25 cm，天窗可按 50 cm）计算，并入屋面工程量。上述各部位的附加层所用工料，均已包括在定额内，不另计算。计算公式为：

$$S_{卷} = (S_{屋} + L_{外} \times 檐宽 + 4 \times 檐宽 \times 檐宽) \times 延尺系数 + 弯起部分面积$$

3）屋面保温层

屋面保温层按图示尺寸以 m^3 计算。

4）刚性屋面

刚性屋面按实铺水平投影面积以 m^2 计算。泛水和刚性屋面变形缝等弯起部分或加厚部分，已包括在定额内。挑出墙外的出檐和屋面天沟，应按相应定额项目计算。

5）铁皮排水及水落管

铁皮排水项目以图纸尺寸按展开面积计算。如图纸无规定时，可按铁皮排水单体零件工程面积折算表计算，见表 7.20。

表 7.20　铁皮排水单体零件工程面积折算表

项目名称	天沟 /(m²·m⁻¹)	斜沟、天窗窗台、泛水 /(m²·m⁻¹)	天窗侧面泛水 /(m²·m⁻¹)	烟囱泛水 /(m²·m⁻¹)	通气管泛水 /(m²·m⁻¹)	滴水檐头泛水 /(m²·m⁻¹)	滴水 /(m²·m⁻¹)
折算面积	1.30	0.50	0.70	0.80	0.22	0.24	0.11

石棉水泥水落管、铸铁水落管按水斗下口到室外地坪的垂直高度以延长米计算；石棉水泥檐沟以实际安装的水平长度以延长米计算；石棉水泥水斗、铸铁落水口、铸铁弯头按个计算。

7.2.10　装饰工程主要计算规则及计算公式

装饰工程可分为抹灰，油漆涂料和镶贴面层三大部分。

抹灰按使用材料和装饰效果，可分为一般抹灰和装饰抹灰两类。一般抹灰包括石灰砂浆、水泥砂浆、混合砂浆、纸筋灰浆等。装饰抹灰包括水刷石、剁假石、干粘石、水磨石、墙面拉毛等。抹灰按工程部位可分为墙面抹灰、天棚抹灰及其他抹灰。

一般抹灰按建筑物的标准、操作工序和质量要求分为三级，即普通抹灰、中级抹灰和高级抹灰。

抹灰工程的工程量除另有规定者外均按结构尺寸以 m^2 计算，有保温隔热、防潮层者按其外表面尺寸以 m^2 计算。

1）天棚抹灰

天棚抹灰面积，以墙与墙间的净空面积计算，不扣除间壁墙、垛、附墙烟囱、检查洞、天棚装饰线脚、管道以及 0.3 m² 以内的通风孔、灯槽等所占的面积。槽形板底、砼折瓦板底、有梁板底、密肋板底、井字梁板底抹灰工程量按表 7.21 规定乘以系数计算。檐口天棚的抹灰,并入相同的天棚抹灰工程量内计算。天棚抹灰如带有装饰线角者,分别按三道线以内或五道线以内,以延长米计算(线脚的道数以每一个突出的棱角为一道线)。

楼梯底面的抹灰工程量(包括楼梯休息平台)按水平投影面积计算后乘以规定的系数,有斜平顶的乘以 1.1,无斜平顶(锯齿形)的乘以 1.5,执行天棚抹灰定额。

表 7.21 抹灰工程量系数表

项目	系数	工程量计算方法
槽形板底、砼折瓦板底	1.30	
有梁板底	1.10	梁肋不展开,以长×宽计算
密肋板底,井字梁板底	1.50	

2)内墙面抹灰

内墙面抹灰的长度,以墙与墙间的图示净尺寸计算,其高度计算规定如下:

无墙裙的,其高度以室内地坪面至板底面计算;有墙裙的,其高度以墙裙顶点至板底面计算;吊顶天棚,其高度以室内地坪面(或墙裙顶点)至天棚下皮另加 20 cm 计算。

内墙裙和内墙面的抹灰面积,应扣除门窗框外围和空圈所占的面积,不扣除踢脚板、挂镜线、0.3 m² 以内的孔洞和墙与梁头交接处的面积,但门窗洞口、空圈侧壁和顶面亦不增加。垛的侧面抹灰合并在内墙面抹灰工程量内。其计算公式为:

$$S_{内抹} = L'_内 × 抹灰高度 - (门窗洞口 + 空圈面积 + 0.3 \text{ m}^2 \text{ 以上孔洞面积}) +$$
$$垛侧面抹灰面积 - 内墙裙面积$$

式中　$S'_{内裙}$ = 内墙裙抹灰净长度 × 墙裙高度;

　　　$S'_{内裙}$ = 内墙群面积;

　　　$L'_内$ —— 墙与墙间净长度。

3)外墙面抹灰

外墙面和外墙裙抹灰,应扣除门窗洞口、空圈和 0.3 m² 以上孔洞所占的面积。门窗洞口、空圈侧壁(不带线者)、顶面和垛的侧面抹灰合并在墙面抹灰工程量内计算。

挑檐、天沟、腰线、栏杆、栏杆柱、栏板、扶手、压顶、门窗套、窗台板、阳台线、雨篷线、洗手池、遮阳板抹灰均以展开面积计算,套用零星抹灰定额项目。

独立柱和单梁等的抹灰,按结构设计尺寸(有保温隔热、防潮层者,按外表尺寸)以 m² 计算。

水泥黑板和玻璃黑板按框外面积计算。黑板边框抹灰、油漆及粉笔灰槽已考虑在定额内,不另计算。

4)墙面镶贴块料面层和贴壁纸

墙面镶贴块料面层(如磁砖、陶瓷锦砖、面砖、大理石板、预制水磨石板、拼碎大理石板、花岗石板等)、贴壁纸按图示尺寸的实铺面积计算。镶贴面层中的加浆勾缝的灰缝不扣除,勾缝的工料也不增加。

5）油漆、涂料

木材面油漆,按不同油漆种类和刷油部位,分别计算工程量后乘以定额规定的系数。

金属面油漆,按刷油部位分别计算工程量,并乘以定额规定的系数。

抹灰面刷油漆、涂料的工程量,可按相应的抹灰工程量计算。

7.2.11 构筑物工程主要计算规则及计算公式

构筑物工程包括烟囱、烟道、水塔、贮水(油)池、贮仓、窨井及化粪池、室外排水管道等。

1）烟囱

烟囱基础工程量,按图示尺寸以 m^3 计算。基础与筒身的分界线:砖基础与砖筒身,以砖基础大放脚的扩大顶面为界,砖基础以下的砼及钢筋砼底板,按相应定额项目计算。钢筋砼烟囱基础,包括基础底板和筒座,筒座以上为筒身。

烟囱筒身,不论圆形、方形均按图示不同厚度、不同材料分段计算。每段烟囱的体积等于平均中心线周长乘筒壁厚度再乘每段筒身的高度,再加牛腿的体积,并扣除筒身各种孔洞(砖烟囱扣除砼圈梁、过梁)的体积。其计算公式如下(圆烟囱):

$$V = \sum hC\pi D$$

式中　V—— 筒身体积;

　　　h—— 每段筒身垂直高度;

　　　C—— 每段筒壁厚度;

　　　D—— 每段筒身平均中心线的直径。

砖烟囱内的砼圈梁和过梁,按实体积计算,圈梁按本分部"砼圈梁、压顶"定额执行,过梁按砼及钢筋砼分部相应定额项目执行。

【例7.6】 试计算图7.41所示圆形砖烟囱筒身工程量(已知下口中心直径为2.00 m)。

【解】 •计算烟囱各段中心线直径

$(2.00 + 1.65)$ m $\div 2$m $= 1.825$ m 　　(下段)

$(1.70 + 1.40)$ m $\div 2$m $= 1.55$ m 　　(中段)

$(1.45 + 1.10)$ m $\div 2$m $= 1.275$ m 　　(上段)

•计算各段体积

$V_1 = 3.141\ 6 \times 1.825$ m $\times 10$ m $\times 0.25$ m $= 14.33$ m^3 　(下段)

$V_2 = 3.141\ 6 \times 1.55$ m $\times 10$ m $\times 0.20$ m $= 9.74$ m^3 　(中段)

$V_3 = 3.141\ 6 \times 1.275$ m $\times 10$ m $\times 0.15$ m $= 6.01$ m^3 　(上段)

•计算筒身全部工程量

$V = V_1 + V_2 + V_3 = (14.33 + 9.74 + 6.01)$ m$^3 = 30.08$ m^3

烟囱内衬按不同种类以实体积计算,并扣除各种孔洞所占的体积。烟囱内隔绝层的填充材料按内衬与筒身之间的体积计算,并扣除各种孔洞占的体积,但不扣除连接横砖及防沉带的体积,填料人工已包括在内衬定额内,填充材料另行计算。

烟道按不同砌体以 m^3 计算,与炉体的划分以第一道闸门为准,在炉体内的烟道应列入炉

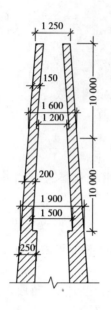

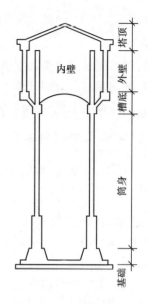

图7.41 砖烟囱示意图　　　　图7.42 水塔构造示意图

体工程量内。

砖烟囱脚手架按"座"计算,筒身高度从室外地面标高算至烟囱顶部。地面以下部分脚手架已包括在定额内,不得计算。

2)水塔

水塔的构造分为基础、塔身和水箱三大部分。另外还有铁梯、回廊及平台、水塔配管、避雷装置等设施。水箱又由水箱底,水箱壁、水箱顶组成。塔身的结构形式有筒式和柱式两种,砼塔身多为柱式,砖砌塔身则为筒式。

水塔预算定额是按基础、塔身、水箱顶和水箱底、水箱壁、水塔回廊及平台等划分项目的,其他与房屋建筑类似的项目,均按有关分部的定额项目执行。水塔构造如图7.42所示。

水塔基础和烟囱基础基本相同,常做成满堂式或环形台阶式基础,可用不同的材料砌筑。水塔基础定额一般是按钢筋砼基础确定的,如采用砖基础、毛石基础、砼及毛石砼基础时,可套用烟囱基础定额项目。

基础与塔身的分界:砖水塔以砖基础大放脚的扩大顶面为界;砼筒式塔身以筒座上表面或基础底板上表面为界;砼柱式(框架式)塔身以柱脚与基础底板或梁顶为界。与基础板相连接的梁并入基础内计算。

计算环形台阶水塔基础工程量时,应将各层圆环的体积相加,每层圆环体积计算公式为:

$$V = \pi h(R_1^2 - R_2^2)$$

式中　　V——圆环体积;

　　　　R_1——圆环外皮半径;

　　　　R_2——圆环内皮半径;

　　　　h——圆环高。

塔身与水箱的分界以水箱底相连接的圈梁下皮为界。圈梁底皮以上为箱底,圈梁底皮以下为塔身。

建筑工程定额与预算

砼筒式塔身,应扣除门窗框外围体积,依附于塔身的过梁、雨篷、挑檐等工程量,并入塔身体积内;柱式塔身,不分柱(直柱或斜柱)、梁合并计算。

砖塔身不分厚度、直径以 m³ 计算,应扣除门窗框外围的体积和砼构件所占的体积。砖碳及砖出檐等并入塔身体积,砖砌碳胎板的工料,不另计算。

水箱一般用钢筋砼制成,它是由箱顶、箱底、内壁、外壁及圈梁(环梁)组成。其形式有圆锥形和球形,其构造如图 7.43、图 7.44 所示。

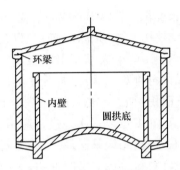

图 7.43　水箱构造示意图

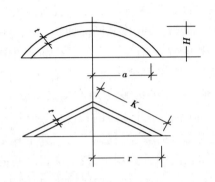

图 7.44　圆锥形、球形塔顶及箱底示意图

砼水箱顶、底及挑出的斜壁,不分形式,均按图示尺寸以实体积计算。

圆锥形、球形塔顶及箱底工程量计算公式为:

圆锥形:　　　　　　　　$V = \pi r K t$

球　形:　　　　　　　　$V = \pi(a^2 + H^2)t$

式中　r—— 圆锥底面半径;

　　　a—— 球形底面半径;

　　　H—— 高;

　　　t—— 厚度;

　　　K—— 圆锥斜高。

水箱壁按图示尺寸以 m³ 计算,依附于水箱壁的柱、挑檐梁等均并入水箱壁的体积内计算。水箱壁的高度按塔顶圈梁下皮至水箱底圈梁上皮计算。

7.3　运用统筹法计算工程量

每一单位工程的施工图预算都要列出几十项,甚至百余项的分项工程项目。无论是按照预算定额顺序计算工程量,还是按照施工顺序计算工程量,都难以充分利用项目之间数据的内在联系,及时地编出预算,而且还容易出现漏项、重算和错算。为了及时准确地编出预算,运用统筹法原理,统筹安排工程量计算程序,可以提高预算质量,加快预算编制速度。

7.3.1 运用统筹法计算工程量的原理和基本要点

1）统筹法计算工程量的原理

统筹法是一种用来研究、分析事物内部固有规律及相互间依赖关系,从全局的角度,合理安排工作顺序,明确工作重心,以提高工作质量和效率的科学管理方法。

根据统筹法原理,对工程量计算全过程进行分析,可以看出各分项工程量之间具有各自的特点,也存在着内在的联系。如地槽挖土、墙基垫层、基础砌筑、墙基防潮、地圈梁、墙体的砌筑等分项工程,都要计算长度和断面面积。而所有这些长度都与外墙中心线的长度($L_中$)以及内墙净长线的长度($L_内$)有关。又如平整场地、楼地面垫层、找平层、防潮层、面层,以及天棚和屋面等分项工程都和底层建筑面积(S)有关。再如外墙抹灰、勾缝、勒脚、明沟、散水以及封檐板分项工程,都和外墙外边线($L_外$)有关。从以上所列举的分项可以看出,各分项工程量的计算都各有特点,但都离不开墙体的长度(线)和底层建筑面积(面)。"线"和"面"是计算许多分项工程量的基数,在单位工程施工图预算工程量的计算中,要反复多次地进行应用。因此,根据预算定额和工程量计算规则,找出项目之间的内在联系,运用统筹法原理,统筹安排计算程序,从而把繁琐的工程量计算加以简化,总结出工程量计算统筹图。实践证明,运用统筹法计算工程量,可使工作达到简便、迅速、准确的要求。

2）统筹法计算工程量的基本要点

运用统筹法计算工程量的基本要点是:统筹程序,合理安排;利用基数,连续计算;一次算出,多次使用;结合实际,灵活机动。

(1)统筹程序,合理安排 工程量计算程序的安排是否合理,关系着预算工作效率的高低快慢。过去预算工程量的计算,大多数是按施工顺序或定额顺序逐项进行计算,预制构件则按图纸顺序一张一张地计算。按统筹法计算,突破了这种习惯的计算方法。例如,卷材防水屋面工程量计算,共有屋面保温层、找平层、防水层三个分项工程。

按施工顺序和定额顺序计算,工程量计算次序是:

$$①\underset{长×宽×平均厚}{屋面保温层(m^3)} → ②\underset{长×宽}{屋面找平层(m^2)} → ③\underset{长×宽}{屋面防水层(m^2)} → ④$$

按统筹法计算工程量计算程序是:

$$①\underset{长×宽}{屋面防水层(m^2)} → ②\underset{长×宽×平均厚}{屋面保温层(m^3)} → ④$$
$$③\underset{长×宽}{屋面找平层(m^2)}$$

从上面的计算次序可以看出,运用统筹法计算工程量,可以避免重复计算,加快速度。

(2)利用基数,连续计算 基数就是计算分项工程量时重复利用的数据,这些数据在工程量计算中起到依据作用。运用统筹法计算工程量的基数是"三线"和"一面"。

"三线"即为外墙中心线($L_中$)、内墙净长线($L_内$)和外墙外边线($L_外$)。

"一面"即为底层建筑面积(S)。

利用基数连续计算,就是根据设计图纸尺寸先计算出"三条线"的长度和"一个面"的面积作为基数,然后利用这些基数分别计算有关分项工程的工程量。利用基数把有关的计算项目集中起来计算,使前面项目的计算结果能应用于后面的计算中,从而减少重复劳动。

基数常常是若干个,如果基础断面、墙身厚度、墙身高度或砂浆标号不同,则外墙中心线和内墙净长线按图纸情况划分为若干个。如果外墙抹灰的材料部位、墙高等不同,则外墙外边线也应该划分为若干个。楼层建筑面积不同,则底层建筑面积也必须划分为若干个。

(3)一次算出,多次使用 就是把在工程量计算中,凡是不能用"线"、"面"基数进行连续计算的项目,如常用的一些标准预制构件和标准配件的分项工程量,以及经常用到的系数,如砖基础的折加高度、人工挖地槽的断面面积、屋面坡度系数等等,预先集中一次算出,汇编成计算土建工程量手册,供计算工程量时使用,根据设计图纸中有关项目的数据,乘上手册中的有关数量或系数,得出所需要的分项工程量。

表7.22是手册中G133基础梁编制的手册资料。下面举例说明手册的使用方法。

表7.22　钢筋混凝土基础梁　　　　　　　　　　　　　　　　　　　　　　　　　根

序号	构件编号	200#混凝土体积/m³	模板面积/m²	二次灌浆面积/m²	构件质(重)量/t	钢筋用量/kg									
						φ6	φ8	φ10	φ16	φ18	φ20	φ22	φ25	φ	总计
1	JL-1	0.94	7.50	0.008	2.35	0.40	9.80	7.40			29.30			17.60/29.30	46.90
2	JL-2	0.67	6.80	0.006	1.68	5.60	4.70		18.80					10.30/18.80	29.10
3	JL-3	0.67	6.80	0.006	1.68	5.60	4.70			21.3				10.30/21.30	31.60
4	JL-4	0.94	7.50	0.008	2.35	0.40	9.80	7.40				35.40		17.60/35.40	53.00
5	JL-5	0.67	6.80	0.006	1.63	0.30	9.60	7.40			29.30			17.30/29.20	46.50
6	JL-6	0.94	7.50	0.008	2.35	0.40	9.80	7.40					45.60	17.60/45.60	63.20
7	JL-7	0.94	7.50	0.008	2.35	0.40	14.40	11.10			53.0			25.90/53.00	78.90
8	JL-8	0.67	7.50	0.008	1.68	0.30	9.60	7.40				35.40		17.30/35.40	52.70
9	JL-9	0.84	7.50	0.008	2.10	0.40	8.80	6.70			26.80			15.90/26.80	42.70
10	JL-10	0.84	6.80	0.008	2.10	0.40	8.80	6.70				32.40		9.90/32.40	48.30
11	JL-11	0.6	6.90	0.008	1.50	5.10	4.30		17.20					32.40/17.20	26.60

【例7.7】 某工程需48根JL-1基础梁,试计算混凝土的体积和钢筋的用量。

【解】 ①混凝土体积 $= 48 \times 0.94 \ \text{m}^3 = 45.12 \ \text{m}^3$

②钢筋用量 $= 48 \times 46.90 \ \text{kg} = 2\ 251.20 \ \text{kg}$

其中　　　　　　$\phi6 = 48 \times 0.4 \ \text{kg} = 19.20 \ \text{kg}$

　　　　　　　　$\phi8 = 48 \times 9.8 \ \text{kg} = 470.4 \ \text{kg}$

　　　　　　　　$\phi10 = 48 \times 7.40 \ \text{kg} = 355.2 \ \text{kg}$

　　　　　　　　$\phi20 = 48 \times 29.30 \ \text{kg} = 1\ 406.4 \ \text{kg}$

（4）结合实际，灵活机动

由于建筑工程结构造型、各楼房的面积大小以及各部位的装饰标准不尽相同，所以在计算工程量时要结合设计图纸情况，采用分段、分层、分块、补加补减和平衡近似法灵活机动进行计算。

①分段法　如果基础断面不同，则地槽土方、基础垫层、基础应分段计算；内外墙有几种不同的墙厚，应分段计算；由于层数不同，墙的高度不同，则墙体的工程量应分段计算。

如某砖基础，外墙有①、②两个断面，内墙有③、④、⑤三个断面，则外墙长度应按①、②两个断面的长度分成两段，即 $L_{中-1}$、$L_{中-2}$，内墙按③、④、⑤三个断面的长度分成三段，即 $L_{内-3}$、$L_{内-4}$、$L_{内-5}$。

这样地槽工程量计算式"$L_{中}$×断面面积＋$L_{内}$×断面面积"就应该理解为"$L_{中-1}$×①断面＋$L_{中-2}$×②断面＋$L_{内-3}$×③断面＋$L_{内-4}$×④断面＋$L_{内-5}$×⑤断面"。

②分层法　多层建筑或高层建筑各层楼的面积不等时，或墙厚和砂浆标号不同时，应分层计算。

③分块法　楼地面、天棚、墙面抹灰有多种材料时，应分块计算。先算小块，最后用总面积（即室内净面积）减去这些分块面积，即得较大的一种的面积。复杂工程常遇这种情况。

④补加补减法　若建筑物每层的墙体总体积都相同，仅底层多（少）一隔墙，则可先按每层都没有（有）这一隔墙的相同情况计算，然后补加（减）这一隔墙的体积。

⑤平衡法和近似法　当工程量不大，或图纸复杂难以正确计算时，可采用平衡抵销或近似计算法计算。

运用统筹法计算工程量，单位工程全部分项工程项目都集中反映在一张统筹图上，既能看到整个工程量计算的全貌及重点，又能看到每个具体项目的计算式和前后项目之间的关系。使用统筹法可以减少看图时间和不必要的重复计算，加快工程量计算速度，提高工作效率。既有利于审核工程量计算是否正确，也有利于初学预算的人员掌握计算方法。但运用统筹法计算工程量，与定额顺序不合，从而增加了整理工程量的工作量。

7.3.2　册、线、面工程计算统筹图的编制

为了运用统筹法计算工程量，首先应该根据统筹法原理、预算定额和工程量计算规则，编制工程量计算统筹图。通过图示的箭杆和节点展示出工程量计算的顺序，以及各分项工程量之间的共性和个性关系，依次连续的进行计算。

统筹图应根据各地区现行的预算定额和工程量计算规则进行编制。图7.45和表7.23是按国家编《建筑工程预算定额》（修改稿）编制的册、线、面工程量计算统筹图和计算顺序表。

编制统筹图时，首先把直接用册、线、面计算的项目，按册、线、面三条线进行分类排队，用粗横线连结，这些线叫主导线，这些项目叫连算项目，然后通过连算项目就可带算出其他项目，用斜线表示，这些项目叫带算项目。与连算项目或带算项目数量完全相同的项目，用竖线表示，称照抄项目（如图7.45所示）。经过统筹安排，使连算项目可以直接使用册、线、面进行计算，而带算项目和照抄项目使用册、线、面的数据，减少了重复计算。这时绝大多数项目已纳入册、线、面三条线中。

对于那些不能用册、线、面计算的项目，分别纳入册、线、面三条线内。如非标准的或不定型的构件都列入"册"这条线内。在"线"这条线中又将柱基、柱基垫层、柱身、轻质隔墙、台阶

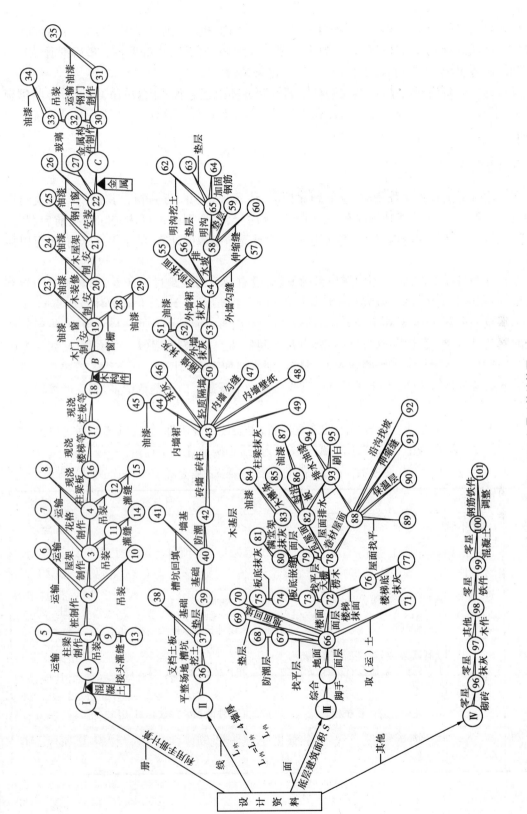

图 7.45 册、线、面工程计算统筹图

土建工程量计算

143

抹面以及柱、梁抹灰等项目纳入"三线"中,减少重复看图,也为后面计算提供方便。在"面"这条线中,在计算屋面工程量的同时,也列入木檩条、封沿板、屋面排水等项目。最后把册、线、面没有列入的零星项目,都列入统筹图的"其他"这条线内。

经过这样一番设计安排后,再在箭杆上面标明分项工程名称、计量单位,也可以标明定额编号,在箭杆上标明按计算规则列出计算式和有关规定的附注。这样,一张工程量计算统筹图就编制完成了。

7.3.3 统筹图的应用

在运用统筹图计算工程量时,总的顺序按册、线、面(Ⅰ、Ⅱ、Ⅲ)进行,其他(Ⅳ)可灵活穿插在前"三线"中。每一个具体项目,原则上按顺序号,但个别的也可按实际情况前后调整。如油漆项目可在其他项目都算完并整理后再一次计算。基数的计算,可在Ⅰ线以前,也可以在Ⅰ线之后。

在工程项目计算上,施工图中有项目的就算,没有项目的就跳过不计算,如在施工图中有的项目,而在统筹图中没有,就应补充计算(这是极少数情况)。计算时,还要注意以下问题:

①基数一定要准确,要善于选择和确定基数,否则,影响面较大。如选择不恰当,将引起计算上的混乱,导致重复计算。如常见的高底跨之间的墙,一般按外墙($L_{中}$)计算。又如外走廊的墙,一般根据设计要求,清水墙列入 $L_{中}$ 计算,混水墙列入 $L_{内}$ 计算。

②基数常常是若干个,不能理解只有三线一面4个基数。由于基数增多,相应的算式也增多。

③在主导线上斜竖线发射较多处的连算项目,也要注意准确性,因为其影响面也较大。

在工程量计算过程中,还需要结合施工图纸,灵活正确地计算工程量。

表7.23 册、线、面工程量计算统筹图顺序表

统筹号	基数名称	项目名称	单位	计算式	备注
	1.利用手册计算 A.钢筋混凝土构件				
1		预制柱、梁制作	m³	单件体积×件数	不包括围墙柱、过梁
2		预制桩制作	m³	(设计长度×断面)×1.02	
3		预制屋架、刚架、板、檩条、天沟、小型构件、楼梯段、过梁、围墙柱等制作	m³	单件体积×件数×1.015	
4		预制花格、门框、窗框制作	m²	(单件面积×件数)×1.015	
5		柱、梁运输	m³	同①	
6		桩运输	m³	②括号×1.019	

统筹号	基数名称	项目名称	单位	计算式	备注
7、8		其他所有构件运输	m³	同⑧括号×1.013 花格运输工程量＝序④括号×厚	不扣除空花体积
9		柱、梁安装	m³	同①	
10		打预制桩	m³	（设计长×断面）×1.015	
11、12		屋架、刚架、板等所有构件安装	m³	（单件体积×件数）×1.005	
13～15		所有构件接头灌缝	m³	单件体积×件数	
16		现浇基础、设备基础、柱、梁、墙、板门框、台阶、挑檐、压顶、池漕等	m³	按实浇体积计算	
17		现浇楼梯、阳台、雨篷	m²	按水平投影面积计算	
18		现浇栏板、栏杆	m	按延长米计算	
	B.木构件				
19		木门窗制作、安装	m² m²	有框:门(窗)框外围面积×樘数 无框:门(窗)扇外围面积×扇数	
20		木装修制作、安装	m² m m m m² m m m	窗台板:(框宽度＋0.1)×宽×樘数 挂镜线:按延长米计算 窗帘盒(框宽度＋0.3)×樘数 门窗贴脸:门窗外围长度×樘数 筒子板:框外围长度×墙厚×樘数 披木条:窗框宽度×樘数 盖口条:门窗扇高 木扶手:全部水平投影长度×1.15	宽度可按凸出墙面5cm计算
21		木屋架制作、安装	m³	竣工木料计算(包括木夹板、垫木、风撑、挑檐木)	
22		钢门(窗)安装	m²	框围外面积×樘数	成品钢门窗包括贴脸盖口披水条
23		木门、窗油漆	m²	框(扇)外围面积×樘数×工程量系数	
24		木装修油漆	m m²	只计算木扶手、窗帘盒、挂镜线 筒子板、窗台板	
25		木屋架油漆	m²	跨长×中高×1/2×1.77	
26		钢门(窗)油漆	m²	框外围面积×樘数×工程量系数	木窗窗栅
27		钢门(窗)安玻璃	m²	按安玻璃部分的框外围×樘数	
28		铁窗栅制作、安装	m²	框外围面积×樘数	
29		铁窗栅油漆	t	理论质量计算	

续表

统筹号	基数名称	项目名称	单位	计算式	备注
		C.金属构件			
30		钢柱、梁、屋架、檩条、栏杆、铁板、钢门交压器门等制作	t	理论质量计算	
31		射线防护钢门、铁丝网门制作	m²	扇框外围面积×樘数	
32		金属构件运输		同㉚	
33		金属构件安装		同㉚	
34		钢柱、梁、屋架、檩条等油漆 钢门油漆		㉚×工程量系数 ㉛×工程量系数	
35	Ⅱ.利用 $L_中$、$L_内$、$L_外$				
36	计算	人工、机械平整场地	m²	$S + L_外 × 2 + 16$	
37		人工挖地槽、地坑	m³	地槽:$L_中$×断面+$L_内$×断面+垛等体积,地坑:[(长+2×工作面+放坡宽)×(宽+2×工作面+放坡宽)×深+角体积]×坑数	$L_内$为槽底净长
38		地槽、地坑支挡土板	m²	按施工组织设计垂直支撑面积计算	
39		基础垫层	m³	墙:$L_中$×断面+$L_内$×断面+垛等体积,柱:(长×宽×深)×个数	$L_内$为内墙垫层净长
40		砖、石基础	m³	墙基:$L_中$×断面+$L_内$×断面	
41		地坑回填夯实	m³	(㊲-室外地坪以下基础、构筑物等)	
42		墙基防潮层	m²	墙基:$L_中$×宽+$L_内$×宽+垛长×宽,柱基:长×宽×个数	
43		墙体、柱	m³	砖外墙:[($L_中$×高+外山尖)-外门窗]×厚-嵌入外墙圈、过、柱+女儿墙、垛等 砖内墙:[($L_内$×高+内山尖)-内门窗]×厚-嵌入内墙圈、过、柱+垛、附墙烟囱 砖柱基:[(长×宽×深)+放脚体积]×个数 砖柱:柱断面×高×根数	
44		内墙裙	m²	长×高-门窗面积+垛侧壁面积木 墙裙:净长×净高-门窗面积	(抹灰墙裙)
45		内墙裙油漆	m²	抹灰面㊹ 木材面㊹×0.9	

统筹号	基数名称	项目名称	单位	计算式	备注
46		内墙面抹灰	m^2	$[L_{中}×高-外门窗面积+外山尖+L_{内}×高-内门窗面积+内山尖)×2]-墙裙$	有天棚时则山尖面积不计。规则为展开面积加垛侧壁
47		内墙、柱原浆(加浆)勾缝	m^2	$L_{中}×高+(L_{内}×高)×2]-㊹、㊻+柱周长×高×根数$	
48		内墙面贴壁纸	m^2	实铺面积	
49		独立柱梁抹灰	m^2	展开面积	
50		轻质隔墙、间壁、隔断	m^2	隔墙、间壁:长×高-门窗面积隔断:长×高	包括门扇面积
51		轻质隔墙、间壁、隔断抹灰	m^2	同㊿	
52		轻质隔墙、间壁、隔断油漆	m^2	㊻×工程量系数	套木门窗定额
53		外墙面抹灰	m^2	全部:$L_{外}×高+外山尖-门窗+门窗、垛侧$;局部:按实计算	
54		外墙裙(勒脚)抹灰	m^2	$(L_{外}-台阶长)×高$	
55		台阶、坡道抹面	m^2	水平投影面积	
56		台阶、坡道垫层	m^3	长×宽×厚	
57		外墙原浆(加浆)勾缝	m^2	$L_{外}×高-㊾㊿+柱周长×高×根数$	
58		排水坡	m^2	$(L_{外}-台阶长+4坡宽)×坡宽$	
59		排水坡垫层	m^2	㊽×厚	
60		地面伸缩缝	m	按图示长度计算	
61		明沟	m	有檐:$L_{外}+8$檐宽无檐:$L_{外}+8×(坡宽+\frac{1}{2}沟宽)$	
62		明沟挖土	m^3	㊽×断面	
63		明沟垫层	m^3	㊽×断面	高为平均高度
64		砌体内加固钢筋	t	钢筋砖带:$(L_{中}+内墙实长×接头系数×根数×每米重量)$墙、柱、板拉结筋:(图示长度+弯钩长×根数×每米重量)其他加固筋:按实计算	
65	Ⅲ.利用底层面积计算	综合脚手架	m^2	建筑面积	
66		地面面层	m^2	水泥砂浆、混凝土面$[S-(L_{中}×墙厚+L_{内}×墙厚)]$-构筑物设备基础等;水磨石、块料按图示尺寸计算	S_0为净面积
67		地面找平层	m^2	同㊿	包括50 cm

土建工程量计算

统筹号	基数名称	项目名称	单位	计算式	备注
68		地面防潮层	m^2	同⑥⑥	以内立面面积
69		地面垫层	m^3	⑥⑥×厚	
70		地面回填夯实	m^3	⑥⑥×厚	
71		人力取(运)土	m^3	运土=总挖土量-总回填量 取土=总回填量-总挖土量	1.按原土计算挖土工程量 2.场地狭小按实际情况计算
72		楼面面层	m^2	(S_0 为一层楼梯水平投影面积)×楼层数	楼层数=层数-1
73		楼面找平层	m^2	同⑦②	
74		预板底勾缝	m^2	同⑦②	
75		楼板底抹灰	m^2	同⑦②	钢筋混凝土梁两侧并入计算
76		楼梯抹面	m^2	一层楼梯水平投影面积×(楼层数-1)	
77		楼梯底抹灰	m^2	有斜平顶⑦⑥×1.1 无斜平顶⑦⑥×1.5	
78		天棚楞木	m^2	四坡水:$S_0+L_{外}$×檐宽+4×檐宽×檐宽 二坡水:S_0+2×(纵墙长+檐宽)×檐宽 天棚斜楞:2×(山墙边长+2×檐宽)×檐宽×斜面系数	
79		天棚面层	m^2	同⑦⑧	
80		天棚抹灰	m^2	同⑦⑧	
81		天棚满堂脚手	m^2	水平投影面积	超过3.6 m抹灰天棚板、天棚
82		瓦屋面、铁皮屋面	m^2	($S+L_{外}$×檐宽+4×檐宽×檐宽)×斜面系数	
83		屋面木基层	m^2	同⑧②	
84		屋面板、檩条、油漆	m^2	⑧②×1.1	
85		木檩条	m^3	简支檩:(屋架或山墙中距+0.2)×断面×根数 连续檩:总长度×断面×1.05	包括无屋架的单独挑檐木
86		封沿板	m^2	四坡水:$L_{外}$+8×檐宽 二坡水:2×[纵墙长+2×檐宽)+(山墙长+2×檐宽)×斜面系数+0.5×2]	
87		封沿板油漆	m^2	⑧⑥×1.70	

建筑工程定额与预算

统筹号	基数名称	项目名称	单位	计算式	备注
88		卷材屋面	m²	$(S_屋 + L_外 \times 檐宽 + 4 \times 檐宽 \times 檐宽) \times 斜面系数 + 弯起部分$	
89		屋面找平层	m²	同⑧⑧	
90		屋面保温层	m³	(⑧⑧-弯起部分)×平均厚	
91		屋面伸缩缝	m	按实计算	
92		天沟找坡	m³	长×宽×平均厚	
93		屋面排水	m²	铁皮排水按展开面积计算	
			m	石棉水泥排水:水落管、檐沟按延长米计算	
			个	石棉水泥排水:水斗按个计算	
			m	铸铁水落管按延长米计算	
			个	铸铁落水口、水斗、弯头按个计算	
94		铁皮排水油漆	m²	按展开面积计算	
95		刷(喷)白	m²	按实刷面积计算	
	Ⅳ.零星项目				
96		零星砖砌体	m³	厕所、蹲台、小便槽、水槽腿、垃圾箱、台阶、花台、花池、房上烟囱、毛石墙窗台立边、虎头砖以m³计算	
		炉灶、灶台	m³	外形体积	
		暖气沟、地沟	m³	按实体积计算	
		墙面伸缩缝	m	按图计算	
97		零星抹灰	m²	挑檐、天沟、腰线、栏杆、扶手、门窗套、窗台线、压顶线、按展开面积计算	定额包括底面、上面、侧面、牛腿全部抹灰
				阳台、雨篷按水平投影面积计算	
				栏板、遮阳板按展开面积计算	
98		零星木作	m²	木盖板:长×宽×块数	
				木地格子:长×宽×块数	
99		零星铁件	t	暖气罩:垂直投影面积×个数	
100		零星混凝土	m³	按图计算	
101		钢筋、铁件调整	t	按图计算	

土建工程量计算

小 结 7

本章主要讲述工程量的概念、计算要求和计算方法,土建工程量计算规则和计算公式;以及运用统筹法计算工程量等。现就其基本要点归纳如下:

①工程量是指以物理计量单位或自然计量单位所表示的各分项工程或结构构件的实物数量。工程量是计算和确定工程造价、加强企业经营管理、进行经济核算的重要依据。在施工图预算的编制中,工程量计算所占的工作量最大,所需的时间也最长。因此,工程量计算的准确和及时与否,直接影响施工图预算编制的质量和速度。

②工程量计算规则是整个工程量计算的法规和指南,它是正确计算工程量和编制预算的重要依据。土建工程量计算规则,包括建筑面积、土石方工程、砌筑工程、砼与钢筋砼工程等12个分部工程量计算规则。为统一计算口径,国家规定任何单位与个人在编制预算时,都必须严格按计算规则计算工程量,这样才能正确地计算出工程数量及选用定额,才能正确地计算工程造价及工料的消耗数量。

③统筹法是提高工作效率和质量的一种科学管理方法。要提高工程预算的编制效率,缩短工程量计算的时间是关键,而运用统筹法原理计算工程量,统筹安排计算程序,就可以加快预算编制速度,提高预算编制质量。其基本要点是:统筹程序、合理安排;利用基数、连续计算;一次算出、多次使用;结合实际、灵活机动。实践已证明,运用统筹法计算工程量,可使预算编制工作达到简便、迅速、准确的要求。

④通过本章的学习,要了解工程量的概念及计算方法,熟悉和掌握各分部工程量计算规则及计算公式。上述不仅是本章的学习重点,也是本章的学习难点。

复习思考题 7

7.1 什么是工程量?它有哪些重要作用?

7.2 计算工程量时应注意哪些事项?

7.3 工程量的计算程序是怎样的?

7.4 运用统筹法原理计算工程量的基本要点是什么?怎样理解其含义?

7.5 运用统筹法原理计算工程量的步骤有哪些?

7.6 某工程,地槽长 153 m,深 2.3 m,槽底宽 1.8 m,三类土。请计算该工程挖土工程量(考虑放坡系数,画出基槽断面示意图)。

7.7 计算下列预应力空心板的制作、运输、安装工程量。

| YKB-2753 | 50 块 | 0.073 8 m³/块 |
| YKB-3363 | 20 块 | 0.109 8 m³/块 |

7.8 房屋哪些部位应该计算建筑面积? 哪些部位不应该计算建筑面积? 试计算实例(84-1住宅)的建筑面积。

7.9 土方工程量计算前应掌握哪些资料?

7.10 什么是平整场地、地槽、地坑和挖土?

7.11 哪些情况套用综合脚手架定额? 哪些情况套用单项脚手架定额?

7.12 实砌墙体工程量计算中哪些应扣除? 哪些不应扣除? 为什么? 山尖、砖垛、附墙烟囱、垃圾道、女儿墙该如何计算?

7.13 试计算柱基断面为 490×615,基础高度为 1.80 m,大放脚为等高五层的三个砖柱基工程量。

7.14 试计算混凝土垫层尺寸为 1 270×1 395×200,挖土深度为 1.80 m 的基坑开挖工程量(加工作面,土壤类别三类土)。

7.15 钢筋混凝土的基础、柱、梁、板、墙的工程量如何计算?

7.16 现浇钢筋混凝土楼梯、阳台、雨棚、栏板、扶手的工程量如何计算?

7.17 预制构件的工程量一般要列哪几项? 为什么?

7.18 什么叫钢筋的量差和价差? 为什么会发生钢筋量差和价差的调整? 钢筋量差和价差的调整如何计算?

7.19 什么叫钢筋接头系数? 在什么情况下使用?

7.20 钢筋混凝土构件钢筋(铁件)的总消耗量如何计算? 在什么情况下要计算构件综合损耗率? 构件综合损耗率表示什么含义?

7.21 钢筋混凝土预制构件制作工程量、运输工程量、安装工程量之间有什么关系?

7.22 金属构件工程量如何计算?

7.23 金属结构的制作工程量、运输工程量、安装工程量之间有什么关系?

7.24 坡屋面的工程量如何计算? 屋面坡度系数的含义是什么?

7.25 内墙面、外墙面、天棚抹灰的工程量如何计算?

土建工程量计算

第 8 章

土建工程施工图预算的
编制及审查

8.1 土建工程施工图预算的内容及作用

8.1.1 施工图预算的内容

土建工程施工图预算是具体计算土建工程预算造价的经济技术文件。它是在完成工程量计算的基础上,按照设计要求和预算定额规定的分项工作内容,正确套用和换算预算单价,计算工程直接费,并根据各项取费标准,计算间接费、利润税金及其他费用,最后汇总计算出单位工程预算造价。一份完整的单位工程施工图预算由下列内容组成:

(1)封面 封面主要用来反映工程概况。其内容一般有建设单位名称、工程名称、结构类型、结构层数、建筑面积、预算造价、单方造价、编制单位名称、编制人员、编制日期、审核人员、审核日期及预算书编号等。

(2)编制说明 编制说明主要说明所编预算在预算表中无法表达,而又需要使审核单位(或人员)与使用单位(或人员)必须了解的内容。其内容一般包括:编制依据,预算所包括的工程范围,施工现场(如土质、标高)与施工图说明不符的情况,对建设单位提供的材料与半成品预算价格的处理,施工图纸的重大修改,对施工图纸说明不明确之处的处理,基础的特殊处理,特殊项目及特殊材料补充单价的编制依据与计算说明,经甲乙双方协商同意编入预算的项目说明,未定事项及其他应予以说明的问题等。

(3)费用汇总表 指组成单位工程预算造价各项费用的汇总表。其内容包括基价直接费、综合费(包括其他直接费、临时设施费、现场管理费、企业管理费、财务费用)、利润、材料价差调整、各项税金和其他费用。

（4）工程预算表 工程预算表是指分部分项工程直接费的计算表（有的含工料分析表），它是工程预算书（即施工图预算）的主要组成部分，其内容包括定额编号、分部分项工程名称、计量单位、工程数量、预算单价及合价等。有些地区还将人工费、材料费和机械费在本表中同时列出，以便汇总后计算其他各项费用。

（5）工料分析表 工料分析表是指分部分项工程所需人工、材料和机械台班消耗量的分析计算表。此表一般与工程预算表结合在一起（有的也分开），其内容除与工程预算表的内容相同外，还应列出分项工程的预算定额工料消耗量指标和计算出相应的工料消耗数量。

（6）材料汇总表 材料汇总表是指单位工程所需的材料汇总表。其内容包括材料名称、规格、单位、数量。

8.1.2 施工图预算的作用

由于建筑产品的生产特点，施工图预算成为确定建筑产品价格的特殊方法。因此施工图预算的主要作用是确定单位工程预算造价，同时也为建设银行拨付工程价款提供依据。

施工图预算中的工程量是依据施工图纸和现场的实际情况计算出来的，工程中的活劳动与物化劳动消耗量是按照预算定额用量分析计算出来的，它反映了一定生产力水平下的社会平均消耗量。因此，工程量和活劳动与物化劳动消耗量可作为施工企业编制劳动力计划、材料需用量计划，施工备料、施工统计的依据。施工图预算中的直接费、综合费是施工企业生产消耗的费用标准，因而这些标准是施工企业进行经济核算和"两算"对比的基础。

8.2 土建工程施工图预算的编制

8.2.1 施工图预算的编制依据

（1）施工图纸、说明书和有关标准图 施工图纸是计算工程量和进行预算列项的主要依据。预算部门必须具备经建设单位、设计单位和施工单位共同会审的全套施工图纸设计说明书和设计更改通知单，经上述三方签章的图纸会审记录以及有关标准图。

（2）施工组织设计或施工方案 编制预算时，需了解和掌握影响预算造价的各种因素。如土壤类别，地下水位标高，现场是否需要排水措施，土方开挖是采用人工还是机械施工，是否需要留工作面，是否需要放坡或支挡土板，余土或缺土的处置，地基是否需要处理，预制构件是采取工厂预制还是现场预制，预制构件的运输方式和运输距离，构件吊装的施工方法，采用何种大型机械等。上述问题在施工组织设计或施工方案中一般都有明确的规定，因此，经批准的施工组织设计或施工方案，是编制预算必不可少的依据。

（3）预算定额（或计价定额）及地区材料预算价格 现行的预算定额（或计价定额）是编制预算时确定分项工程单价，计算工程直接费，确定人工、材料和机械台班等消耗量的主要依据。预算定额中所规定的工程量计算规则、计量单位、分项工程内容及有关说明，都是编制预算时计算工程量的主要依据，地区材料预算价格是定额换算与补充不可缺少的依据。

（4）建设工程费用定额（即取费标准）和价差调整的有关规定 国家或地方颁发的建设工

程费用定额是编制预算时计算综合费(其他直接费、临时设施费、现场管理费、企业管理费、财务费用)、利润、税金及其他费用等的依据。价差调整的有关规定是编制预算时计算材料实际价格与预算价格综合差额的依据。具体的调整办法按地区的规定执行。

(5)其他工具性资料与计算手册　工程量计算和补充定额的编制,要用到一系列的系数、数据、计算公式和其他有关资料,如钢筋及型钢的单位理论质(重)量、圆木材积、屋架杆件长度系数、砖基础大放脚折加高度、各种形体计算公式、各种材料的容重等。这些资料和计算手册,都是预算编制时不可缺少的依据。

8.2.2　施工图预算的编制原则

施工图预算是施工企业与建设单位结算工程价款的主要依据,是一项工作量大,政策性、技术性和时效性都很强而又十分细致复杂的工作。编制预算时必须遵循下述原则:

①必须认真贯彻执行国家现行的有关各项政策及具体规定;

②必须认真负责、实事求是地计算工程造价,做到既不高估多算重算,又不漏项少算;

③必须深入了解、掌握施工现场情况,做到工程量计算准确,定额套用合理。

8.2.3　施工图预算的编制步骤

①熟悉图纸资料,了解现场实际情况　在编制预算之前,首先充分熟读施工图纸,对设计图纸和有关标准图的内容、施工说明及各张图纸之间的关系,要进行从个别到综合的熟读,以了解工程全貌和设计意图。对图纸中的疑点、矛盾、差错等问题,要随时做好记录,以便图纸会审时提出,求得妥善解决。收到图纸会审记录后,要及时将会审记录中所列的问题和解决的办法写在图纸的有关部位,以免遗忘而发生差错。同时还要深入施工现场,了解现场实际情况与施工组织设计所规定的措施和方法,如土壤类别、土方开挖的施工方法、土方运输的方式及运输距离、预制构件是现场制作还是工厂制作、是自然养护还是蒸汽养护、预应力钢筋是否要进行人工时效处理、还有哪些需要列入预算的特殊措施费等。这些都是正确确定分项工程项目和预算单价的重要依据,特别是对按预算包干的工程尤为重要。

②计算工程量　工程量计算是预算编制的一项基础工作,也是预算编制诸环节中最重要的环节。在整个预算编制过程中,工程量计算是工作量最大、花费时间最长的一个环节。工程量计算应根据施工图纸、施工组织设计、工程量计算规则、预算定额项目的工作内容等,通过"工程量计算表"逐项进行计算。工程量计算的快慢和正确与否,直接关系到预算的及时性与正确性。因此,必须认真仔细地做好这项工作。

③套用定额(包括定额换算与补充),计算分项工程定额直接费及工料消耗量　当工程量计算完毕之后,应按照预算定额的分部分项顺序逐项地填在工程预算表中,然后套用相应定额的单价及工料消耗指标,算出该分项工程基价直接费及工料消耗量。

分项工程基价直接费 = 分项工程量 × 基价单价

④计算工程综合费　工程综合费包括其他直接费、临时设施费、现场管理费、企业管理费、财务费用。

将上述工程预算表中所有分项工程的复价累加起来,即可得出单位工程基价直接费。然后按地区统一规定的费率及计算方法计算该工程综合费。

建筑工程定额与预算

$$工程综合费 = 基价直接费 \times 地区规定费率$$

⑤计算劳动保险费

$$劳动保险费 = 基价直接费 \times 地区规定费率$$

⑥计算利润

$$利润 = 基价直接费 \times 地区规定费率$$

⑦计算其他费用　其他费用是指应列入工程造价中的各项费用,包括定额管理费、允许按实计算的费用、材料价差调整及税金等。

⑧计算工程总造价　将以上各项费用相加,即得出工程预算总造价。

⑨计算技术经济指标。

8.3　土建工程施工图预算编制实例

8.3.1　工程概况

①某校住宅楼工程为 7 层的砖混结构,横墙承重,共设置三道圈梁,建筑面积为 1 583 m^2。

②基础为 M_5 水泥砂浆条石带形基础,下作 C_{10} 混凝土垫层,并设置一道 C_{15} 钢筋混凝土现浇地圈梁。

③墙体采用灰砂砖砌筑,设计标高 12.00 m 以下用 M_{10} 混合砂浆砌筑,12.00 m 以上用 M_5 混合砂浆砌筑。

④屋面为双层的上人屋面,刚性防水,建筑找坡,并设有架空屋面隔热层。

⑤楼地面均为豆石楼地面。

⑥装饰除外墙局部贴玻璃马赛克外,其余均为一般抹灰,具体做法详见施工图。

⑦现浇混凝土构件为 C_{20} 混凝土,预制混凝土构件为 C_{20} 混凝土,预应力混凝土空心板为 C_{30} 混凝土。

⑧住宅楼工程的具体要求详见设计说明及图 8.1 ~ 图 8.11。

1)建筑设计说明

①本图技术经济指标如下:

平均每户建筑面积 53.32 m^2;平均每户使用面积 31.8 m^2;平面利用系数 $k = 59.6$;层高 3 m。

②总平面图:建筑物 ±0.00 的绝对标高、入口及朝向等视各具体工程而定,由本设计室另出图说明。

③消防处理:原则上在总图留出环形消防车道。5 层及其以下各层设置手提式灭火器,6 层以上各层设置消火栓,位置详见平面图所示。各楼梯间出屋面,既可让工人平时在屋面逗留,也可作为紧急疏散的出入口。

④内粉:墙面用纸筋白灰浆面,详见西南 J301 第 11 页的 3413。天棚板底用 1:1:6 混合砂浆补缝抹平后刷白浆。其余局部处理详见各大样图。

⑤外粉:外墙面为白搓砂面,参见西南 J301 第 14 页 3505。面层改为 1:2:5 水泥石灰砂浆。阳台栏板、外墙窗框、雨棚檐口、阳台扶手、梯间花窗边框均为玻璃马赛克贴面,颜色另定。

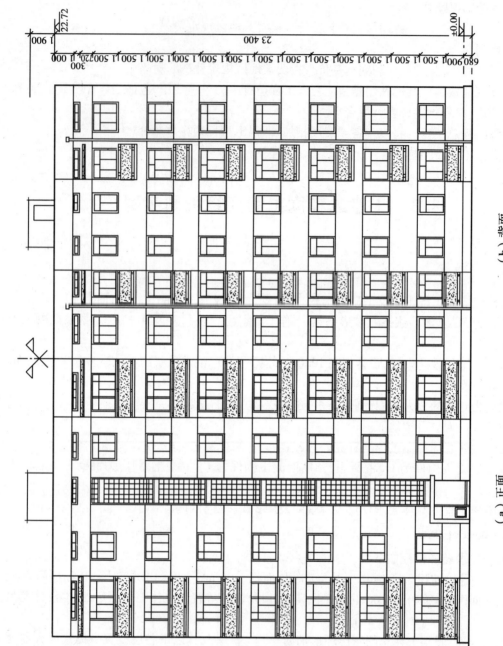

（a）正面　　　　（b）背面

图 8.1　住宅楼立面图

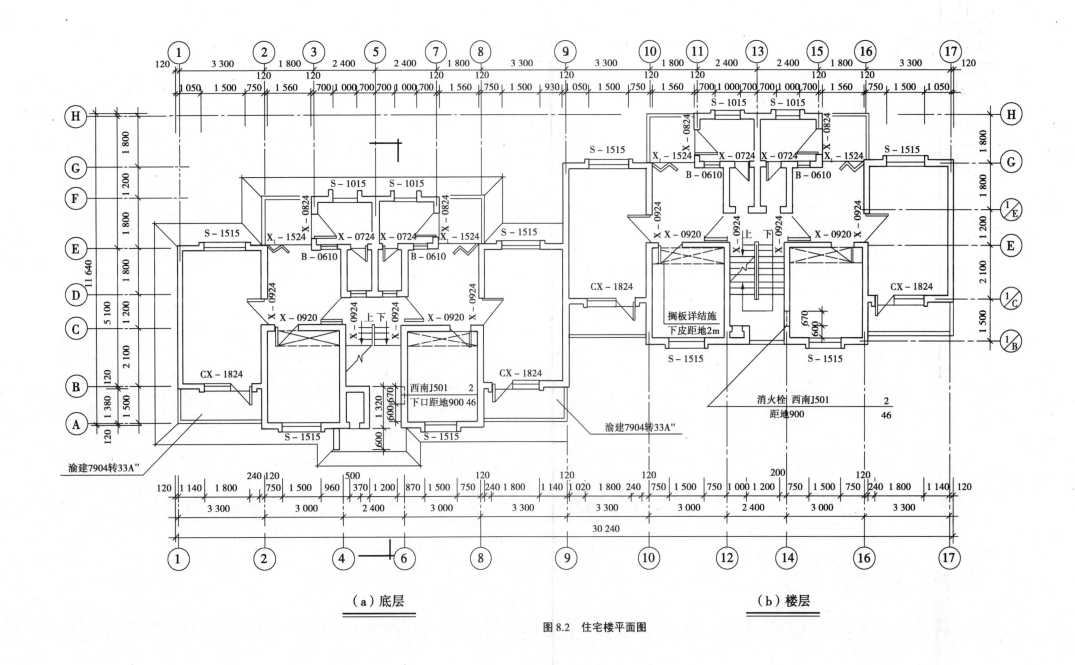

（a）底层

（b）楼层

图 8.2 住宅楼平面图

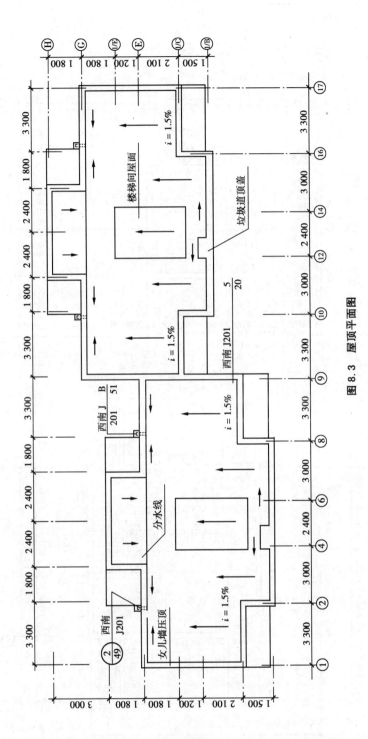

图 8.3 屋顶平面图

土建工程施工图预算的编制及审查

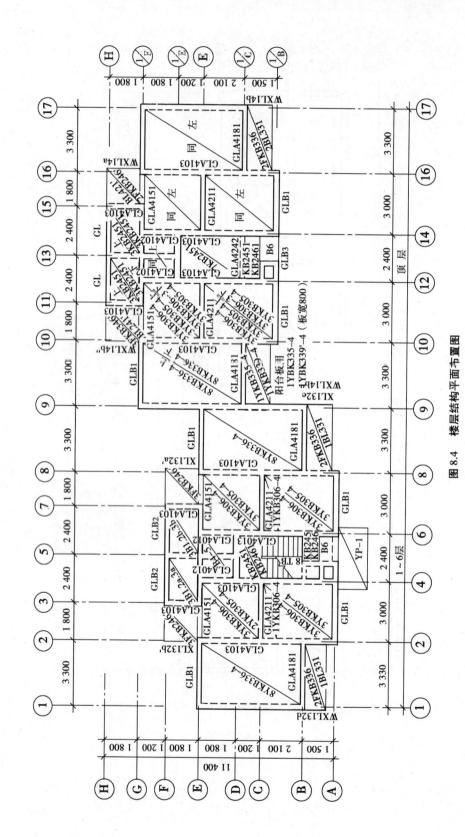

图 8.4 楼层结构平面布置图

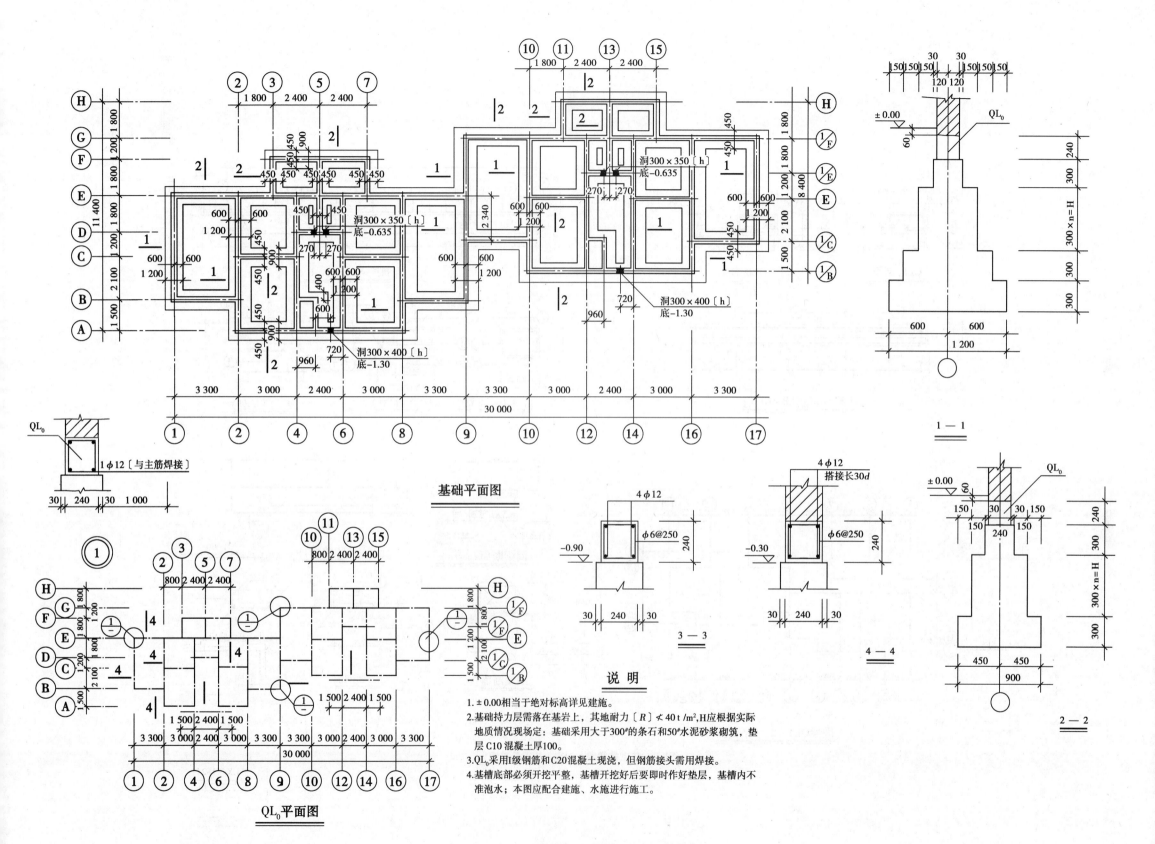

说明

1. ±0.00相当于绝对标高详见建施。
2. 基础持力层需落在基岩上,其地耐力〔R〕≮40 t/m²,H应根据实际地质情况现场定;基础采用大于300#的条石和50#水泥砂浆砌筑,垫层C10混凝土厚100。
3. QL₀采用I级钢筋和C20混凝土现浇,但钢筋接头需用焊接。
4. 基槽底部必须开挖平整,基槽开挖好后要即时作好垫层,基槽内不准泡水;本图应配合建施、水施进行施工。

基础平面图

QL₀平面图

图8.10 住宅楼基础平面图及QL₀平面配筋图

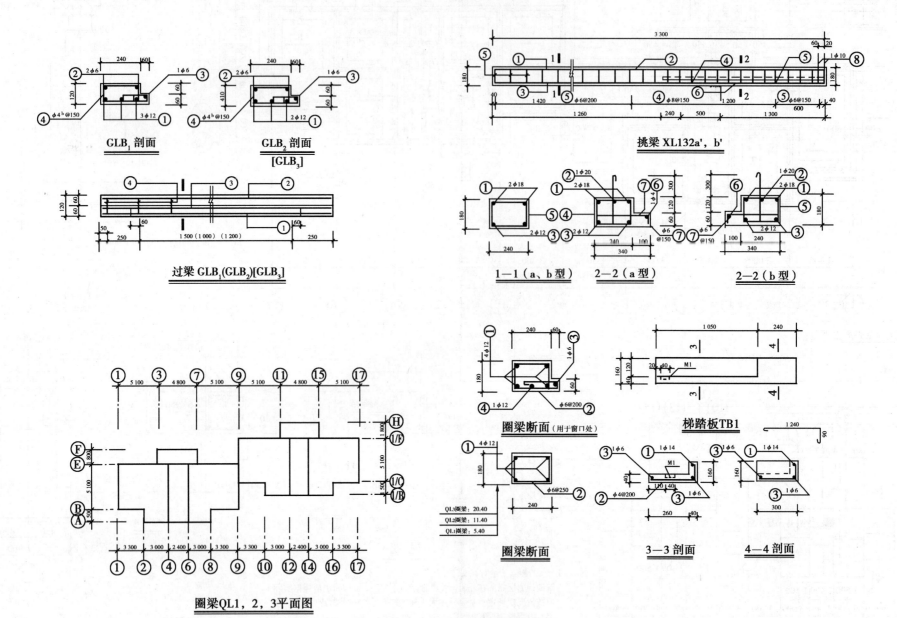

图8.9 住宅楼圈梁、过梁、挑梁配筋图

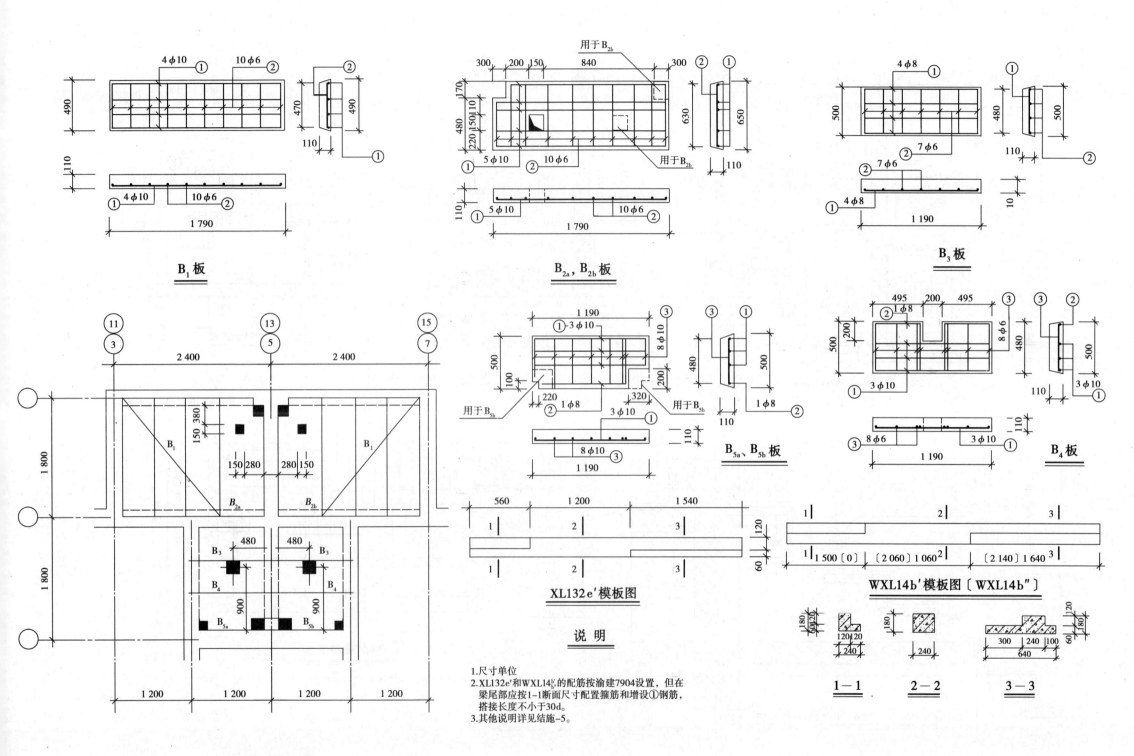

B₁ 板

B₂ₐ，B₂ᵦ 板

B₃ 板

用于 B₂ᵦ

用于 B₂ᵦ

用于 B₅ᵦ

用于 B₅ᵦ

B₅ₐ、B₅ᵦ 板

B₄ 板

XL132e′模板图

WXL14b′模板图〔WXL14b″〕

1—1   2—2   3—3

厨房厕所平面图

〔预留孔布置图〕

说　明

1.尺寸单位
2.XL132e′和WXL14b′的配筋按渝建7904设置，但在
梁尾部应按1—1断面尺寸配置箍筋和增设①钢筋，
搭接长度不小于30d。
3.其他说明详见结施—5。

图8.8　住宅楼厨厕钢筋砼板模板及配筋图

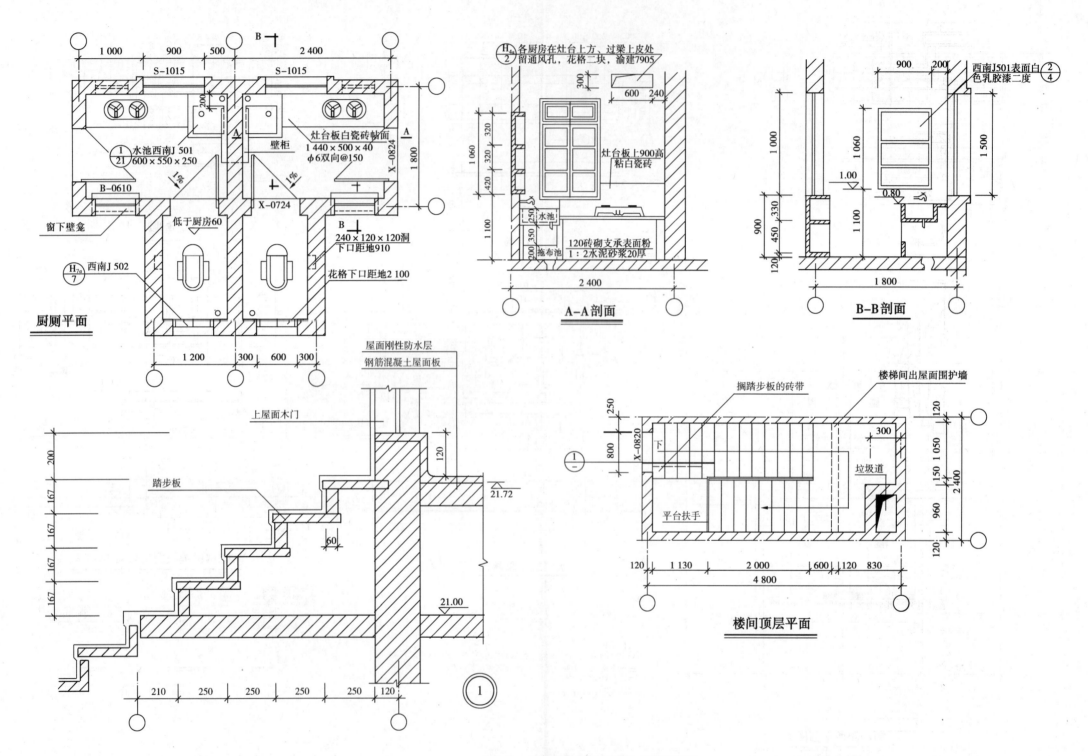

厨厕平面

B

1 000   900   500   2 400

S-1015   S-1015

① 水池西南J501
21/ 600×550×250

B-0610

窗下壁龛

H7a/7 西南J502

壁柜   灶台板白瓷砖帖面
1 440×500×40
φ6双向@150   A

X-0824

X-0724

低于厨房60   B

240×120×120洞
下口距地910

花格下口距地2 100

1 200   300   600   300

200

1 800

H4a/2 各厨房在灶台上方、过梁上皮处
留通风孔，花格二块，渝建7905

300   600   240

320   320

1 060   420

1 100   350   200   水池

拖布池

120砖砌支承表面粉
1：2水泥砂浆20厚

2 400

A-A剖面

900   200   西南J501表面白
2/4 色乳胶漆二度

1 000   1 060   1.00   0.80   1.100

1 500

120   1 800

B-B剖面

屋面刚性防水层
钢筋混凝土屋面板

上屋面木门

120

200

167   167   167   167

踏步板

60

21.72

21.00

210   250   250   250   250   120

①

摺踏步板的砖带   楼梯间出屋面围护墙

250   800   X-0820   下   300   120

平台扶手   垃圾道   150   1 050
960   2 400
120

120   1 130   2 000   600   120   830

4 800

楼间顶层平面

图8.7   住宅楼梯间顶层平面图、厨厕平面图

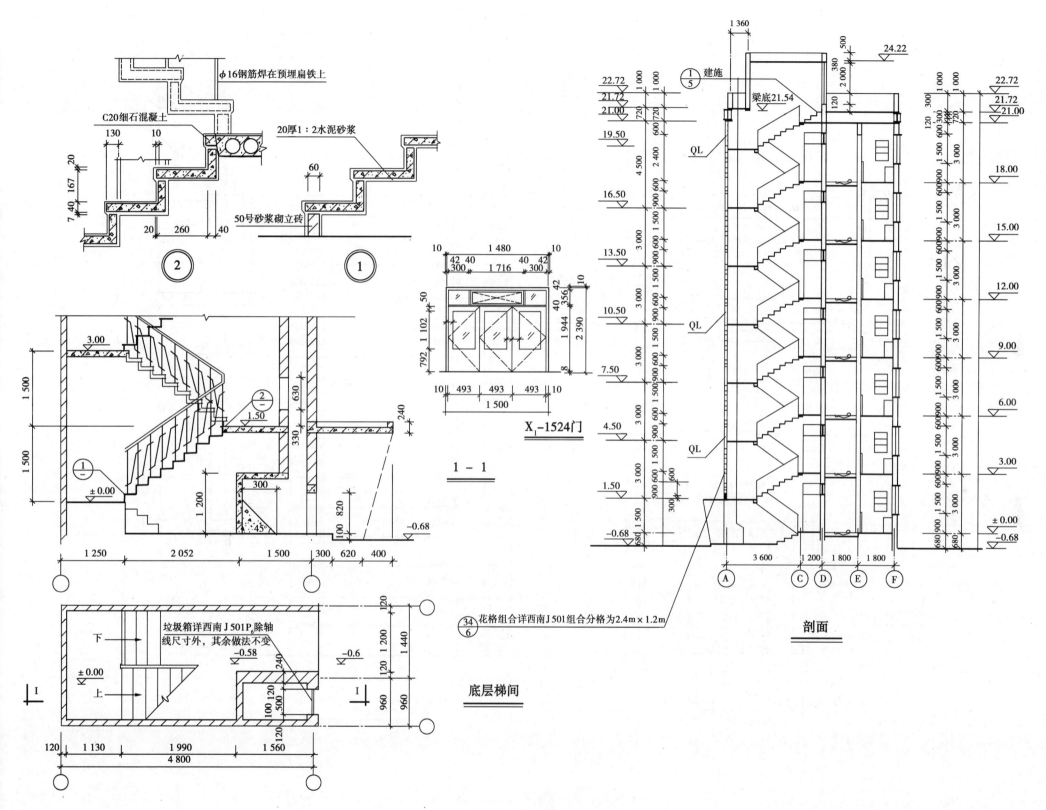

φ16钢筋焊在预埋扁铁上

C20细石混凝土

20厚1:2水泥砂浆

50号砂浆砌立砖

② ①

X₁-1524门

1 - 1

±0.00

3.00

1.50

1 500

1 500

1 200

300

330

630

820

240

300

620

400

1 500

1 250   2 052

垃圾箱详西南J501P₂除轴
线尺寸外，其余做法不变

下

±0.00

上

-0.58

-0.6

I

±0.6

960

960

1 200

1 440

120   1 130   1 990   1 560

4 800

底层梯间

花格组合详西南J501组合分格为2.4m×1.2m

34/6

建施

1/5

梁底21.54

QL

QL

QL

24.22

梁底21.54

22.72
21.72
21.00
19.50
16.50
13.50
10.50
7.50
4.50
1.50
-0.68

A   C   D   E   F

3 600   1 200   1 800   1 800

剖面

22.72
21.72
21.00
18.00
15.00
12.00
9.00
6.00
3.00
±0.00
-0.68

图8.6 住宅楼楼梯间平、立、剖面图

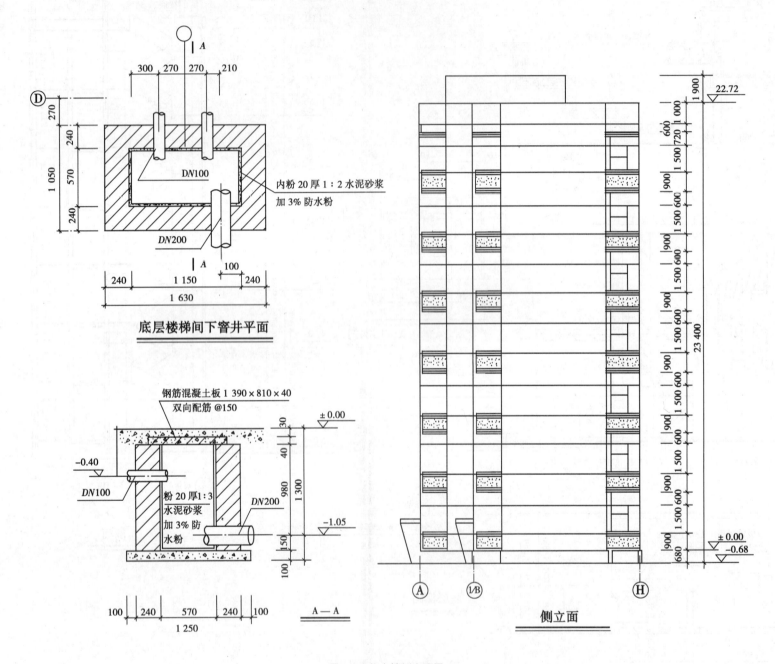

300　270　270　210

D

270

240

1 050　570

240

DN100

内粉 20 厚 1：2 水泥砂浆
加 3% 防水粉

A

DN200

A｜　100

240　1 150　240

1 630

底层楼梯间下窨井平面

钢筋混凝土板 1 390 × 810 × 40
双向配筋 @150

30

± 0.00

−0.40

40

980　1 300

DN100

粉 20 厚 1：3
水泥砂浆
加 3% 防
水粉

DN200

150

−1.05

100

100　240　570　240　100

1 250

A — A

1 900

22.72

600　720　1 000

900

1 500　600

900

1 500　600

900

1 500　600

23 400

900

1 500　600

900

1 500　600

900

1 500　600

900

1 500　600

680

± 0.00

−0.68

Ⓐ　①B　Ⓗ

侧立面

图 8.5　住宅楼侧立面图

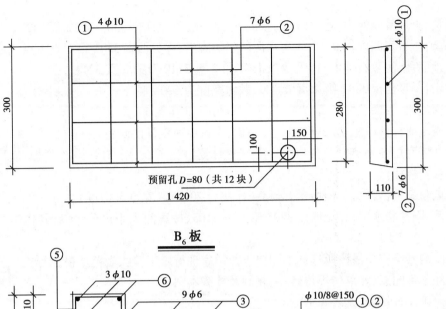

B₆板

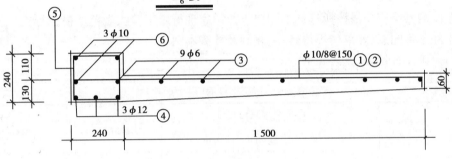

1－1 剖面图

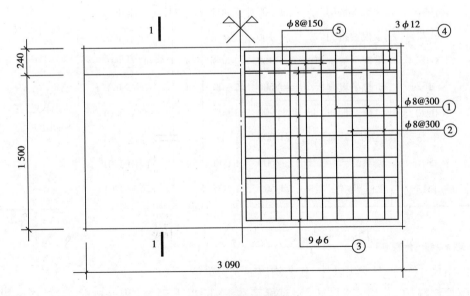

YP₁雨篷平面图

图 8.11　雨篷、B6 板配筋图

⑥墙裙、厨房及厕所内做 1.2 m 高水泥砂浆墙裙,详见西南 J301 第 12 页 3427。

⑦踢脚:所有房间内作 0.15 m 高水泥砂浆踢脚板,详见西南 J301 第 6 页节点 3。

⑧楼地面:水泥豆石地面,详见西南 J301 第 2 页 3110 及第 3 页 3211。

⑨散水:详见西南 J801 第 4 页节点 9,散水宽度为 600。

⑩门窗油漆:表面乳白色调合漆,作法详见西南 J301 第 17 页 3703。

⑪外露金属构件应除锈,然后刷红丹一道,再做成所设计的颜色。

⑫在住宅底层各外墙窗及各户进户门(包括楼层)亮子上,用 $\phi14a80$ 作栏栅;底层 $X_1$1524 门上钉钢板网栏栅。

⑬外墙粉刷分格详见立面所示,分格线作法为 20×10(宽度×深度)。

⑭屋面:刚性防水层,详见西南 J201 第 3 页 2103,按房间大小设分仓缝,其作法详见西南 J201 第 11 页节点 1d。

⑮本图的实施应严格按所选标准图要求及国家现行施工验收规范严格执行。

⑯未经本室同意,外单位不得转让、复制及抄袭本图。

⑰门窗统计数量表,见表 8.1。

表 8.1　门窗统计表(以一层计)

类别	编号	名称	洞口尺寸		樘数	采用标准图集	备注
			高/mm	宽/mm			
门	X_1 - 0924	全板镶板门	900	2 400	8	西南 J601	
	X - 0824	全板镶板门	800	2 400	4	西南 J601	
	X - 0724	全板镶板门	700	2 400	4	西南 J601	
	CX-1824	带窗全板镶板门	1 800	2 400	4	西南 J601	
	X_1-1524	折叠半玻镶板门	1 500	2 400	4	西南 J601	
	X-0920	全板镶板门	900	2 000	4	西南 J601	详见大样 梯间出屋面一扇
窗	S.1015	上腰玻纱窗	1 000	1 500	4	西南 J701	
	B.0610	玻璃窗	600	1 000	4	西南 J701	
	S.1515	上腰玻纱窗	1 500	1 500	8	西南 J701	

2)结构设计说明

①本图尺寸除标高以 m 以外,其余均以 mm 为单位。

②墙身材料:采用 150# 灰砂砖,相对标高在 12 m 以下用 M_{10} 混合砂浆砌筑,12 m 以上用 M_5 混合砂浆砌筑。灰砂砖砌筑必须严格按照重庆市建委 DBJ20YZ 的规定施工。

③混凝土预制构件:凡采用标准图的构件应按相应图册的要求制作,其余构件均采用 C_{20} 混凝土。圈梁及雨棚采用 C_{20} 混凝土现浇,若改为预制时,混凝土应为 C_{20}。圈梁的分段长度由施工单位自定,接头搭接长度不小于 $30d$(d 为主筋直径)。

④钢筋:φ 为Ⅰ级钢,$\underline{\Phi}$ 为Ⅱ级钢,钢筋净保层为板15厚,梁25厚。

⑤凡构件尺寸长度与标准图不符,应按统计表备注栏说明制作。

⑥预制构件数量,在制作前施工单位应自行复核统计,以免遗漏和浪费。

⑦楼梯间布置及梯楼板安装详见建筑图。

⑧厨房厕所的楼板预留孔洞,应严格按图中尺寸施工,安装要准确无误,不得事后打洞。

⑨各层楼板安装时,应按西南 G211 第 13 页安装示意图进行,拉结筋采用 φ6,板底要求平直。

⑩基础结构材料及说明详见结施-1。

⑪凡未设置圈梁的楼层均在过梁以上两块砖处埋设 3φ6 钢筋砖网沿外墙四周连通,钢筋搭接长度不小于300。

⑫凡窗洞小于 600 时,均设置 3φ6 钢筋砖过梁,原浆埋设。

⑬本设计应与建施、水施、电施等图纸密切配合施工。

表8.2 钢筋混凝土预制构件一览表

构件名称	型号	规格	数量	采用图纸名称	图纸所在页数	备注
雨篷挑梁	WXL14a	4 200×240×180	1	渝建 7904	28	
	WXL14b	4 200×240×180	1	渝建 7904	2	
	WXL14a′	4 200×240×180	2	渝建 7904	28	
	WXL14$_{b''}^{b'}$	4 200×240×180	1.2	渝建 7904	2	
阳台板、雨篷板	FKB336	3 140×589×180	42	渝建 7904	30	总长加 100
	BL331	3 140×100×180	4	渝建 7904	29	总长加 100
	FKB246′	1 640×589×180	84	渝建 7904	30	总长减 500
	BL241′	1 640×100×180	4	渝建 7904	29	总长减 500
门窗过梁	GLA4181	2 300×240×180	20	全国 G322	12,26	总长减 300
	GLA4102	1 200×240×180	16	全国 G322	24	总长增 150
	GLA4211	2 750×240×180	28	全国 G322	26	
	GLA4151	2 000×240×120	20	全国 G322	36	
	GLA4103	1 500×240×120	48	全国 G322	24	
	GLA4121	1 700×240×120	6	全国 G322	24	
	GLA4242	2 640×240×180	1	全国 G322	26	
	GLB1	2 000×240×120	40	本图	结-图 8.9	
	GLB2	1 500×240×120	20	本图	结-图 8.9	
	GLB3	1 700×240×120	2	本图	结-图 8.9	

构件名称	型号	规格	数量	采用图纸名称	图纸所在页数	备注
阳台挑梁	XL132b	3 300×240×180	6	渝建7904	26	
	XL132e′	3 300×240×180	12	渝建7904	26	
	XL132a′	3 300×240×180	12	本图	结-图8.9	
	XL132b′	3 300×240×180	12	本图	结-图8.9	
预应力空心板	YKB336-4	3 280×590×120	225	西南G211	3、5、8	
	YKB336-3	3 280×590×120	32	西南G211	3、5、8	
	YKB306-4	2 980×590×120	196	西南G211	3、5、8	
	YKB306-3	2 980×590×820	24	西南G211	3、5、8	
预应力空心板	YKB305-4	2 980×490×120	140	西南G211	3、5、7	
	YKB305-3	2 980×490×820	20	西南G211	3、5、7	
	YKB339-4	3 280×790×110	1	西南G211	3、5、9	板宽减100
	KB2451	2 380×480×110	46	渝结7905	12	
	KB2461	2 380×590×110	28	渝结7905	12	
楼梯踏板	TB1	1 290×300×160	232	本图	结-图8.9	
雨篷	yP1	见 图	2	本图	结-图8.9	
平板	B1	2 380×590×110	72	本图	结-图8.7	
	B2a、B2b	2 380×590×110	12、12	本图	结-图8.7	
	B3	2 380×590×110	24	本图	结-图8.7	
	B4、B5a	2 380×590×110	24、12	本图	结-图8.7	
	B5b	2 380×590×110	12	本图	结-图8.7	
	B6	1 240×590×110	14+6	本图	结-图8.7	
预应力空心板	YKB336-4	3 280×790×120	6	西南G211		板宽减100

8.3.2 工程量计算书

①基数计算表,见表8.3;

②门窗明细表,见表8.4;

③钢筋混凝土构件加工计划表,见表8.5;

④线面工程量计算表,见表8.6;

⑤零星工程量计算及汇总表,见表8.7。

表 8.3　基数计算表

序号	基数名称	单位	数量	计算式
一	外墙中心线 $L_{中}$	m	89.40	$[15.00 \times 2 + 8.40 \times 2 - 2.1] \times 2$
1	$L_{中1-1}$	m	22.20	$5.1 \times 2 + 1.5 \times 4 + 3.0 \times 2$
2	$L_{中2-2}$	m	67.20	$89.40 - 22.20$
二	外墙外边线 $L_{外}$	m	90.36	$89.40 + 4 \times 0.24$
三	内墙净长线 $L_{内}$	m	77.46	$(5.1 - 0.24) \times 4 + (6.6 - 0.24) \times 4 + (3.0 - 0.24) \times 4 + (2.4 - 0.24) \times 4 + (2.4 - 0.24) \times 2 + (2.1 - 0.24) + (3.6 - 0.24) \times 2$
1	$L_{内1-1}$	m	46.74	$(5.1 - 0.24) \times 4 + (6.6 - 0.24) \times 4 + (2.1 - 0.24)$
2	$L_{内2-2}$	m	30.72	$77.46 - 46.74$
四	建筑面积	m²	1 583.1	$(206.27 + 3.98 + \frac{1}{2} \times 25.83) \times 7 + 20.96$
1	一层楼挑阳台面积	m²	25.83	$1.3 \times 3.3 \times 3 + 1.8 \times 1.8 \times 4$
2	一层楼凹阳台面积	m²	3.98	$(3.3 - 0.24) \times 1.3$
3	一层楼面积	m²	206.27	$[15.24 \times 8.64 - (1.5 \times 3.3 \times 2 + 1.8 \times 5.1 \times 2)] \times 2 - 2.34 \times 0.24$
4	楼梯间出屋面部分面积	m²	20.96	$2.64 \times 3.97 \times 2$
5	楼梯间净面积	m²	134.40	$[(4.8 - 0.24) \times (2.4 - 0.24) - 0.3 \times 0.84] \times 2 \times 7 = (19.7 - 0.5) \times 7$
6	底层净面积 $S_{底净}$	m²	195.92	$206.27 + 3.98 + 25.83 - (89.88 + 77.46) \times 0.24$
7	标准层净面积 $S_{楼净}$	m²	176.22	$195.72 - 19.7$

表 8.4 门窗明细表

序号	层数	图号	型号	尺寸/mm 宽	尺寸/mm 高	面积/(m²·樘⁻¹)	总数/樘	总面积/m²	所在部位 $L_{中}$/m² 370	240	180	120	$L_{内}$/m² 370	240	180	120	备注
1	1~4		S1015	980	1 480	1.450 4	16	23.21		24.00							
2	1~4		S1515	1 480	1 480	2.190 4	32	70.09		72.00							
3	5~7		S1015	980	1 480	1.450 4	12	17.40		18.00							
4	5~7		S1515	1 480	1 480	2.190 4	24	52.57		54.00							
			小 计					163.27									
5	1~4		Cx1824	1 780	2 390	3.444 3	16	55.11		56.16							
6	5~7		Cx1824	1 780	2 390	3.444 3	12	41.33		42.12							
			小 计					96.44									
7	1~4		B0610	580	980	0.568 4	16	9.09						9.60			
8	1~4		B1010	980	980	0.960 4	16	15.37						16.00			
9	5~7		B0610	580	980	0.568 4	12	6.82						7.20			
10	5~7		B1010	980	980	0.960 4	12	11.52						12.00			
			小 计					42.80									
11	1~4		X1524	1 480	2 390	3.537 2	16	56.80		57.06							
12	5~7		X1524	1 480	2 390	3.537 2	12	42.45		43.20							
			小 计					99.25									
13	1~4		X0924	880	2 390	2.103 2	48	100.95						103.68			
14	1~4		X0724	680	2 390	1.625 2	16	26.00						26.88			
15	5~7		X0924	880	2 390	2.103 2	36	75.72						77.76			
16	5~7		X0724	680	2 390	1.625 2	12	19.50						20.16			
17	7		X0820	780	1 990	1.552 2	2	3.10		3.20							
			小 计					225.27									

序号	层	名称				数量				
18	1~4	厕所通气砼花格窗	600	600	0.36	32	11.52		11.52	
19	1~4	楼梯花格窗	1 200	600	0.72	2	1.44	1.44		
20	1~4	楼梯花格窗	1 200	2 400	2.88	6	17.28	17.28		
21	5~7	厕所通气砼花格窗	600	600	0.36	24	8.64		8.64	
22	5~7	楼梯花格窗	1 200	2 400	2.88	6	17.28	17.28		
23	7	屋面通气窗	1 800	300	0.54	4	2.16	2.16		
24	7	屋面通气窗	1 500	300	0.45	12	5.40	5.40		
25	7	屋面通气窗	1 200	300	0.36	2	0.72	0.72		
26	7	屋面通气窗	1 000	300	0.30	4	1.20	1.20		
		小　计					65.64			
27	1	门洞	1 200	1 500	1.80	2	3.60	3.60		
28	1	垃圾箱门	500	820	0.41	2	0.82	0.82		
29	1~4	垃圾道门	500	630	0.315	8	2.52			2.52
30	5~7	垃圾道门	500	630	0.315	4	1.26			1.26
		1-4层孔洞合计						232.90	167.68	2.52
		5-7层孔洞合计						187.28	125.76	1.26

表 8.5　建筑工程预算钢筋混

序号	工程项目及名称	数量/件	单位量	合计量	利用图号	φ4 钢筋 0.099 kg/m		φ6 钢筋 0.222 kg/m	
						单位质量①	合计质量②	单位质量	合计质量
一	现浇构件								
1	阳台立柱扶手								
	C20 钢筋砼立柱	49	1.0 m/件	49 m	渝建 7904			1.47	72.0
	33FS	28	3.3 m/件	92.4 m	渝建 7904			3.42	95.8
	13FS	21	1.3 m/件	27.3 m	渝建 7904			1.35	28.4
	18FS	56	1.8 m/件	100.8 m	渝建 7904			1.87	104.7
2	小　计			269.5 m					300.9
3	C20 钢筋砼雨篷	2	4.64 m²/件	9.28 m²	本图			6.20	12.4
	C20 钢筋砼圈梁								
	QL1.2.3	3	5.55 m³/件	16.65 m³	本图			109.54	328.6
	QLD	1	9.88 m³/件	9.88 m³	本图			143.2	143.2
	小　计			26.53 m³					471.8
二	C30 预应力空心板								
	YKB3364	224	0.139 m³/件	31.14 m³	西南 G211	4.50	1 008.0		
	YKB3363	32	0.139 m³/件	4.45 m³	西南 G211	4.40	140.80		
	YKB3354	7	0.115 m³/件	0.81 m³	西南 G211	3.76	26.3		
	YKB3394	1	0.213 m³/件	0.21 m³	西南 G211	8.39	8.4		
	YKB339′4	6	0.189 m³/件	1.13 m³	西南 G211	7.46	44.8		
	YKB3064	196	0.126 m³/件	24.70 m³	西南 G211	3.93	770.3		
	YKB3063	24	0.126 m³/件	3.02 m³	西南 G211	3.83	91.9		
	YKB3054	140	0.104 m³/件	14.56 m³	西南 G211	3.30	462.0		
	YKB3053	20	0.104 m³/件	2.08 m³	西南 G211	3.15	63.0		
	小　计			82.10 m³			2 615.5		
三	预制构件								
1	C20 钢筋砼过梁								
	GLA4103	48	0.043 m³/件	2.064 m³	全国 G322	0.22	10.56		
	GLA4121	8	0.112 m³/件	0.896 m³	全国 G322	1.23	9.84	1.34	10.72
	GLA4242	2	0.125 m³/件	0.250 m³	全国 G322	1.40	2.80		
	GLA4151	20	0.058 m³/件	1.160 m³	全国 G322	0.26	5.20		
	GLA4211	28	0.112 m³/件	3.136 m³	全国 G322	1.23	34.44	1.34	37.52
	GLA4181	20	0.099 m³/件	1.980 m³	全国 G322	1.51	23.0	1.19	23.8
	GLA4102	16	0.043 m³/件	0.688 m³	全国 G322	0.22	3.52		

注:①单位质量(重量)的计量单位为 kg/件;
　　②合计质量(重量)的计量单位为 kg。

凝土构件加工计划表

φ8 钢筋 0.222 kg/m		φ10 钢筋 0.617 kg/m		φ12 钢筋 0.888 kg/m		φ14 钢筋 1.21 kg/m		φ16 钢筋 1.58 kg/m		φ18 钢筋 2 kg/m		φ20 钢筋 2.47 kg/m		φx 钢筋 x kg/m		总计
单位质量	合计质量	单位质量	合计质量	单位质量	合计质量	单位质量	合计质量	单位质量	合计质量	单位质量	合计质量	单位质量	合计质量	单位质量	合计质量	
																300.9
4.86	9.7	7.56	15.1	14.15	28.3											65.5
				487.69	1 463.1											
				609.1	699.1											
					2 072.2											2 554
				2.89	138.72											
2.28	4.56	3.36	26.88													
1.66	33.2	3.36	94.08							16.37	327.4					
1.90	38.0	2.00	32.0													2 615.5

序号	工程项目及名称	数量/件	单位量	合计量	利用图号	φ4 钢筋 0.099 kg/m 单位质量①	φ4 钢筋 0.099 kg/m 合计质量②	φ6 钢筋 0.222 kg/m 单位质量	φ6 钢筋 0.222 kg/m 合计质量
	GLB₁	40	0.063 m³/件	2.537 m³	本图	1.07	42.8	1.25	50.0
	GLB₂	20	0.047 m³/件	0.944 m³	本图	0.84	16.8	0.90	18.0
	GLB₃	2	0.049 m³/件	0.098 m³	本图	0.92	1.84	1.01	2.02
	小　计			13.75 m³			150.8		142.1
2	C20 钢筋砼过梁								
	BL331	24	0.054 m³/件	1.30 m³	渝建 7904	1.07	25.7	1.17	4.7
	BL241	4	0.028 m³/件	0.11 m³	渝建 7904	0.65	2.6		
	小　计			1.41 m³			28.3		4.7
3	C20 钢筋砼挑梁								
	XL132d	6	0.18 m³/件	1.08 m³	渝建 7904	0.45	2.7	4.32	25.9
	XL132e	12	0.18 m³/件	2.16 m³	渝建 7904	0.45	5.4	4.32	51.8
	XL132b′	12	0.155 m³/件	1.86 m³	本图	0.21	2.5	5.04	60.5
	XL132a′	12	0.155 m³/件	1.86 m³	本图	0.21	2.5	5.04	60.5
	WXL14a	1	0.22 m³/件	4.22 m³	渝建 7904	0.48	0.5	5.18	5.2
	WXL14b	2	0.22 m³/件	0.44 m³	渝建 7904	0.48	1.0	5.18	10.4
	WXL14a′	2	0.284 m³/件	0.57 m³	渝建 7904	0.62	1.2	6.66	13.3
	WXL14b′	2	0.284 m³/件	0.57 m³	渝建 7904	0.62	1.2	6.66	13.3
	小　计			12.76 m³			17.0		241.0
4	C20 钢筋砼空心板								
	FKB336	42	0.188 m³/件	7.90 m³	渝建 7904	2.95	123.9		
	FKB246′	84	0.100 m³/件	8.40 m³	渝建 7904	1.69	142.0	4.50	378.0
	KB2451	80	0.097 m³/件	7.76 m³	渝建 7905	1.26	100.8	4.42	353.6
	KB2461	30	0.120 m³/件	3.60 m³	渝建 7905	1.50	45.0	5.05	151.5
	小　计			7.66 m³			411.7		883.1
5	C20 钢筋砼踏步								
	TB₁	224	0.028 m³/件	6.27 m³	本图	0.28	62.72	0.586	131.3
6	C20 钢筋砼平板								
	B₁	24	0.095 m³/件	2.28 m³	本图			1.25	30.0
	B₂ₐ B₂ᵦ	24	0.095 m³/件	2.28 m³	本图			1.25	30.0
	B₃	24	0.095 m³/件	2.28 m³	本图			1.25	30.0
	B₄	48	0.095 m³/件	4.56 m³	本图				
	B₅	24	0.095 m³/件	2.28 m³	本图				

φ8 钢筋 0.395 kg/m		φ10 钢筋 0.617 kg/m		φ12 钢筋 0.888 kg/m		φ14 钢筋 1.21 kg/m		φ16 钢筋 1.58 kg/m		φ18 钢筋 2 kg/m		φ20 钢筋 2.47 kg/m		φx 钢筋 x kg/m		总计
单位质量	合计质量	单位质量	合计质量	单位质量	合计质量	单位质量	合计质量	单位质量	合计质量	单位质量	合计质量	单位质量	合计质量	单位质量	合计质量	总计
				5.4	216.0											
				2.71	54.20											
				2.98	5.96											
	75.8		153.0		414.9								327.4			1 264
3.14	75.4															
1.58	6.3															
	81.7															115
		2.86	17.2	6.09	36.5			14.04	84.2	6.18	34.7					
3.63	21.8		2.86	34.4	6.09		73.0	14.04	168.4	5.81	69.8					
3.63	43.6		1.23	14.8	6.04		72.5	13.90	166.8	6.18	74.2					
3.56	42.7		1.23	14.8	6.04		72.5	13.90	166.8	6.18	74.2					
4.03	4.0			7.69	7.7	13.19	13.2									
4.03	8.1			7.69	15.4	13.19	26.4									
5.18	10.4									26.85	54.7					
5.18	10.4									26.85	53.7					
	183.7		81.2		277.6		39.6				693.6		251.3			1 787
		8.98	377.2													
6.11	256.6															
	256.6															
			377.2													1 929
						1.70	380.8									575
		4.73	113.5													
		5.91	141.8													
		4.73	113.5													
2.22	106.6	4.73	227.0													
2.22	53.3	4.73	113.5													

建筑工程定额与预算

序号	工程项目及名称	数量/件	单位量	合计量	利用图号	$\phi4$ 钢筋 0.099 kg/m		$\phi6$ 钢筋 0.222 kg/m	
						单位质量①	合计质量②	单位质量	合计质量
	B6	16	0.094 m³/件	1.50 m³	本图			1.05	16.8
	小　计			15.18 m³					106.8
7	C20 钢筋砼拦板								
	33ALB	28	0.08 m³/件	2.24 m³	渝建 7904			8.00	224
	33ALB₁	21	0.024 m³/件	0.50 m³	渝建 7904			3.56	74.8
	18ALB	28	0.033 m³/件	0.92 m³	渝建 7904			4.36	122.1
	18ALB₁	28	0.033 m³/件	0.92 m³	渝建 7904			4.36	122.1
	小　计			4.58 m³					543
	零星砼构件								
	垃圾道盖板	2	0.039 m³/件	0.08 m³	本图				20.0(估)
	垃圾箱盖板	2	0.014 4 m³/件	0.03 m³	本图				15.0(估)
	窨井盖板	2	0.045 m³/件	0.09 m³	本图			6.08	12.2
	灶台板	28	0.028 8 m³/件	0.81 m³	本图			3.18	89.0
	钢筋砼水池	28	0.027 m³/件	0.76 m³	本图				78.4(估)
	顶层踏步平板	8	0.012 5 m³/件	0.10 m³	本图				12.0(估)
	厨房碗柜	28	0.072 m³/件	2.02 m³	本图				140(估)
	厨房窗下柜	28	0.054 m³/件	1.51 m³	本图				140(估)
	小　计			5.40 m³					506.6
	花格及花格片								521(估)

φ8 钢筋 0.395 kg/m		φ10 钢筋 0.617 kg/m		φ12 钢筋 0.888 kg/m		φ14 钢筋 1.21 kg/m		φ16 钢筋 1.58 kg/m		φ18 钢筋 2 kg/m		φ20 钢筋 2.47 kg/m		φx 钢筋 x kg/m		总计
单位质量	合计质量	单位质量	合计质量	单位质量	合计质量	单位质量	合计质量	单位质量	合计质量	单位质量	合计质量	单位质量	合计质量	单位质量	合计质量	
		6.67	106.7													
	159.9		816.0													1 083
																543
507																
521																

表 8.6　线 面 工 程 量 计 算 表

序号	分项工程名称	统筹计算公式	单位	数量	计 算 式
1	人工挖地槽土方	(1)＋(2)	m³	249.1	149.7＋99.4
(1)	外墙地槽	$L_{中}$×地槽断面	m³	149.7	22.20×1.52×1.50＋67.20×1.22×1.2
(2)	内墙地槽	[$L_{内}-\frac{1}{2}$(槽宽-墙厚)]× T 型接头个数]×基础断面	m³	99.4	$[46.74-\frac{1}{2}(1.2-0.24)×16]×1.52×1.50+[30.72-\frac{1}{2}(1.5-0.24)×12-\frac{1}{2}(1.2-0.24)×14]×1.22×1.2+0.96×1.52×2.0×2$
2	M₅ 水泥砂浆砌条石基础	($L_{中}+L_{内}$)×基础断面	m³	182.32	$(22.2+46.74)×(0.3×0.3+0.6×0.9×0.3+1.2×0.3)+(67.20+30.72)×(0.3×0.3+0.6×0.9×0.9×0.3)+0.96×1.8×2.0×2$
3	C₁₀ 砼基础垫层	(1)＋(2)	m³	21.07	14.45＋6.62
(1)	外墙基础垫层	$L_{中}$×垫层断面	m³	14.45	22.20×1.5≈0.1＋67.20×1.2×0.1
(2)	内墙基础垫层	[$L_{内}-\frac{1}{2}$(垫层宽-墙厚)]× T 型接头个数]×垫层断面	m³	6.62	$[46.74-\frac{1}{2}(1.2-0.24)×16]×1.50×0.1+[30.72-\frac{1}{2}(1.5-0.24)×12-\frac{1}{2}(1.2-0.24)×14]×1.20×0.1+0.96×2.0×0.1×2$
4	回填土	(1)＋(2)	m³	179.3	111.7＋67.6
(1)	基础回填土	基础挖土方-室外地坪以下所埋砌筑量	m³	67.6	249.1－21.07－[(182.32－89.40＋77.46)×(0.3×0.3＋0.08×0.6)]
(2)	室内回填土	$S_{底净}$×回填土厚	m³	111.7	195.92×(0.58－0.11)
5	余土外运	挖土方-回填土	m³	69.8	249.1－179.3
6	M₁₀ 混合砂浆砖墙	[($L_{中}+L_{内}$)×墙高-孔洞面积]×墙厚-圈、过、挑梁所占体积＋墙垛＋附墙垃圾道	m³	382.08	$[(89.40+77.46)×12.06-(232.9+167.68)]×0.24-5.55×2-6.26-\frac{1}{2}×0.24×2$　$4.64+[(0.9+0.96-0.24)×11.4-2.52]×0.24×2$
7	M₅ 混合砂浆砖墙	同 6	m³	327.47	$[(89.40+77.46)×9.72-(187.28+125.76)]×0.24-5.55×1-\frac{1}{2}(13.75-6.26)-\frac{1}{2}(8.76-4.64)+[(0.9+0.96-0.24)×9.72-1.26]×0.24×2$　$2+[(2.40+3.97×2)×3.0×0.24+2.40×3.0×0.12]×2$

序号	项目名称	计算式	单位	数量	计算式
8	M_5混合砂浆女儿墙	$L_{女中}\times$墙高$\times$墙厚$+$附墙垃圾道	m³	22.79	$[89.40+(2.1-0.24)]\times1.0\times0.24+[(0.9+0.96-0.24)]\times1.0\times0.24$
9	墙外勒脚抹灰	$L_{外}\times$高	m²	61.77	90.36×0.68
10	外墙面抹灰	$(L_{外}+$梁长$\times2)\times$高度$-$洞口$+$楼梯间出呈面房间抹灰	m²	1 802	$90.36\times22.72-(232.9+187.28)+(2.4\times2+3.79\times2)\times3.0\times2$
11	女儿墙内侧抹灰	$L_{女}\times$高	m²	93.6	$[89.40+(2.1-0.24)\times2]\times1.0$
12	内墙裙抹灰	$L\times$裙高$-$洞口	m²	332.0	$\{[(2.4+1.8)\times2-0.24\times4+(1.2+1.8)\times2-0.24\times4]\times1.2-0.8\times1.2-0.7\times1.2\times2-(1.0+0.6)\times0.3\}\times28$
13	内墙面抹灰	$L_{中}\times$净高$-$外墙洞口$+(L_{内}\times$净高$-$内墙洞口$)\times2-$墙裙$+$出呈面房间内抹灰	m²	3 672.6	$89.40\times(21.00-0.12\times7)-(232.9+187.28)+[77.46\times(21.00-0.12\times7)-(167.68+125.76)]\times2-302.0+(4.8\times2+2.4)\times0.72\times2+(2.4\times2)+3.79\times2\times(2.5-0.11)\times2$
14	M_5水泥砂浆灌碎石	$S_{底净}\times$垫层厚	m²	15.67	195×0.08
15	1：2豆石地面30厚	$S_{底净}$	m²	195.92	195×0.08
16	1：2豆石楼面25厚	$S_{楼净}\times6$	m²	1 057.3	176.22×6
17	1：2豆石楼梯面25厚	$S_{楼净}$	m²	134.4	
18	天棚板底勾缝	$S_{底净}+S_{楼净}\times6+S_{楼净}\times1.5$	m²	1 454.8	$195.92+176.22\times6+134.4\times1.5$
19	板底刷白	同上	m²	1 454.8	
20	刚性防方室面层		m²	167.4	$206.07-\dfrac{1}{2}\times25.83-3.98-(89.40+1.86)\times0.24$
21	C_{10}炉渣砼找坡	⑳$\times$平均厚度	m³	8.76	$167.4\times(0.02+6.6\times1.5\%)\times\dfrac{1}{2}$
22	室外散水	$(L_{外}+4\times$宽$)\times$宽	m²	55.94	$(90.36+4\times0.6)\times0.6$
23	散水伸缩缝	$L_{外}+$宽$\times$缝条数	m²	107.6	$90.36+0.6\times28$
24	1：2水泥砂抹踢脚箱		m²	228.8	$\{[89.40+77.46\times2-[(4.8+2.4)\times2-0.24\times4]\times2\}\times0.5\times7$

表 8.7　零星工程量计算及汇总表

序号	分项工程名称	单位	数量	计算式
一	土石方工程			
1	人工挖地槽土方	m³	249.1	
2	人工回填土(夯填)	m³	179.3	
3	单双车运余土,运距100 m	m³	69.8	
二	砖石工程			
1	M$_{10}$混合砂浆砖墙	m³	382.08	
2	M$_5$混合砂浆砖墙	m³	350.26	$327.17+22.79$
3	M$_5$混合砂浆砌底层台阶	m²	2.3	$1.08\times0.26\times4\times2$
4	M$_5$混合砂浆零星砌体	m³	7.46	$1.38+0.21+0.27+5.6$
(1)	垃圾箱	m³	1.38	$2\times[(1.56+0.6-0.12)\times1.2\times0.24+(0.96-0.24)\times1.2\times0.12]$
(2)	楼梯每跑每一步下砌体	m³	0.21	$1.05\times0.12\times0.06\times14>2$
(3)	楼梯顶层砌体	m³	0.27	$2\times[1.05\times0.12\times0.06\times4+(1.0+0.75+0.5+0.25)\times0.167\times0.24]$
(4)	厨房砌体	m³	5.60	$0.2\ \text{m}^3(估)\times28$
5	砌体加固钢筋	t	1.60	$1.60(估)$
6	M$_5$水泥砂浆砌条石基础	m³	182.32	
三	脚手架工程			
1	砖混结构综合脚手架(层高3 m)	m²	1 583	
2	超层施工增加费	m²	244	$206.27+3.98+\dfrac{1}{2}\times25.33+20.96$
四	钢筋砼工程			
1	现浇 C$_{20}$钢筋砼圈梁	m³	26.53	

序号	分项工程名称	单位	数量	计算式
2	现浇 C_{20} 钢筋砼雨篷	m²	9.28	
3	现浇 C_{20} 钢筋砼阳台扶手和立柱	m	269.5	
4	现浇 C_{20} 钢筋砼女儿墙压顶	m³	4.13	$(89.88+1.86)\times0.3\times1.5$
5	预制 C_{20} 钢筋砼梁	m³	24.13	$13.75\times1.015+1.41+8.76$
6	预制 C_{20} 钢筋砼空心板	m³	28.08	27.66×1.015
7	预制 C_{20} 钢筋砼平板	m³	15.41	15.18×1.015
8	预制 C_{20} 钢筋砼阳台板	m³		4.58×1.015
9	预制 C_{20} 钢筋砼楼梯踏步	m³	6.44	6.34×1.015
10	预制 C_{20} 钢筋砼零星构件	m³	5.48	5.40×1.015
11	预制 C_{20} 钢筋砼花格	m²	151.9	$(1.35+1.73)\times28+65.64$
12	预制 C_{30} 钢筋砼预应力空心板	m³	83.33	82.10×1.015
13	现浇构件钢筋制作与安装	t	3.14	$(300.9+12.4+9.7+15.1+283+471.8+2\,072.2)\times\dfrac{1}{1\,000}$
14	先张法预应力构件钢筋制作与安装	t	2.81	$2.615\,5\times1.06\times1.015$
15	预制构件钢筋制作与安装	t	8.70	$[0.115+1.787+(1.264+1.929+0.543+0.521)\times1.015]\times1.02+(1.083+0.507+0.575)\times1.015\times1.07$
16	Ⅲ类砼构件运输	m³	72.14	$(13.75+27.66+15.18+4.58)\times1.013+1.41+8.76$
17	Ⅲ类砼构件运输	m³	11.89	$(6.34+5.40)\times1.013$
18	砼梁安装（无焊接）	m³	23.99	$13.75\times1.005+1.41+8.76$
19	砼板安装（有焊接）	m³	4.60	4.58×1.005
20	砼板安装（无焊接）	m³	125.57	$(27.66+15.18+82.10)\times1.005$
21	小型砼构件安装	m³	11.80	$(6.37+5.40)\times1.005$

序号	分项工程名称	单位	数量	计算式
22	砼花格安砌	m²	151.90	
23	C$_{20}$砼灌平板缝	m³	15.18	
24	C$_{20}$砼灌空心板接头缝	m³	109.76	27.66+82.10
25	C$_{20}$砼灌踏步接头缝	m³	6.34	
五	金属结构工程			
1	楼梯栏杆制作	t	0.70	(估)
2	窗栅制作	t	0.20	(估)
3	Ⅲ类金属构件运输	t	0.91	(0.7+0.2)×1.015
4	栏杆与窗栅安装	t	0.91	
5	垃圾箱铁门制安	个	2	
6	垃圾道铁门制安	个	12	
六	木作工程			
1	一玻一纱窗制作	m²	163.3	
2	单层玻璃窗制作	m²	42.8	
3	一玻一纱窗安装	m²	163.3	
4	单层玻璃窗安装	m²	42.8	
5	镶板门制作	m²	225.3	
6	镶板门带窗制作	m²	96.4	
7	镶板门安装	m²	225.3	
8	门带窗安装	m²	96.4	
9	木扶手制安	m	66.8	(2.0×14+1.05)×2×1.15

	项目	单位	数量	计算式
10	折叠门制作	m²	99.3	
11	折叠门安装	m²	99.3	
12	纱门扇制作	m²	42.6	
13	纱门扇安装	m²	42.6	
14	汽车运输木门窗	m²	669.7	$163.3+42.8+225.3+96.4+99.3+42.6$
七	楼地面工程			
1	C_{10}砼基础垫层	m³	21.07	
2	M_5水泥砂浆灌浆碎石地面垫层	m³	15.67	
3	1:2豆石地面 30厚	m²	195.9	
4	1:2豆石楼面 25厚	m²	1 057.3	
5	1:2豆石楼梯面 25厚	m²	134.4	
6	散水变形缝（灌沥青）	m	107.6	
7	C_{15}砼散水 8cm厚	m²	55.94	
八	屋面工程			
1	刚性防水屋面面层	m²	167.4	
2	C_{10}炉渣砼找坡层	m³	8.71	
3	防水砂浆做雨篷防水层	m²	41.4	
4	铸铁水落管 φ150	m	89.6	$1.4\times3.3\times4+1.9\times1.8\times4+1.5\times3.09\times2$
5	铸铁落水口 φ150	个	4	$(21.72+0.68)\times4$
6	屋面刚性防水层钢筋制安	t	0.193	$0.115\times1.167\,4$
九	装饰工程			
1	外墙勒脚抹灰	m²	1 802	

续表

序号	分项工程名称	单位	数量	计　算　式
2	外墙抹灰	m²	332	
3	内墙裙抹灰	m²	3 672.6	
4	内墙面抹灰	m²	1 454.8	
5	天棚板底勾缝	m²	5 127.4	1 454.8 + 3 672.6
6	天棚及墙面刷白灰浆	m²	607	93.6 + 64.2 + 19.8 + 66.2 + 110.3 + 112 + 2.4 + 7.8 + 131.0
7	水泥砂浆零星抹灰	m²	93.6	
(1)	女儿墙内侧	m²	64.2	(89.88 + 1.86) × 0.7
(2)	女儿墙压顶	m²	19.8	(2.4 + 3.79) × 2 × 0.8 × 2
(3)	楼梯出呈量女儿墙内侧	m²	66.2	(3.3 × 28 + 1.3 × 21 + 1.8 × 56) × 0.3
(4)	阳台扶手	m²	110.3	220.5 × 0.5
(5)	阳台内侧	m²	112	4.0(估) × 28
(6)	厨　房	m²	2.4	1.1 × 1.1 × 2
(7)	垃圾箱顶面	m²	7.8	(1.15 + 0.57) × 2 × 1.15 × 2
(8)	管井内侧抹灰	m²	131.0	2 × (0.72 + 0.68) × 2 × 22.72 + 0.68)
(9)	垃圾道内侧抹灰	m²		
8	灶台板及上部墙面贴磁砖	m²	54.0	1.44 × (0.5 + 0.04 + 0.8) × 28
9	贴马赛克	m²	203.5	154.7 + 5.7 + 43.1
(1)	阳　台	m²	154.7	(1.3 × 21 + 3.3 × 28 + 1.8 × 56) × 0.7
(2)	雨　篷	m²	5.7	[3.09 × 0.06 + 1.5 × (0.06 + 0.13)] × 2 + [(1.3 + 3.3) × 3 + 3.3 + (1.8 × 2 × 4)] × 0.15
(3)	木窗及花格窗框	m²	43.1	[1.56 × 3 × 56 + (1.56 × 2 + 1.06) × 28 + (1.56 + 2.4 + 1.86) × 28 + (1.86 + 0.36) × 2 × 4 + (1.56 + 0.36) × 2 × 8 + (1.06 + 0.36) × 2 × 4 + (21.0 − 1.5) × 4 + 1.20 × 16 × 2] × 0.06
10	1:2水泥砂浆踢脚	m²	228.8	

8.3.3 某校住宅工程施工图预算书

本实例施工图预算书由以下内容组成:

①施工图预算书封面,见表8.8;

②编制说明,见表8.9;

③工程费用计算程序表,见表8.10;

④三材汇总表,见表8.11;

⑤工程预算表,见表8.12;

⑥材料汇总表,见表8.13。

表8.8 施工图预算书封面

<table>
<tr><td colspan="3" align="right">编号:</td></tr>
<tr><td colspan="3" align="center">施工图预算书</td></tr>
<tr><td>建设单位:_____</td><td>单位工程名称: 某校84-1住宅工程</td><td>建设地点: ××市中区</td></tr>
<tr><td>施工单位:_____</td><td>施工单位取费等级: 二级</td><td>工程类别: 四类</td></tr>
<tr><td>工程规模: 1 583m²</td><td>工程造价: 533 195 元</td><td>单位造价: 336.83 元/m²</td></tr>
<tr><td colspan="2">建设(监理)单位:_____</td><td>施工(编制)单位:_____</td></tr>
<tr><td colspan="2">技术负责人:_____</td><td>技术负责人:_____</td></tr>
<tr><td>审 核 人
资格证章:_____</td><td></td><td>编 制 人
资格证章:_____</td></tr>
<tr><td colspan="2" align="center">年 月 日</td><td align="center">年 月 日</td></tr>
</table>

表 8.9　编制说明

编制依据	施工图名称	某校 84-1 住宅施工图
	合同	某工程施工合同
	使用定额	1999 年全国统一建筑工程基础定额重庆市基价表、重庆市建设工程费用定额。
	材料价格	1999 年重庆市材料价格基价表、重庆市市场价格信息
	其他	

说明

1. 施工组织及施工方法说明

①基础垫层为原槽封闭式垫层。

②土方运输采用单双轮车,运距 100 m。

③混凝土花格及阳台花格片采用现场预制。其余混凝土预制构件以及金属构件和木门窗在工厂加工;运输采用汽车,运距 5 km。

④现浇混凝土构件钢筋在现场加工。

2. 设计补充说明

①零星抹灰均采用 1∶3 水泥砂浆。

②零星砌体用 M_5 混合砂浆砌筑。

③在基础断面尺寸中 $n = 3$。

3. 本预算未包括场地平整、材料价差调整、工资区工资单价调整、混凝土构件的预埋铁件、室外工程(除散水外)

4. 工程量计算及定额使用说明

①工程量计算中注明"估"者,是估算的工程量。

②本预算中窗框断面为 52 cm^2,门框断面为 62 cm^2,折叠门是半玻胶板门,框断面为 72 cm^2。

③外粉刷:勒脚抹水泥砂浆,墙面用 1∶3 水泥砂浆作底,1∶2.5 石灰砂浆搓砂面层。

④补-1、补-2 是估算价格。

5. 其他说明

①本预算费按核定的土建四类工程标准计取各项费用。

②费用项目只考虑常见费用项目。

③劳动保险费已计入本预算。

表 8.10　工程费用计算程序

序号	费用名称	计算公式	规定费率/%	金额/元
1	定额直接费	按定额计算		413 419
2	定额人工费调增	定额人工费×规定费率(109 736元)	1.2	1 317
3	机上人工费调增	按规定计算		
4	直接费	1+2+3		414 736
5	综合费	4×规定费率(四类工程)	12.61	52 298
6	其中:临时设施费	4×规定费率	1.85	7 673
7	劳动保险费	4×规定费率	4.26	17 668
8	利润	4×规定费率	4.35	18 041
9	允许按实计算的费用及材料价差	10+11+12+13		11 198
10	其中:材料价差	按实计算		
11	预算包干费	4×规定费率	1.5	6 221
12	转运算	4×规定费率	1.2	4 977
13				
14	定额编制管理费和劳动定额测定费	(4+5+7+8+9)×规定费率	0.18	925
15	税金	(4+5+7+8+9+14)×规定费率	3.56	18 329
16	工程造价	4+5+7+8+9+14+15		533 195

表 8.11　三材汇总表

序号	项目　　材料	金额/万元	钢材/t	原木/m³	水泥/t	标准砖/千匹
	临时设施	0.767 3	0.121	0.242	0.436	2.229
			0.093	0.186	0.335	1.710

建筑工程定额与预算

表 8.12 建设工程预(结)算表

工程名称：

定额编号	工程项目名称	单位	工程量	单价/元	合价/元	人工费 单价/合价	材料费 单价/合价	机械费 单价/合价	水泥(425#) kg	水泥(325#) kg	特细砂 t	石灰膏 m³	砖 千匹	钢筋 t	毛条石 m³	脚手钢材 kg
1A	土石方工程															
3	人工挖地槽土方	100 m³	2.491	1 152.09	2 870	1 152.09 / 2 870										
34	人工夯填回填土	100 m³	1.793	621.27	1 114	621.27 / 1 114										
41 + 42	单(双)轮车余土外运 100 m	100 m³	0.698	367.95	257	367.95 / 257										
	小　计				4 241	4 241										
1C	脚手架工程															
8	综合脚手架(檐口高 24 m 内)	100 m²	15.83	541.31	8 569	120.96 / 1 915	389.35 / 6 163	31.00 / 491								65.86 / 1 043
	小　计				8 569	1 915	6 163	491								1 043

砌筑工程

6换	M_{10}混合砂浆砌砖墙	10 m³	38.208	1 390.83	53 141	291.24	11 128	1 083.02	41 380	16.57	633	885.78	33 844	2.61	99.72	0.05	1.91	5.26	200.97				
5	M_5混合砂浆砌砖墙	10 m³	35.026	1 332.20	46 662	291.24	10 201	1 024.39	35 881	16.57	580	517.26	18 118	2.54	88.97	0.28	9.81	5.26	184.24				
23	M_5混合砂浆砖砌台阶	10 m²	0.23	327.11	75	87.48	20	235.64	54	3.99	1	128.15	29	0.63	0.14	0.07	0.02	1.19	0.27				
27	M_5混合砂浆零星砌体	10 m³	0.746	1 485.00	1 108	414.00	309	1 055.49	787	15.51	12	491.63	367	2.42	1.81	0.27	0.20	5.51	4.11				
35	砖砌体钢筋加固	t	1.60	2 856.71	4 571	376.20	602	2 476.73	3 963	3.78	6									1.03	1.648		
48	M_5水泥砂浆砌条石基础	10 m³	18.232	869.46	15 852	307.80	5 612	551.47	10 054	10.19	186	468.43	8 540	1.79	32.64							10.40	189.61
小 计					121 409		27 872		92 119		1 418		60 898		223.28		11.94		389.59		1.648		189.61

定额编号	工程项目名称	单位	工程量	单价/元 合价/元	人工费 单价/合价	材料费 单价/合价	机械费 单价/合价	水泥(425#) kg	水泥(325#) kg	碎石 5~40 t	碎石 5~20 t	碎石 5~10 t	特细砂 t	锯材 m³	组合钢模 kg	钢筋 t	冷拔钢丝 φ5以下 t
1E	砼与钢筋砼工程																
61	现浇 C$_{20}$ 钢筋砼圈梁	10 m³	2.653	1 749.25 / 4 640	439.20 / 1 165	1 271.87 / 3 374	38.18 / 101	3 694.60 / 9 802		14.18 / 37.62			4.92 / 13.05				
143	现浇 C$_{20}$ 钢筋砼雨篷	10 m²	0.928	192.02 / 178	44.64 / 41	138.44 / 129	8.94 / 8	401.25 / 372			1.47 / 1.36		0.51 / 0.47				
155	现浇 C$_{20}$ 钢筋砼立柱扶手	10 m³	6.06	1 999.92 / 12 119	559.80 / 3 392	1 350.70 / 8 185	89.42 / 542	3 958.5 / 23 988				13.56 / 82.17	4.87 / 29.51				
155	现浇 C$_{20}$ 钢筋砼压顶	10 m³	0.413	1 999.92 / 826	559.80 / 231	1 350.70 / 558	89.42 / 37	3 958.50 / 1 635				13.56 / 5.60	4.87 / 2.01				
348	预制 C$_{20}$ 钢筋砼梁	10 m³	2.143	1 690.46 / 3 623	243.36 / 522	1 272.71 / 2 727	174.39 / 374	3 623.55 / 7 765		14.26 / 30.56			5.04 / 10.80				
380	预制 C$_{20}$ 钢筋砼平板	10 m³	1.541	1 771.02 / 2 729	273.60 / 422	1 320.28 / 2 034	177.14 / 273	3 735.20 / 5 756			13.98 / 21.54		5.08 / 7.83				
383	预制 C$_{20}$ 钢筋砼空心板	10 m³	2.808	1 793.67 / 5 036	275.94 / 775	1 340.59 / 3 764	177.14 / 497	3 785.95 / 10 631				13.69 / 38.44	5.22 / 14.66				
380	预制 C$_{20}$ 钢筋砼栏板	10 m³	0.465	1 771.02 / 823	273.60 / 127	1 320.28 / 614	177.14 / 82	3 735.20 / 1 737			13.98 / 6.50		5.08 / 2.36				

土建工程施工图预算的编制及审查

序号	名称	单位	数量	单价	合价								
433	预制 C_{20} 钢筋砼楼梯踏步	10 m³	0.644	1 889.26	1 216	304.92	1 407.20	177.14	3 735.20	13.98		5.08	
						196	906	114	2 405	9.00		3.27	
436	预制 C_{20} 钢筋砼零星构件	10 m³	0.548	2 000.66	1 096	404.10	1 422.17	174.39	3 785.95	13.69	5.22		
						221	779	96	2 075	7.50	2.86		
385	预制 C_{30} 预应力空心板	10 m³	8.333	2 043.46	17 028	275.94	1 590.38	177.14	4 983.64	13.69	4.05		
						2 299	13 253	1 476	41 529	114.08	33.75		
186	现浇钢筋砼圈梁模板	10 m³	2.653	1 144.70	3 037	516.42	570.15	58.13				53.50	0.09
						1 370	1 513	154				141.94	0.239
203	现浇钢筋砼雨篷模板	10 m²	0.928	497.00	461	133.92	337.49	25.59					0.313
						124	313	24					0.29
208	现浇钢筋砼立柱扶手模板	10 m³	6.06	2 374.42	14 389	984.96	1 130.85	258.61				91.99	0.33
						5 969	6 853	1 567				557.46	2.00
208	现浇钢筋砼压顶模板	10 m³	0.413	2 374.42	981	984.96	1 130.85	258.61				91.99	0.33
						407	467	107				37.99	0.136
452	预制钢筋砼梁模板	10 m³	2.143	907.30	1 944	330.30	574.38	2.62					0.44
						708	1 231	5					0.943
466	预制钢筋砼平板模板	10 m³	1.541	353.97	546	110.70	152.75	90.52				3.92	
						171	235	140				6.04	

定额编号	工程项目名称	单位	工程量	单价/元	合价/元	人工费 单价/合价	材料费 单价/合价	机械费 单价/合价	水泥 (425#) kg	水泥 (325#) t	碎石 5~40t	碎石 5~20t	碎石 5~10t	特细砂 t	锯材 m³	组合钢模 kg	钢筋 t	冷拔钢丝 φ5以下 t
464	预制钢筋砼空心板模板	10 m³	2.808	470.49	1 321	236.52 / 664	196.67 / 552	37.30 / 105								14.50 / 40.72		
479	预制钢筋砼栏板模板	10 m³	0.465	696.26	324	208.26 / 97	484.85 / 225	3.15 / 2							0.32 / 0.149			
489	预制钢筋砼楼梯踏步模板	10 m³	0.644	1 127.44	726	733.32 / 472	387.41 / 250	6.71 / 4							0.32 / 0.206	3.50 / 2.254		
485	预制钢筋砼零星构件模板	10 m³	0.548	1 944.30	1 066	627.66 / 344	1 303.53 / 714	13.11 / 8							0.80 / 0.438	16.20 / 8.88		
465	预制预应力空心板模块	10 m³	8.333	572.07	4 767	309.24 / 2 577	228.26 / 1 902	34.57 / 288								18.92 / 157.66		
528	现浇构件钢筋制安	t	3.14	2 763.62	8 678	161.10 / 506	2 540.00 / 7 976	62.52 / 196									1.03 / 3.234	
529	预制构件钢筋制安	t	8.70	2 762.91	24 037	178.92 / 1 557	2 516.77 / 21 896	67.22 / 584									1.02 / 8.874	
530	预应力构件钢筋制安（选择法）	t	2.81	3 202.17	8 998	335.16 / 942	2 783.95 / 7 823	83.06 / 233										1.09 / 3.063
521 + 522	Ⅱ类砼构件汽车运输5km	10 m³	7.214	689.03	4 971	53.28 / 384	22.81 / 165	612.94 / 4 422							0.01 / 0.072			

土建工程施工图预算的编制及审查

定额编号	项目名称	单位	数量	单价	合价	人工 金额	人工 数量	材料① 金额	材料① 数量	材料② 金额	材料② 数量	材料③ 金额	材料③ 数量	材料④ 金额	材料④ 数量	机械 数量
523+524	Ⅲ类砼构件汽车运输5km	10 m³	1.189	1 333.51	1 586	80.64	96	34.98	42	1 217.89						0.02
500	预制梁安装满浆	10 m³	2.399	444.37	1 066	206.82	496	208.90	501	28.64	69	222.25	533	198.64	197	0.024
512	预制板安装满浆（有焊接）	10 m³	0.46	922.86	425	368.64	170	489.22	225	65.00	30	82.24	196	425.45	91	0.036
516	预制小型构件安装	10 m³	1.94	548.88	1 065	217.26	422	290.92	564	40.70	79	146.05	283	244.48	474	0.18
511	预制板安装满浆（无焊接）	10 m³	12.557	518.59	6 512	221.40	2 780	238.49	2 995	58.70	737	203.20	2 552	206.28	2 590	0.251
515	预制楼梯踏步砌安满浆	10 m³	0.644	493.42	317	211.68	136	121.39	78	160.35	103	76.20	49	80.22	52	0.17
小 计					136 531	29 783		92 843		13 905		111 099		3 613		259.66
本页合计																952.94

（机械/其他小计：132.04　5.057　68.18　38.40；本页合计：12.108　3.063）

定额编号	工程项目名称	单位	工程量	单价/元	合价/元	人工费 单价/合价		材料费 单价/合价		机械费 单价/合价		钢材 t	锯材 m³
1F	金属结构工程												
23	楼梯金属栏杆制作	t	0.70	4 576.75	3 204	645.84	452	2 934.00	2 054	996.91	698	1.06 / 0.742	
29	金属窗栅制作	t	0.20	4 243.99	849	788.40	158	2 808.88	562	646.71	129	1.06 / 0.212	
52 + 53	II类金属构件汽车运输 5km	t	0.91	329.79	300	23.76	22	40.16	36	265.87	242		
49	金属栏杆、窗栅安装	t	0.91	415.96	379	350.82	319	53.43	49	11.71	11		0.02 / 0.018
补-1	垃圾箱铁门制安	个	2	80.00	160	10.00	20	60.00	120	10.00	20		
补-2	垃圾道铁门制安	个	12	60.00	720	10.00	120	40.00	480	10.00	120		
	小 计				5 612		1 091		3 301		1 220	0.954	0.018

定额编号	工程项目名称	单位	工程量	单价/元	合价/元	人工费 单价/合价	材料费 单价/合价	机械费 单价/合价	一等锯材(干) m³	木砖 m³	玻璃(3mm) m²	塑料纱 m²
1G	门窗、木结构工程											
1	镶板门制作	100 m²	2.253	5 539.47	12 480	633.78 / 1 428	4 639.10 / 10 452	266.59 / 600	5.28 / 11.896			
11	镶板门带窗制作	100 m²	0.964	5 034.90	4 854	611.28 / 589	4 203.33 / 4 052	220.29 / 213	4.84 / 4.666			
18	纱门扇制作	100 m²	0.426	2 323.10	990	261.00 / 111	1 914.35 / 816	147.75 / 63	2.167 / 0.923			
7	折叠门制作(半玻镶板)	100 m²	0.993	4 478.87	4 448	479.34 / 476	3 787.50 / 3 761	212.03 / 211	4.357 / 4.327			
21	镶板门安装	100 m²	2.253	1 436.76	3 237	498.60 / 1 123	936.72 / 2 110	1.44 / 4		0.36 / 0.811	4.68 / 10.54	
27	镶板门带窗安装	100 m²	0.964	1 943.59	1 874	536.94 / 518	1 405.41 / 1 355	1.24 / 1		0.266 / 0.256	31.98 / 30.83	
32	纱门扇安装	100 m²	0.426	752.72	321	294.12 / 125	457.73 / 195	0.87 / 1				89.00 / 37.91
25	折叠门安装(半玻镶板)	100 m²	0.993	1 807.70	1 795	516.24 / 513	1 290.10 / 1 281	1.36 / 1		0.333 / 0.331	46.31 / 45.99	
	本页合计											

土建工程施工图预算的编制及审查

建筑工程定额与预算

定额编号	工程项目名称	单位	工程量	单价/元	合价/元	人工费 单价/合价	材料费 单价/合价	机械费 单价/合价	一等锯材 m³	木砖 m³	玻璃(3mm) m²	塑料纱 m²	硬木 m³
36	单层玻璃窗制作	100 m²	2.061	4 880.63	10 059	503.28 / 1 037	4 142.57 / 8 538	234.78 / 484	4.782 / 9.85				
44	纱窗制作(扇)	100 m²	1.633	1 989.58	3 249	243.00 / 397	1 611.20 / 2 631	135.38 / 221	1.838 / 3.002				
45	单层玻璃窗安装	100 m²	2.061	2 775.15	5 720	745.20 / 1 536	2 028.56 / 4 181	1.39 / 3		0.317 / 0.653	73.43 / 151.34		
53	纱窗安装(扇)	100 m²	1.633	1 464.87	2 392	531.00 / 867	933.37 / 1 524	0.50 / 1				99.34 / 162.22	
7A0123补	木扶手制安	10 m	6.68	212.55	1 420	71.32 / 476	141.23 / 944						0.072 / 0.481
90+91	木门窗汽车运输 5 km	100 m²	6.697	246.26	1 649	15.12 / 101		231.14 / 1 548					
	小　计				54 488	9 297	41 840	3 351	34.67	2.051	238.70	200.13	0.481

定额编号	工程项目名称	单位	工程量	单价/元 合价/元	人工费 单价/合价	材料费 单价/合价	机械费 单价/合价	水泥(425#) kg	水泥(325#) kg	碎石 5~40 t	碎石 5~20 t	豆石 5~10 t	特细砂 t
1H	楼地面工程												
11换	M₅水泥砂浆碎石灌浆地面垫层	10 m³	1.567	782.77	146.70	609.37	26.70		957.08	16.68			3.66
				1 227	230	955	42		1 500	26.14			5.74
23	C₁₀砼基础垫层	10 m³	2.107	1 342.67	220.50	1 031.86	90.31		3 070.40	14.19			5.57
				2 829	465	2 174	190		6 469	29.90			11.74
58+60	1:2水泥豆石浆楼地面	100 m²	12.532	898.07	373.50	505.51	19.06		2 018.26			3.78	
				11 255	4 681	6 335	239		25 293			47.37	
62	1:2水泥豆石浆楼梯面	100 m²	1.344	2 368.69	1 435.86	893.84	38.99		3 533.36			3.10	4.49
				3 184	1 930	1 201	53		4 749			4.17	6.03
189+190	C₁₅砼散水(8 cm厚)	100 m²	0.559	1 657.47	437.94	1 134.17	85.36	2 529.04	444.72		11.12		5.12
				927	245	634	48	1 415	249		6.22		2.86
小 计				19 422	7 551	11 299	572	1 415	38 260	56.04	6.22	51.54	26.37

191

土建工程施工图预算的编制及审查

定额编号	工程项目名称	单位	工程量	单价/元	合价/元	人工费 单价/合价	材料费 单价/合价	机械费 单价/合价	水泥(425#) kg	水泥(325#) kg	碎石 5~10 t	特细砂 t	防水粉 kg	铸铁管 φ150 m	铸铁水斗 φ150 个	炉渣 t	冷拔钢丝 t
II	屋面工程																
38	C₂₀细石砼屋面防水层(40)	100 m²	1.674	1 635.34	2 738	396.54 / 664	1 198.92 / 2 007	39.88 / 67	1 703.72 / 2 852	214.03 / 358	6.10 / 10.21	2.19 / 3.67					
58	雨篷防水砂浆防水层	100 m²	0.414	585.76	243	183.06 / 76	387.63 / 161	15.07 / 6		295.40 / 536		2.60 / 1.08	55.00 / 22.77				
75	铸铁水落管 φ150	10 m	8.96	466.96	4 184	56.16 / 503	410.80 / 3 681	/				0.06 / 0.54		10.10 / 91			
79	铸铁水落口 φ150	10 个	0.40	736.78	295	50.58 / 20	686.20 / 275	/							10.10 / 4		
1J0135	水泥炉渣屋面找坡层	10 m³	0.871	752.37	655	129.42 / 113	622.95 / 542			2 201.80 / 1 918						10.99 / 9.57	
1E0530	刚性防水层钢筋制安	t	0.193	3 202.17	618	335.16 / 65	2 783.95 / 537	83.06 / 16									1.09 / 0.210
	本页合计				8 733	1 441	7 203	89	2 852	2 812	10.21	5.29	22.77	91	4	9.57	0.210

建筑工程定额与预算

定额编号	工程项目名称	单位	工程量	单价/元	合价/元	人工费 单价/合价	材料费 单价/合价	机械费 单价/合价	水泥(325#) kg	特细砂 t	石灰膏 m³	马赛克 m²	瓷砖 m²	白水泥 kg
1K	装饰工程													
1	内墙面抹石灰砂浆	100 m²	36.726	432.43	15 881	269.82	147.10	15.51	19.05	2.57	0.95			
						9 909	5 402	570	700.00	94.39	34.89			
13	勒脚抹1:2.5水泥砂浆	100 m²	0.617 7	540.18	334	247.14	277.53	15.51	1 021.14	3.04				
						153	171	10	631	1.88				
13	内墙裙抹1:2.5水泥砂浆	100 m²	3.32	540.18	1 793	247.14	277.53	15.51	1 021.14	3.04				
						821	921	51	3 390	10.09				
13	踢脚抹1:2.5水泥砂浆	100 m²	2.288	540.18	1 236	247.14	277.53	15.51	1 021.14	3.04				
						565	635	36	2 336	6.96				
18	水泥砂浆零星抹灰	100 m²	6.07	988.22	5 998	598.68	368.71	20.83	1 387.90	4.02				
						3 634	2 238	126	8 425	24.40				
24	外墙面抹混合砂浆	100 m²	18.02	567.93	10 234	247.14	303.51	17.28	1 041.81	3.13	0.27			
						4 454	5 469	311	18 773	56.40	4.87			
59	阳台墙面贴马赛克	100 m²	2.035	2 839.31	5 778	1 195.92	1 625.22	18.17	1 400.64	3.36	0.06	101.50		
						2 434	3 307	37	2 850	6.84	0.12	207		
67	灶台板及上部墙面贴瓷砖	100 m²	0.54	4 125.34	2 228	1 467.18	2 642.21	15.95	1 263.66	2.91	0.07		114.60	17.00
						792	1 427	9	682	1.57	0.04		62	10

土建工程施工图预算的编制及审查

194 建筑工程定额与预算

定额编号	工程项目名称	单位	工程量	单价/元	合价/元	人工费 单价/合价	材料费 单价/合价	机械费 单价/合价	水泥(325#) kg	特细砂 t	石灰膏 m³	马赛克 m²	瓷砖 m²	白水泥 kg	调合漆 kg	生石灰 kg
161	预制板板底勾缝	100 m²	14.548	89.49	1 302	64.26 / 935	24.79 / 361	0.44 / 6	44.45	0.09						
208	单层木门调合漆(2遍)	100 m²	4.636	1 120.99	5 197	318.42 / 1 476	802.57 / 3 721		647	1.31					46.97 / 217.75	
209	单层木窗调合漆(2遍)	100 m²	2.649	987.51	2 616	318.42 / 844	669.09 / 1 772								39.14 / 103.68	
210	木扶手调合漆(2遍)	100 m	0.668	155.52	104	78.30 / 52	77.22 / 52								4.50 / 3.01	
290	金属栏杆及窗栅调合漆	t	0.90	127.07	114	32.40 / 29	94.67 / 85								6.32 / 5.69	
350	天棚及内墙面刷大白浆	100 m²	51.274	57.92	2 970	35.46 / 1 818	22.46 / 1 152									3.03 / 156
	小　计				55 785	27 916	26 713	1 156	22 952	203.84	5.03	207	62	10	330.13	156
	本页合计															

表 8.13　材料汇总表

建设单位	某高校			送料地点		
工程名称	住 84-1			收料人		
序号	材料名称	规　格	单位	数量	用途	备注
1	钢材		t	14.71		
2	冷拔钢丝		t	3.271		
3	锯材		m³	40.226	其中:硬木	0.481m³
4	木砖	240×115×53	m³	2.051		
5	水泥	425#	t	115.37		
6	水泥	325#	t	128.54		
7	白水泥		kg	56.00		
8	标准砖		千匹	389.59		
9	特细纱		t	590.82		
10	毛条石		m³	189.61		
11	碎石	5-40	t	124.22		
12	碎石	5-20	t	44.62		
13	碎石	5-10	t	269.87		
14	豆石	5-10	t	51.54		
15	炉渣		t	9.57		
16	石灰膏		m³	16.97		
17	生石灰		kg	156.00		
18	玻璃	3mm	m²	238.70		
19	塑料纱		m²	200.13		
20	瓷砖		m²	62.00		
21	马赛克		m²	207.00		
22	铸铁落水管	φ150	m	96.00		
23	防水粉		kg	22.77		
24	调合漆		kg	330.13		
25	组合钢模		kg	952.94		
26						

8.4 土建工程施工图预算的审查

为了提高预算的编制质量,使预算能够正确地反映建筑产品的造价,必须对施工图预算进行认真审查。

8.4.1 审查的主要内容

直接费是构成预算造价的主要因素,又是计取其他各项费用的基础。因此,直接费的审查是预算审查的重点,只要把直接费审查清楚,其他费用就容易审查了。直接费又是由基价直接费和其他直接费等所组成,基价直接费由工程量及预算单价所确定,因而工程量的正确与否,是影响基价直接费是否准确的首要因素。

1)工程量的审查

工程量的审查可根据预算编制单位所提供的工程量计算表进行。若没有工程量计算表,也可由审查者重新计算工程量,然后与工程预算表中的工程量进行对照。工程量的审查,应根据施工图纸、施工组织设计、计算规则、定额项目的划分逐项进行。现分述如下:

(1)土石方工程

①要注意是否应该放坡、支挡土板或加工作面,放坡系数及加宽工作面是否正确;

②回填土或取运土数量以及运距是否正确,是否符合施工组织设计的规定;

③平整场地、挖地槽、地坑及平基的概念是否清楚,有没有重复计算的地方。

(2)桩基工程 要注意各种不同类型的桩是否分别计算,施工方法须符合设计要求,桩的长度须符合设计规定,在需要接桩处,接头系数的计算是否正确。

(3)砖石工程

①墙基与墙身的划分是否符合规定,墙身高度是否计算正确;

②墙、柱是否按砌筑砂浆的标号不同分别进行计算,零星砌体项目是否有漏算或重算,砌体中应扣除部分是否扣除;

③是否有重算、漏算项目。

(4)脚手架工程 脚手架是应按综合脚手架还是单项脚手架计算,是否符合计算规则及分部说明的规定,是否有重复和遗漏。

(5)砼及钢筋砼工程 砼及钢筋砼工程包括各种框架和构件,如基础、柱、梁、楼板、楼梯、阳台、雨篷等,审查时应注意以下几个方面:

①砼及钢筋砼构件的现浇、预制、预应力与非预应力是否分别计算,有无混淆;

②现浇钢筋砼柱与梁、主梁与次梁等各种构件的划分是否符合规定,有无重算或错算;

③要特别注意构件的制作、运输及安装工程量之间的关系;

④钢筋砼构件中的钢筋计算是否按构件的类别分开计算,损耗系数是否正确。

(6)金属结构工程 审查金属结构工程时要特别注意金属构件的制作、运输和吊装定额均不考虑整体构件的损耗。运输、吊装则应按定额规定增加焊缝质(重)量,但制作时的钢材损耗以及铆钉、螺栓等质（重）量已包括在定额内，不得重复计算。另外还要注意审查构件的运输距离与实际是否相符。

（7）木结构工程

①门窗是否按定额的分项分别以框外围面积或扇外围面积（无框者）计算；

②木地板、天棚、间壁墙等的计算是否符合定额的规定；

③屋架、檩条的计算是否正确，木装修是否按定额的规定分别以延长米或 m^2 计算。

（8）楼地面工程

①整体面层中，是否扣除了楼梯间、地面构筑物、突出地面的设备基础、室内铁道等部分所占的面积；

②整体面层设计用料不同时，是否分开计算；

③计算地面垫层工程量时，是否扣除了地沟等所占的体积。

（9）屋面工程

①屋面找平层、隔热保温层及防水层（含柔性防水和刚性防水）等是否按定额规定分项进行计算；

②所选用的坡度系数是否正确；

③屋面的女儿墙、伸缩缝、天窗等处弯起部分工程量计算是否符合设计和定额的规定。

（10）装饰工程

①装饰工程是否按设计图纸的不同材料、不同作法和不同构造部位，按定额规定的分项分别计算；

②应扣除的面积是否按规定予以扣除；

③是否有重算和漏算项目。

（11）构筑物工程

①烟囱基础与筒身的工程量是否有混淆；

②砖砌烟囱和水塔的筒身是否扣除了洞口、圈梁的体积，有无错算的问题。

2）定额单价的审查

定额单价是计算每一分项工程基价直接费的依据之一，因此定额单价审查时要注意以下问题：

（1）套用的单价是否正确　工程预算表中所列的分项工程名称、规格、计量单位与定额表所列项目的内容应完全一致，否则不能直接套用。

（2）换算的单价是否正确　对定额规定不允许换算的项目，不能强调工程特殊或其他任何原因而任意换算。对定额允许换算的项目，需审查其换算依据和换算方法是否符合规定。

（3）补充单价的审查　主要审查编制补充定额及单价的方法、依据是否科学合理，是否符合有关现行规定。

3）各项费用的审查

（1）直接费的审查　施工图预算中不能随意另列已包括在定额中的直接费，如生产工人的副食补贴、工资性质的津贴已列入定额的人工工资中，不得重复计算，但也不能漏列该计入直接费中的费用,如木材蒸汽干燥费等。

(2)综合费及其他费用的审查　审查时要注意以下问题:

①费用定额(即费用计取标准)是否与预算定额配套;

②计取的各种费用与工程类别核定是否吻合;

③各种费用的计算基数及费率是否符合规定。

8.4.2　审查的基本方法

1)全面审查法

全面审查法是指按照设计图纸、预算定额及有关资料,对各分部分项工程项目逐一进行审查的方法。其优点是全面、细致,所审核的预算质量比较高,差错比较少。缺点是工作量大,花费的时间比较多。

2)重点审查法

抓住预算中的重点内容进行审查的方法称为重点审查法。简述如下:

(1)对工程量进行重点审查　选择工程量大、单价高的项目进行重点审查。如:砖木结构工程,重点审查砌筑和木作分部;砖混结构工程,重点审查砌筑和砼分部;砼框架结构及装配式砼结构工程,重点审查砼分部;有高级装饰的酒店、宾馆、展览馆和招待所等,重点审查砼分部、砌筑分部及装饰分部。基础也可列入审查的重点。

(2)对补充单价进行重点审查　主要审查补充单价的编制依据和方法是否符合规定,材料用量和材料预算价格是否正确,人工工日和机械台班耗用量是否合理。

(3)对各项费用进行重点审查　主要审查各项费用计取的基数和费率是否正确。

3)分解对比审查法

如果单位工程用途、建筑结构和建筑标准都一样,又在同一地区或同一城市范围内,其预算造价及工料消耗也应基本相同。虽然因建设地点、材料运输距离不同,施工方法也不尽相同,对工程造价会有所影响,但仍可采用对比的方法,计算出它们之间的差别。

把一个单位工程的直接费、间接费等进行分解,然后把直接费、材料费或材料耗用量按分部工程进行分解,再分别与标准预算或地区综合技术经济指标进行对比分析的方法,称为分解对比审查法。

(1)分解对比审查法的内容

①综合技术经济指标对比,包括单方造价指标对比,单位工程各分部直接费占工程总造价的比例指标对比,单位工程直接费、人工费、材料费、机械费及间接费占工程总造价比例指标的对比;

②单位工程每 100 m² 工程量综合指标对比;

③单位工程主要材料消耗量指标对比。

(2)分解对比审查法的步骤

①收集地区或国家综合技术经济指标,或由标准预算分解出各项技术经济指标,作为对比审查的标准资料;

②计算拟审工程预算的各项技术经济指标,并与标准指标相比较;

③先对比单方造价指标,如出入较大,再对比各分部工程占工程总造价的直接费指标;

④若发现某一分部有较大出入,则直接审查该分部的工程量及单价;

⑤用单方工程材料消耗量综合指标对比审查,如发现某种材料出入较大,则重点审查有该种材料消耗的分项工程项目。

(3)分解对比审查法的特点

①一般不需要翻阅图纸和重新计算,只要有准确的综合指标资料,对比口径一致即可。

②审查时一般只需按上述分解对比审查法内容中的②、③两项进行分解对比即可达到审查目的。这样审查工作既能做到迅速、又能保证正确。

小 结 8

本章主要讲述土建工程施工图预算的内容及作用,土建工程施工图预算的编制依据、编制原则及编制步骤,土建工程施工图预算编制实例介绍和土建工程施工图预算的审查等。现就其基本要点归纳如下:

①土建工程施工图预算书的内容,主要包括封面、编制说明、费用计算汇总表、工程计价表(预算表)、工料分析表、材料汇总表等。其主要作用是确定单位工程预算造价,为建筑施工企业收取工程价款提供依据。

②土建工程施工图预算编制工作的重点是土建工程各分部分项工程量的计算,根据计价定额计算基价直接费,按照"费用定额"的规定计算各项工程费用。因此,在做好预算编制各项准备工作的基础上,必须重点认真做好上述三方面工作,才能够正确地计算出工程造价。

③土建工程施工图预算的审查是提高工程预算编制质量、正确反映工程造价的重要措施和手段。其审查内容主要包括工程量计算的审查,定额单价的审查和各项费用计算的审查。只有重点做好上述内容的审查,才能纠正错算、漏算和重复计算等问题,保证预算的编制质量,实事求是地反映工程造价。

④通过本章的学习,要重点掌握土建工程施工图预算的主要内容、编制步骤和方法,熟悉施工图预算的审查内容及其基本方法。

复习思考题 8

8.1 什么是土建工程施工图预算?它的编制对象是什么?

8.2 土建工程施工图预算(书)有哪些内容?其作用是什么?

8.3 土建工程施工图预算的编制原则与编制依据有哪些?

8.4 说明土建工程施工图预算编制的主要步骤?

8.5 说明怎样编制分项工程预算表?怎样进行工料分析?

8.6　编制土建工程施工图预算书应注意的事项有哪些？

8.7　土建工程施工图预算的审查内容有哪些？其审查方法及步骤有哪些？

8.8　通过本章和绪论中关于工程造价计价改革主要内容的学习，请问什么是"工程量清单计价方法"？为什么说推行这种方法是工程造价计价方法的一项重要变革？

8.9　在现行的工程造价模式向以"工程量清单计价"为核心的工程造价模式转变的趋势下，建筑企业如何应对这一变革？应做好哪些准备工作？

建筑工程定额与预算

第9章

建筑工程设计概算的编制

建筑工程设计概算是设计文件中确定建筑工程概算造价的文件。在两阶段设计中,扩大初步设计阶段要编制工程概算;在三阶段设计中,初步设计阶段要编制概算,技术设计阶段要编制修正概算。由于工程概算一般在设计阶段由设计部门编制,故通常又称作设计概算。

建筑工程设计概算是建设项目总概算的重要组成部分,是国家控制基本建设投资的主要依据,也是编制基本建设计划、选择设计最佳方案、控制建设工程贷款和编制工程预算的依据。只有及时正确地编制出工程概算,才能正确使用国家建设投资,加速资金周转,充分发挥投资效果。所以,建筑工程设计概算在基本建设中起着极为重要的作用。

9.1 利用概算定额编制设计概算

当初步设计(或扩大初步设计)有一定的深度,建筑和结构设计要求比较明确,有关工程量数据基本上能满足编制设计概算要求时,就可以根据概算定额(或综合预算定额)编制设计概算。

9.1.1 编制依据

①初步设计或扩大初步设计图纸资料;
②概算定额或综合预算定额(扩大结构定额);
③地区人工工资标准、材料预算价格和施工机械台班预算单价;
④费用标准(地区规定的费用定额);
⑤其他费用指标及有关规定。

9.1.2 编制方法与步骤

利用概算定额编制设计概算的方法与编制施工图预算的方法基本相同。其步骤如下:

1)熟悉设计图纸,列出扩大分项工程项目

编制设计概算与编制施工图预算一样,首先必须在熟读图纸的基础上,列出扩大结构分项工程项目。设计概算中的分项工程项目须根据概算定额的项目确定,所以在列项之前,必须了解概算定额的项目划分情况。例如某省建筑工程概算定额划分为以下10个分部工程:

①土石方、基础工程;

②墙体工程;

③柱、梁工程;

④门窗工程;

⑤楼地面工程;

⑥屋面工程;

⑦装饰工程;

⑧厂区道路;

⑨构筑物工程;

⑩其他工程。

每个分部中的每个概算定额项目一般由几个预算定额的项目综合而成。经过综合的概算定额项目的定额单位与预算定额项目的定额单位是不相同的。了解了概算定额综合的基本情况,才能正确列出项目并据以计算工程量。概算定额项目与预算定额项目对照表见表9.1。

表9.1 概算定额项目与预算定额项目对照表

概算定额项目	单位	综合的预算定额项目	单位	备 注
砖基础	m^3	砖基础 水泥砂浆防潮层 基础挖方	m^3 m^2 m^3	
砖外墙	m^3	砖墙砌体 外墙面抹灰或勾缝 钢筋加固 钢筋砼过梁 墙内面抹灰 刷石灰浆	m^3 m^2 t m^3 m^2 m^2	
现浇钢筋混凝土墙	m^3	现浇钢筋混凝土墙体 内墙面抹灰石灰砂浆 刷石灰浆	m^3 m^2 m^2	
门窗	m^2	门窗制作 门窗安装 门窗运输 门窗油漆	m^2 m^2 m^2 m^2	

概算定额项目	单位	综合的预算定额项目	单位	备　　注
现浇钢筋混凝土楼板	m³	面层 现浇钢筋楼板 天棚面抹灰 刷白浆	m² m³ m² m²	
预制空心楼板	m³	面层 预制空心板 板运输 板安装 板缝灌浆 天棚面抹灰 刷白浆	m² m³ m³ m³ m³ m² m²	

2）工程量计算

设计概算工程量计算须按一定的计算规则进行。设计概算的工程量计算规则与施工图预算的工程量计算规则是不同的,由某省的概算工程量计算规则和预算工程量计算规则对比,可以看出其差别(见表9.2)。

表9.2　部分概、预算工程量计算规则对比

项　目　名　称	概算工程量计算规则	预算工程量计算规则
内墙基础、垫层	按中心线尺寸计算工程量后乘以系数0.97	按净长尺寸计算工程量
内墙	按中心线长计算工程量	按净长尺寸计算工程量
内、外墙	不扣除嵌入墙身的过梁体积	要扣除嵌入墙身的过梁体积
楼地面垫层、面层	按中心线尺寸计算工程量后乘以系数0.9	按净面积计算工程量

3）直接费计算及工料分析

在工程量计算完毕后,可套用概算定额中的综合基价,计算工程直接费,同时进行工料分析,计算工程需用的各种材料用量。有的地区规定,部分概算定额基价需要调整与换算,那么套用概算定额基价时,应按调整或换算后的概算价格进行计算。直接费和工料分析表见表9.3。

表 9.3　概算直接费计算及工料分析表

定额号	项目名称	单位	工程量	单价/元	其中 人工费/元	其中 机械费/元	合价/元	其中 人工费/元	其中 机械费/元	锯材/m³	水泥/kg	玻璃/m²
1—114	M₅水泥砂浆砖基础	m³	74.788	130.44	21.92	1.73	9 755.35	1 639.35	129.38		79.53 / 5 947.89	
1—105	C₁₅混凝土基础垫层	m³	25.06	143.48	22.05	9.03	3 595.61	552.57	226.29	0.006 5 / 0.163	307.04 / 7 694.42	
4—68	单层木玻璃窗	m²	74.52	76.56	12.48	2.36	5 705.25	930.01	175.87	0.051 5 / 3.838		0.7 / 55.14
	小　计						19 056.21	3 121.93	531.54	4.001	13 642.31	55.14

4）概算造价计算

根据已计算的工程直接费,按各地区规定的费用标准和其他费用指标等规定,计算工程间接费、利润和其他费用,最后将上述费用累加,即得出拟建工程的设计概算造价。

建筑工程设计概算书的表格,可利用预算表代替,也可另行设计。

9.2　利用概算指标编制设计概算

概算指标是一种用建筑面积、建筑体积或万元为单位,以整幢建筑物为对象而编制的指标,其数据均来自各种已竣工的建筑物预算或决算资料,即用其建筑面积(或体积)除需要的各种人工、材料而得出。目前以建筑面积(100 m²)为单位表示的较普遍,也有以万元指标表示的。

由于概算指标是按整幢建筑物每100 m²建筑面积(或每1 000 m³体积)或每万元货币指标表示的价值来规定人工、材料和施工机械台班的消耗量,所以概算指标比概算定额更加综合与扩大,因此,根据概算指标编制设计概算比根据概算定额编制设计概算更加简化,是一种较为准确而又节省时间的方法。对占投资比重较小的或比较简单的工程项目,以及设计深度不够、编制依据不齐全时,可用概算指标进行编制。但要特别注意设计对象的结构特征应与概算指标的结构特征基本一致,否则计算出的概算造价有较大的误差。

9.2.1　概算指标的构成

概算指标一般由以下几部分内容组成:

①工程概况;

②工程造价分析表;

③工程量分析表；

④工料消耗指标。

以上几部分的内容见表9.4,表9.5,表9.6,表9.7所示。

表9.4 工程概况

工程名称	住宅楼	施工地点		某市	结构类型		混合	有效施工时 间		216 天	
建筑面积	3 372.46 m²	首层占地面 积		674.49 m²	平均每户面 积		56.2 m²	开竣工时 间		2001.3.3— 2001.12.31	
工程特征	层数	首层高	标准层高	顶层高	檐高	开间	进深	地震烈度	地耐力	地下室面积	
	5	2.90 m	2.90 m	2.90 m	15.25 m	2.73 m 3.3 m	4.7 m 5.2 m	8	11 t/m²		
结构特征	基础	外墙	外装饰	内墙	隔墙	内装饰	楼板	楼地面	阳台形式	屋面保温	屋面排水
	混凝土 砖	1.5 砖	局部粉刷 勾缝	1 砖	半砖	普通灰 涂料	空心板	豆 石 混凝土	预 制 挑阳台	加气板	有组织
	屋面板	窗	门	梁	卫生 标准	采暖 方式	照明 配线	动力	电灯型号	通风方式	煤气
	空心板	钢	木		3 件	阳式 钢片	暗管白 炽灯				

表9.5 工程造价分析表

内容	单方造价		占总造价百分率/%								
	元·m⁻²	%	人工费	材料费	机械费	其他费	直接费 小 计	管理费	其他间 接费	利 润	材料调价
总造价	646.26	100	5.78	59.78	1.00	4.40	70.96	11.03	6.87	2.38	8.76
其中:土建	528.83	81.83	5.95	56.51	1.13	5.02	68.61	11.46	6.85	2.38	10.70
暖气	33.02	5.11	4.07	76.92	0.92	1.30	83.21	7.33	7.09	2.37	
上下水	55.26	8.55	4.06	78.56	0.12	1.30	84.04	7.31	6.28	2.37	
照明	29.15	4.51	8.03	64.22	0.42	2.57	75.24	14.46	7.93	2.37	

表 9.6　工程量分析表(土建工程)

项目名称	单位	工程量/100m²
挖运土	m³	60.49
回填土	m³	36.15
垫层混凝土	m³	2.98
基础混凝土	m³	6.95
基础砌砖	m³	5.80
现浇结构件	m³	2.60
其中:柱	m³	1.48
板	m³	0.84
其他	m³	0.28
现浇钢筋砼小构件	m³	1.96
其中:圈梁	m³	1.86
其他	m³	0.10
预制钢筋砼构件	m³	7.52
其中:板	m³	5.66
其他	m³	1.86
内外墙砌砖	m³	40.35
楼地面混凝土垫层	m³	3.92
抹楼地面	m²	88.22
屋面防水	m²	22.59
脚手架	m²	100
预制加气砼板	m³	2.74
木门窗	m²	24.01
钢门	m²	14.81
抹内墙	m²	408.93
抹外墙	m²	35.46

表 9.7　工料消耗指标(土建工程)

名称	单位	消耗量/100m²
人工	工日	309.43
325#水泥	t	10.76
φ10 内钢筋	kg	378.36
φ10 外钢筋	kg	403.92
型钢	kg	11.36
模板(摊销)	m³	0.83
装修木材	m³	0.22
木脚手杆、板	m³	0.10
钢脚手(摊销)	吨	0.02
标准砖	千块	23.75
生石灰	kg	4 509.97
砂子	m³	32.73
石子	m³	14.29
豆石	m³	2.81
油毡	m²	59.14
石油沥青	kg	135.94
2mm 玻璃	m²	2.91
3mm 玻璃	m²	16.96
预制砼空心板	m³	5.66
预制砼小构件	m³	1.86
加气砼板	m³	2.74
木门	m²	24.01
空腹钢窗	m²	8.87
带纱钢门带窗	m²	5.97
各种油漆	kg	18.76

9.2.2　利用概算指标编制设计概算的方法

①根据初步设计的要求和结构特征,如结构性质(砖木、混合、钢筋砼等),基础、墙、柱、梁、楼地面、屋盖、门窗、内外墙粉刷等的用料和作法,选用与设计结构特征相符的概算指标。

②将概算指标中的每 100 m² 建筑面积(或每 1 000 m³ 建筑体积)的工日数乘以地区工资标准,求出人工费。即

概算人工费 = 指标规定的人工工日数 × 地区日工资标准

③将概算指标中的每 100 m² 建筑面积(或每 1 000 m³ 建筑体积)的主要材料数量乘以地区材料预算价格,求出主要材料费。即

概算主要材料费 = 指标规定的主要材料耗用量 × 相应的地区材料预算价格

其他材料费一般按占主要材料费的百分率表示。因此,当计算出主要材料费之后,根据主要材料费乘以其他材料费占主要材料费的百分率,求出其他材料费。

概算其他材料费 = 主要材料费 × 其他材料费费率

④概算指标中的施工机械台班使用费以"元"表示,使用概算指标时,不必另行计算。

⑤将上述人工费、主要材料费、其他材料费及施工机械使用费相加,即得每100 m² 建筑面积(或每1 000 m³ 建筑体积)的直接费。

⑥将直接费乘以间接费率,求出间接费。

⑦将直接费、间接费之和乘以利润率,求出利润。

⑧将直接费、间接费和利润相加,求出100 m² 建筑面积(或每1 000 m³ 建筑体积)概算价值。即

100 m² 建筑面积(或每1 000 m³ 建筑体积)概算价值 = 直接费 × (1 + 间接费率)(1 + 利润率)

⑨将100 m² 建筑面积(或每1 000 m³ 建筑体积)概算价值除以100 m² 建筑面积(或每1 000 m³ 建筑体积),求出每 m² 建筑面积(或每 m³ 建筑体积)概算价值(概算单价)。即

概算价值 = 100 m² 建筑面积

(或1 000 m³ 建筑体积)概算价值 ÷ 100 m²(或1 000 m³)

⑩根据初步设计图纸计算建筑面积(或建筑体积)后,再将计算的建筑面积(或建筑体积)乘以每 m² 建筑面积(或每 m³ 建筑体积)的概算单价,即得到建筑工程的概算造价。

建筑工程概算造价 = 拟建工程建筑面积(或建筑体积)× 概算单价

如果采用表9.4,表9.5,表9.6,表9.7 中的各项指标来编制设计概算,一般来讲,该工程要符合以下 3 个条件:

①该工程的建设地点与概算指标中的工程建设地点在同一地区。

②该工程的工程特征和结构特征与概算指标中的工程特征、结构特征基本相同。

③该工程的建筑面积与概算指标中工程的建筑面积相差不大。

9.3 建筑工程设计概算编制实例

9.3.1 工程概况

本实例系某市某区某花园内的一幢住宅楼,建筑面积3 000 m²,工程特征和结构特征与表9.4 中的内容相同。

9.3.2 设计概算造价计算

本实例要求按概算指标编制该住宅楼土建工程设计概算。

由于本住宅楼与表9.4 中所示的住宅楼在同一地区,所以可以根据概算指标直接计算工程概算造价,然后再计算工料需用量。具体计算过程见表9.8,表9.9。

表9.8 概算造价计算表(用概算指标计算)

单位工程名称:某住宅楼

序号	项目	计 算 式	金额/元	备 注
1	土建工程造价	$3\,000 \times 528.83 = 1\,586\,490$	1 586 490	
2	直接费	$1\,586\,490 \times 68.61\% = 1\,088\,491$	1 088 491	
	其中:人工费	$1\,586\,490 \times 5.95\% = 94\,396$	94 396	
	材料费	$1\,586\,490 \times 56.51\% = 896\,526$	896 526	
	机械费	$1\,586\,490 \times 1.13\% = 17\,927$	17 927	
	其他直接费	$1\,586\,490 \times 5.02\% = 79\,642$	79 642	
3	施工管理费	$1\,586\,490 \times 11.46\% = 181\,812$	181 812	
4	其他间接费	$1\,586\,490 \times 6.85\% = 108\,675$	108 675	
5	法定利润	$1\,586\,490 \times 2.38\% = 37\,758$	37 758	
6	材料调价	$1\,586\,490 \times 10.70\% = 169\,754$	169 754	

表9.9 工料需用计算表

单位工程名称:某住宅楼

序号	名 称	计 算 式	单位	数 量
1	人工	$3\,000 \times 309.43/100 = 9\,282.90$	工日	9 282.90
2	325# 水泥	$3\,000 \times \dfrac{10.76}{100} = 322.80$	t	322.80
3	$\phi 10$ 内钢筋	$3\,000 \times \dfrac{378.36}{100} = 11\,350.80$	kg	11 350.80
4	$\phi 10$ 外钢筋	$3\,000 \times \dfrac{403.92}{100} = 12\,117.60$	kg	12 117.60
5	型钢	$3\,000 \times \dfrac{11.86}{100} = 355.80$	kg	355.80
6	模板	$3\,000 \times \dfrac{0.83}{100} = 24.90$	m³	24.90
7	装修木材	$3\,000 \times \dfrac{0.22}{100} = 6.60$	m³	6.60
8	木脚手杆、板	$3\,000 \times \dfrac{0.10}{100} = 3.00$	m³	3.00
9	钢脚手	$3\,000 \times \dfrac{0.02}{100} = 0.60$	t	0.60
10	标准砖	$3\,000 \times \dfrac{23.75}{100} = 712.50$	千块	712.50
11	生石灰	$3\,000 \times \dfrac{4\,509.97}{100} = 135\,299.10$	kg	135 299.10

建筑工程定额与预算

序号	名　　称	计　　算　　式	单位	数　量
12	砂子	$3\ 000 \times \dfrac{32.78}{100} = 981.90$	m³	981.90
13	石子	$3\ 000 \times \dfrac{14.29}{100} = 428.70$	m³	428.70
14	豆石	$3\ 000 \times \dfrac{2.81}{100} = 84.30$	m³	84.30
15	油毡	$3\ 000 \times \dfrac{59.14}{100} = 1\ 774.20$	m²	1 774.20
16	石油沥青	$3\ 000 \times \dfrac{135.94}{100} = 4\ 078.20$	kg	4 078.20
17	2 mm 玻璃	$3\ 000 \times \dfrac{2.91}{100} = 87.30$	m²	87.30
18	3 mm 琉璃	$3\ 000 \times \dfrac{16.96}{100} = 508.80$	m²	508.80
19	预制钢筋混凝土空心板	$3\ 000 \times \dfrac{5.66}{100} = 169.80$	m³	169.80
20	预制钢筋混凝土小构件	$3\ 000 \times \dfrac{1.86}{100} = 55.80$	m³	55.80
21	加气混凝土板	$3\ 000 \times \dfrac{2.74}{100} = 82.20$	m³	82.20
22	木门	$300 \times \dfrac{24.01}{100} = 720.30$	m²	720.30
23	空腹钢窗	$3\ 000 \times \dfrac{8.87}{100} = 266.10$	m²	266.10
24	带纱钢门连窗	$3\ 000 \times \dfrac{5.97}{100} = 179.10$	m²	179.10
25	各种油漆	$3\ 000 \times \dfrac{18.76}{100} = 562.80$	kg	562.80

用概算指标编制概算的方法较为简便。主要工作是计算拟建工程的建筑面积,然后套用概算指标直接算出各项费用和工料需用量。

实际工作中,拟建工程与概算指标往往有一定差别,选不到与其在工程特征和结构特征上完全相同的概算指标。遇到这种情况时可以采取一定的方法调整和修正概算指标,然后再使用。

调整方法 1:

拟建工程在同一地区,建筑面积相近,但结构特征不完全一样。例如拟建工程是轻质砌块外墙、铝合金窗,概算指标中的工程结构特征是一砖外墙、普通单层木窗,这就要对概算指标进行一定的调整修正。

调整的基本思路是:从原指标的每 m² 造价中,减去每 m² 建筑面积需换出的结构构件的价值,加上每 m² 建筑面积需换入结构构件的价值,即得每 m² 造价修正指标,再将每 m² 造价修正指标乘上设计对象的建筑面积,即得到这项工程的概算造价。计算公式如下:

$$\text{每 m}^2\text{建筑面积造价修正指标} = \text{原指标每 m}^2\text{建筑面积单方造价} - \text{每 m}^2\text{建筑面积换出结构构件价值} + \text{每 m}^2\text{建筑面积换入结构构件价值}$$

建筑工程设计概算的编制

式中　$\dfrac{每\ m^2建筑面积}{换出结构构件价值}=\dfrac{原指标结构构件工程量×地区概算定额工程单价}{原指标面积单位}$

每 m^2 建筑面积换入结构构件价值 $=\dfrac{拟建工程结构构件工程量×地区概算定额单价}{拟建工程建筑面积}$

单位工程概算造价 = 拟建工程建筑面积 × 每 m^2 建筑面积造价修正指标

【例9.1】　拟建工程建筑面积 3 500 m^2，按图算出轻质砌块外墙 632.51 m^3，铝合金窗 250 m^2。原概算指标每 100 m^2 建筑面积一砖外墙 25.71 m^3，普通单层木窗 15.36 m^2，每 m^2 概算造价 523.76 元。求修正后的单方造价和概算造价。

【解】　每 m^2 建筑面积造价修正指标 $=(523.76+\dfrac{3\ 516.28}{100}-\dfrac{4\ 508.89}{100})$ 元/$m^2=$
$$513.83\ 元/m^2$$

单位工程概算造价 = (3 500 × 513.83) 元 = 1 798 405 元

调整方法2：

不通过修正每 m^2 造价指标的办法，而直接修正原指标中的工料数量。修正表见表9.10。

表9.10　建筑工程概算指标修正表

(100 m^2 建筑面积)

序号	概算定额编号	结构名称	单位	数量	单价	合价	备注
		换入部分					
1	2-78	轻质砌块外墙	m^3	18.07	164.44	2 971.43	$632.51×\dfrac{100}{3\ 500}=18.07$
2	4-68	铝合金窗	m^2	7.14	76.31	544.85	$250×\dfrac{100}{3\ 500}=7.14$
		小计				3 516.28	
		换出部分					
3	2-78	砖砌一砖外墙	m^3	25.71	133.22	3 425.09	
4	4-90	普通单层木窗	m^2	15.36	70.56	1 083.80	
		小计				4 508.89	

具体做法是，从原指标的工料数量和机械使用费中，换出与拟建工程不同的结构构件人工、材料数量和机械使用费，换入所需的人工、材料和机械使用费。这些费用是根据换入、换出结构构件工程量乘以相应概算定额中的人工、材料数量和机械使用费得出的。

小结 9

本章主要讲述利用概算定额和概算指标编制设计概算，以及建筑工程设计概算编制实例等。现归纳如下：

①建筑工程设计概算是设计文件的组成部分，是确定建筑工程概算造价的依据。当拟建

项目初步设计或扩大初步设计已全部完成、建筑与结构设计比较明确、工程量数据能满足设计概算编制的要求时，就可以利用概算定额编制设计概算。其编制方法与施工图预算的编制方法相似，只不过编制内容及计算数据要比编制施工图预算简单粗略。

②概算指标是用建筑面积、建筑体积、或每万元投资为单位，以整幢房屋建筑物为对象而编制的数据指标。当拟建项目初步设计的要求和结构特征，与选用概算指标的设计结构特征基本相符时，就可以利用概算指标编制设计概算。其具体方法是用拟建工程建筑面积 m^2（或建筑体积 m^3）乘以相应的各项概算指标，即可计算出拟建工程概算造价及各项工料的需用数量。这种方法比利用概算定额编制设计概算更加综合与简化，是一种比较准确而又节约时间的简便方法。

③通过本章的学习，要重点掌握利用概算指标编制设计概算的必备条件与具体方法，熟悉概算指标的修正要求及调整方法。

复习思考题 9

9.1　什么叫建筑工程设计概算？

9.2　建筑工程设计概算有何重要作用？

9.3　利用概算定额怎样编制设计概算？

9.4　利用概算指标怎样编制设计概算？

9.5　概算指标为什么要进行修正调整？怎样进行概算指标的修正？请举例说明之。

第 10 章

单位工程施工预算

10.1 施工预算的作用与内容

10.1.1 施工预算的概念

施工预算是施工企业内部对单位工程进行施工管理的成本计划文件。

建筑企业为了保质保量地完成所承揽的施工任务,取得较好的经济效益,就必须加强企业的经营管理。施工预算就是为了适应施工企业加强经营管理的需要,根据企业经济核算及队组核算的要求,按照施工图纸、施工组织设计和施工定额,计算拟建单位工程或分部、分层、分段工程所需人工、材料和机械台班需用量,供企业内部控制施工中各项成本支出,并指导施工生产活动的计划成本文件。同时也是与施工图预算成本和实际工程成本进行分析对比的基础资料。

10.1.2 施工预算的作用

施工预算的编制与贯彻执行,对建筑企业加强施工管理、实行经济核算、控制工程成本和提高管理水平都起着重要的作用。其具体作用可概括为以下几个方面:

①是施工企业编制施工作业计划、劳动力计划和材料构件等物资需用量计划的依据;

②是企业基层施工单位(工区或施工队)向班组签发施工任务书和限额领料单的依据;

③是计算计件工资、超额奖金,进行企业内部承包,实行按劳分配的依据;

④是施工企业进行"两算"(即施工图预算和施工预算)对比的依据;

⑤是企业定期开展经济活动分析,核算与控制工程成本支出的依据;

⑥是促进实施技术节约措施的有效方法。

从上述作用中可以看出,施工预算涉及企业内部所有的业务部门和各基层施工单位。无论计划部门编制施工计划和组织施工,劳资部门安排劳动力计划,材料部门安排材料计划,财务部门和综合部门开展经济活动分析、进行"两算"对比、核算和控制工程成本,工程处(或工区)及施工队进行内部承包以及施工队向班组签发施工任务书和限额领料单等,无不依赖施工预算所提供的资料。因此,结合工程实际,及时、准确地编制施工预算,对于提高企业经营管理水平,明确经济责任制,降低工程成本,提高经济效益,都是十分重要的。

10.1.3 施工预算的主要内容

施工预算一般以单位工程为编制对象,按分部或分层、分段进行工料分析计算。其基本内容包括工程量、人工、材料、机械需用量和定额直接费等。施工预算由编制说明书和计算表格两大部分组成。

1)编制说明书

施工预算的编制说明书主要包括以下内容:

①编制依据:说明采用的有关施工图纸、施工定额、人工工资标准、材料价格、机械台班单价、施工组织设计或施工方案以及图纸会审记录等;

②所编工程的范围;

③根据现场勘察资料考虑了哪些因素;

④根据施工组织设计考虑了哪些施工技术组织措施;

⑤有哪些暂估项目和遗留项目,并说明其原因和处理办法;

⑥还存在和需要解决的问题有哪些,以后的处理办法怎样;

⑦其他需要说明的问题。

2)计算表格

施工预算的计算表格,全国没有统一规定,现行的主要有以下几种:

(1)工程量计算表 是施工预算的基础表,见表10.1。

表10.1 工程量计算表

序　号	分部分项工程名称	单位	数量	计算式	备注

(2)工料分析表 是施工预算的基本计算用表,见表10.2。与施工图预算的"工程预算表"的不同之处:一是本表在一般情况下不设分项计价部分;二是本表的人工分析部分划分较细,既按工种(如砌砖工、抹灰工、钢筋工、木工、混凝土工等),又按级别进行划分。本表的计算和填制方法与施工图预算的工料分析基本相似,所不同的是二者所使用的定额、项目划分以

及工程量计算有较大的差别。上述这些问题在下节介绍施工预算的编制时再详细介绍。

（3）人工汇总表　是编制劳动力计划及合理调配劳动力的依据。由"工料分析表"中的人工数，按不同工种和级别分别汇总而成，见表10.3。

（4）材料汇总表　是编制材料需用量计划的依据。由"工料分析表"中的材料数量，区别不同规格，按现场用材与加工厂用材分别进行汇总而成，见表10.4。

（5）机械汇总表　是计算施工机械费的依据。是根据施工组织设计规定的实际进场机械，按其种类、型号、台数、工期等计算出台班数，然后汇总而成，见表10.5。

为了便于计算人工费、材料费和施工机械使用费，上述表10.3、表10.4、表10.5除列有"数量"外，还列有"单价"和"金额"栏目。

表 10.2　施工预算工料分析表

建设单位_____　　　　20　　年　　月　　日第　　页　　　　建筑面积_____
工程名称_____　　　　　　　　　　　　　　　　　　　　　结构层数_____

人 工 分 析				定额编号	分部分项工程名称	工程数量	材料分析	名　称				
工级	工级	工级	工级					规　格				
								单　位				
（合计数）	（合计数）	（合计数）	（合计数）					合　计				
定额标准计算数量							定额单位		定额标准计算数量			

复核　　　　　　　　　　　　　　　　　　　　　　编制

表 10.3　施工预算人工汇总表

建设单位＿＿＿＿＿＿＿＿＿

工程名称＿＿＿＿＿＿＿＿＿

序号	分部工程名称	分工种用工数及人工费									分部工程小计 /（工日·元⁻¹）
		普工 级 （工资单价）元	砖工 级 元	木工 级 元	级 元	级 元	级 元	级 元	级 元	级 元	
单位工程合计	人工数 工日										
	人工费 元										

表 10.4　施工预算材料汇总表

建设单位＿＿＿＿＿＿＿＿＿

工程名称＿＿＿＿＿＿＿＿＿　　　20　　年　　月　　日第　　页

序号	材料名称	规格	单位	数量	单价	材料费/元	备注
单位工程合计/元							

表10.5　施工预算机械汇总表

建设单位＿＿＿＿＿＿＿

工程名称＿＿＿＿＿　　　20　　年　　月　　日第　　页

序号	机 械 名 称	型 号	台班数	台班单价	机械费/元	备注
单位工程合计/元						

表10.6　两算对比表(一)——直接费综合对比

建设单位＿＿＿＿＿＿＿　　　　　　　　　　　　建筑面积＿＿＿＿＿＿＿

工程名称＿＿＿＿＿＿＿　　　　　　　　　　　　结构层数＿＿＿＿＿＿＿

序号	项目	施工图预算/元	施工预算/元	对比结果		
				节约	超支	%
一	单位工程直接费 其中:人工费 机械费 材料费					
二 1	分部工程直接费 土石方工程 其中:人工费 机械费 材料费					
2	砖石工程 其中:人工费 机械费 材料费					
3	…					

主管　　　　　　　　　　审核　　　　　　　　　　　　　　编制

表 10.7　两算对比表(二)——实物量单项对比

建设单位＿＿＿＿＿＿＿＿＿　　　　　　　　　　　　　　　建筑面积＿＿＿＿＿＿＿＿

工程名称＿＿＿＿＿＿＿＿　　20　　年　　月　　日第　　页　　结构层数＿＿＿＿＿＿

序号	工料名称及规格	单位	施工图预算			施工预算			对比结果					
			数量	单价/元	合价/元	数量/元	单价/元	合价/元	数量差			金额差		
									节约	超支	%	节约	超支	%
一	人　工 其中:土石方工程 　　砖石工程 　　……	工日 工日 工日 工日												
二	材　料													
1	325# 水泥	t												
2	425# 水泥	t												
3	Φ10 以内钢筋	t												
4	Φ10 以外钢筋	t												
5	板方材	m³												
6	……													

主管　　　　　　　　　审核　　　　　　　　　　　　　　　　编制

（6）两算对比表　是在施工预算编制完毕后,将其计算出的人工、材料消耗量以及人工费、材料费、施工机械费、其他直接费等,按单位工程或分部工程与施工图预算进行对比,找出节约或超支的原因,作为单位工程开工前在计划阶段的预测分析用表,见表 10.6 和表 10.7。

此外还有钢筋混凝土构件、金属构件、门窗木作构件的加工订货表、钢筋加工表、铁件加工表、门窗五金表等,视各单位的业务分工和具体编制内容而定。

10.1.4　施工预算与施工图预算的区别

施工预算与施工图预算有以下区别:

（1）编制依据与作用不同　"两算"编制依据中最大的区别是使用的定额不同,施工预算套用的是施工定额,而施工图预算套用的是预算定额或计价定额,两个定额的各种消耗量有一定差别。两者的作用也不一样,施工预算是企业控制各项成本支出的依据,而施工图预算是计算单位工程的预算造价,确定企业工程收入的主要依据。

（2）工程项目划分的粗细程度不同　施工预算的项目划分和工程量计算,要按分层、分段、分工种、分项进行,比施工图预算的划分细得多,计算也更为精确。如钢筋砼构件制作,施工定额分为模板、钢筋,混凝土分项计算,而预算定额则合并为一项计算。

（3）计算范围不同　施工预算一般只算到直接费为止,这是因为施工预算只供企业内部管理使用,如向班组签发施工任务书和限额领料单,而施工图预算要计算整个工程预算造价,

217

单位工程施工预算

包括直接费、间接费、利润、价差调整、税金和其他费用等。

(4)考虑施工组织因素的多少不同 施工预算所考虑的施工组织方面的因素要比施工图预算细得多。如垂直运输机械,施工预算要考虑是采用井架还是塔吊或别的机械,而施工图预算则是综合计算的,不需考虑具体采用哪种机械。

(5)计算单位不同 "两算"中工程量计算单位也不完全一样,如门窗安装工程量,施工预算按樘数计算,而施工图预算则是按框外围面积计算。又如单个体积小于 0.07 m^3 的过梁安装工程量,施工预算以根数计算,而施工图预算则以体积计算。

10.2 施工预算的编制

10.2.1 施工预算的编制依据

施工预算编制依据如下:

①施工图纸、说明书、图纸会审记录及有关标准图集等技术资料。

②施工组织设计或施工方案。施工组织设计或施工方案所确定的施工顺序、施工方法、施工机械、施工技术组织措施和施工现场平面布置等内容,都是施工预算编制的依据。

③施工定额和有关补充定额(或全国建筑安装工程统一劳动定额和地区材料消耗定额)。施工定额是编制施工预算的主要依据之一。目前各省、市、地区或企业根据本地区的情况,自行编制施工定额,为施工预算的编制与执行创造了条件。有的地区没有编制施工定额,编制施工预算时,人工可执行现行的《全国建筑安装工程统一劳动定额》,材料可按地区颁发的《建筑安装工程材料消耗定额》计算。施工机械可根据施工组织设计或施工方案所确定的施工机械种类、型号、台数和施工期等进行计算。

④人工工资标准、材料预算价格(或实际价格)、机械台班预算价格。这些价格是计算人工费、材料费、机械费的主要依据。

⑤审批后的施工图预算书。施工图预算书中的数据,如工程量,定额直接费,以及相应的人工费、材料费、机械费、人工和主要材料的预算消耗数量等,都给施工预算的编制提供有利条件和可比的数据。

⑥其他费用规定。其他有关费用包括气侯影响、停水停电、机具维修、基础因下雨塌方以及不可预见的零星用工等,企业可以通过测算,确定一个综合系数来计算,由企业内部包干使用,多不退,少不补,一次包死。该项费用的计算应根据本地区、本企业的规定执行。

⑦计算手册和有关资料。包括建筑材料手册,五金手册,以及有关的系数计算表等资料。

10.2.2 编制方法

施工预算的编制方法,一般有实物法、实物金额法和单位计价法,与施工图预算的编制方法基本相同。现分述如下:

(1)实物法 这种方法是根据施工图纸、施工定额、施工组织设计或施工方案等计算出工程量后,套用施工定额,并分析计算其人工和各种材料数量,然后加以汇总,但不进行价格计算。由于这种方法是只计算确定实物的消耗量,故称实物法。

（2）实物金额法　这种方法是在实物法算出人工和各种材料消耗数量后,再分别乘上所在地区的人工工资标准和材料预算价格,求出人工费、材料费和直接费。这种方法不仅计算各种实物消耗量,而且计算出各项费用的金额,故称实物金额法。

（3）单位计价法　这种方法与施工图预算的编制方法大体相同,所不同的是施工预算的项目划分内容与分析计算都比施工图预算更为详细,更为精确。

上述三种方法的主要区别在于计价方式的不同。实物法只计算实物消耗量,并据此向施工班组签发施工任务书和限额领料单,还可以与施工图预算的人工、材料消耗数量进行对比分析;实物金额法是通过工料分析,汇总人工、材料消耗数量,再进行计价;单位计价法则是按分部分项工程项目分别进行计价。对施工机械台班使用数量和机械费,三种方法都是按施工组织设计或施工方案所确定的施工机械的种类、型号、台数及台班费用定额进行计算。这是与施工图预算在编制依据与编制方法上的又一个不同点。

10.2.3　施工预算的编制步骤

现将实物金额法编制施工预算的方法步骤简述如下:

①收集熟悉有关资料,了解施工现场情况。编制前应将有关资料收集齐全,如施工图纸及图纸会审记录,施工组织设计或施工方案,施工定额和工程量计算规则等。同时还要深入施工现场,了解施工现场情况及施工条件,如施工环境、地质、道路及施工现场平面布置等。上述工作是施工预算编制必备的前提条件和基本准备工作。

②计算工程量。工程量计算是一项十分细致而又繁锁复杂的工作,也是施工预算编制工作中最基本的工作,所需时间长,技术要求高,故工作量也最大。能否及时、准确地计算出工程量,关系着施工预算的编制速度与质量。因此,应按照施工预算的要求认真做好工程量的计算工作,工程量计算表格形式见表10.1。

③套用施工定额。工程量计算完毕后,按照分部、分层、分段划分的要求,经过整理汇总、列出各个工程量项目,并将这些工程量项目的名称、计量单位和工程数量,逐项填入"施工预算工料分析表"内(详见表10.2),然后套用施工定额,即可将查到的定额编号与工料定额消耗指标分别列入上表的栏目里。

④工料分析。施工预算的工料分析方法与施工图预算的工料分析方法基本相同,即用分项工程量分别乘以定额工料消耗指标,求出所需人工和各种材料的耗用量。逐项分析计算完毕后,就可为各分部工程和单位工程的工料汇总创造条件。机械台班数量的计算,可按其机械种类、型号、台数、使用期限,分别计算各种施工机械的台班需用量。

⑤工料汇总。在上述人工、材料、机械台班分析计算完毕后,按照人工汇总表(见表10.3)、材料汇总表(见表10.4)、机械台班汇总表(见表10.5),以分部工程分别汇总,最后按整个单位工程进行汇总,并据此编制单位工程工料需要量计划,计算直接费和进行"两算"对比。

⑥计算直接费和其他费用。工料汇总完毕后,根据现行的地区人工工资标准、材料预算价格(或实际价格)和机械台班预算价格,按照上述三个汇总表(即表10.3、表10.4、表10.5),分别计算人工费、材料费、机械费和各分部工程或单位工程的施工预算直接费。最后根据本地区或本企业的规定,计算其他有关费用。

⑦拟写编制说明。

⑧整理装订,审批后分发执行。

10.2.4　编制施工预算应注意的问题

(1)编制内容与范围　施工预算应按所承担施工任务的内容范围进行编制,凡属在外单位加工或购买的成品、半成品,如木材加工厂制作的木门窗,预制加工厂制作的钢筋砼构件,金属加工厂制作的金属构件,以及购买的钢、铝合金门窗等,编制施工预算时均不进行工料分析。在本企业附属企业加工的各种构件,均可另行分别编制施工预算,不要同施工现场分项工程项目混合编制,以便施工队进行施工管理和经济核算。

(2)填表要求　工料分析时,要求在同一页的工料分析表中不要列两个不同的分部工程,即使一个分部工程一张表列不满时,下一个分部工程也需另起一页。人工、材料、机械台班汇总表应按分部工程填列,按单位工程汇总,以便于进行"两算对比"。

(3)工程量的计量单位　为了能直接套用施工定额的工料消耗指标,不移动小数点位置,对编制施工预算进行工料分析所采用工程量的计量单位,要求与定额计量单位相同,如现行的《全国建筑安装工程统一劳动定额》的定额计量单位是:土方、砖石砌筑、砼浇筑等以"m^3",脚手架以"10 m",墙面抹灰、油漆、玻璃等以"10 m^2",钢筋以"t"等为计量单位。

(4)定额换算　施工定额中有一系列换算方法和换算系数的规定,必须认真学习,正确使用。对规定应该换算的定额项目,则必须在定额换算后方可套用。

(5)工料分析和汇总　为了正确计算人工费和材料费,在进行工料分析和汇总时,人工应该按不同工种和级别进行分析和汇总,材料应该按不同品种和规格进行分析和汇总。

(6)编制及时　编制施工预算是加强企业管理,实行经济核算的重要措施。施工企业内部编制的各种计划,开展工程定包,贯彻按劳分配,进行经济活动分析和成本预测等,无一不依赖于施工预算所提供的资料。因此,必须采取各种有效措施,使施工预算能在单位工程开工以前编制完毕,以保证使用。

10.3　"两算"对比

"两算"是指施工图预算和施工预算,前者是确定建筑企业工程收入的依据,反映预算成本的多少,后者是建筑企业控制各项成本支出的尺度,反映计划成本的高低。"两算"按要求都应在单位工程开工前进行编制,以便于进行"两算"的对比分析。

10.3.1　"两算"对比的目的

"两算"对比是指施工图预算与施工预算的对比。它是在"两算"编制完毕后工程开工前进行的,其目的是通过"两算"对比,找出节约和超支的原因,提出研究解决的措施,防止因人工、材料、机械台班及相应费用的超支而导致工程成本的亏损,并为编制降低成本计划额度提供依据。因此,"两算"对比对于建筑企业自觉运用经济规律,改进和加强施工组织管理,提高劳动生产率,降低工程成本,提高经济效益都有重要的实际意义。

10.3.2 "两算"对比方法

"两算"对比方法有"实物对比法"和"实物金额对比法"两种。

(1)实物对比法 这种方法是将施工预算所计算的单位工程人工和主要材料耗用量填入"两算"对比表相应的栏目里(见表10.7),再将施工图预算的工料用量也填入"两算"对比表相应的栏目里,然后进行对比分析,计算出节约或超支的数量差和百分率。

(2)实物金额对比法 这种方法是将施工预算所计算的人工、材料和施工机械台班耗用量,分别乘以相应的人工工资标准、材料预算价格和施工机械台班预算价格,得出相应的人工费、材料费、机械费和工程直接费,并填入"两算"对比表相应的栏目里(见表10.6),再将施工图预算所计算的人工费、材料费、施工机械费和工程直接费,也填入"两算"对比表相应的栏目里,然后进行对比分析,计算出节约和超支的费用差(金额差)和百分率。

10.3.3 "两算"对比的内容

"两算"对比,一般只对工程消耗量和直接费进行对比分析,而对工程间接费和其他费用不作对比分析。

(1)人工数量和人工费的对比分析 施工预算的人工数量和人工费与施工图预算比较,一般要低10%~15%。这是因为施工定额与预算定额所考虑的因素不一样,存在着一定的幅度差额。如砌砖工程项目中的材料,半成品的场内水平运距,预算定额取一定的综合运距,而施工定额要求按各种材料、半成品的实际水平运距计算。又如,预算定额考虑了一定的人工幅度差(一般10%),而施工定额则没有考虑。

(2)主要材料数量和材料费的对比分析 由于"两算"套用的定额水平不一致,施工预算的材料消耗量一般都低于施工图预算。如果出现施工预算的材料消耗量大于施工图预算,应认真分析,根据实际情况调整施工预算。

(3)机械台班数量和机械费的对比分析 预算定额的机械台班耗用量是综合考虑的,多数地区的预算定额或单位计价表中是以金额(施工机械台班使用费)表示的。而施工定额要求按照实际情况,根据施工组织设计或施工方案规定的施工机械种类、型号、数量、工期进行计算。因此在"两算"对比分析时,机械台班使用可采用实物金额对比法进行,以分析计算机械费的节约和超支。

(4)周转材料摊销费的对比分析 周转材料主要指脚手架和模板。施工图预算所套用的预算定额,脚手架不管其搭设方式如何,一般是按建筑面积套用综合脚手架定额,计算脚手架的摊销费,而施工预算的脚手架是根据施工组织设计或施工方案规定的搭设方法和内容进行计算。施工图预算的模板是按混凝土构件的模板摊销费计算,而施工预算是按构件混凝土与模板的接触面积计算。上述脚手架和模板的材料消耗量,预算定额是按摊销量计算,施工定额是按一次使用量加上损耗量计算。因此,脚手架和模板无法用实物量进行对比,只能按其摊销费用进行对比,以分析其节约或超支。

(5)其他直接费的对比分析 其他直接费包括施工用水、电费,冬雨季、夜间、交叉作业施工增加费,材料二次搬运费、临时设施费、现场管理费以及其他属于直接费的有关费用,因费用项目和计取办法各地规定不同,只能用金额进行对比,以分析其节约和超支。

单位工程施工预算

上述均属于直接费的对比分析,关于企业管理费、财务费用和其他费用,应由公司或工程处(队)单独进行核算,一般不进行"两算"对比。

小 结 10

本章主要讲述施工预算的概念、作用及主要内容,施工预算的编制依据、编制方法和编制步骤,施工预算与施工图预算的区别、"两算"对比等。现就其基本要点归纳如下:

①施工预算是建筑企业内部为加强单位工程施工管理而编制的计划成本文件。具体方法是对拟建工程按分部、分层、分段的要求,计算出所需人工、材料和机械台班需用量,以供建筑企业控制施工中的各项成本支出,达到降低工程成本的目的。按施工预算编制的计划成本,是与预算成本和实际工程成本进行分析比较的基础资料。

②"两算"对比是指施工预算与施工图预算的分析对比。前者是建筑企业控制各项成本支出的尺度,反映计划成本的高低;后者是确定建筑企业工程收入的依据,反映预算成本的多少。按规定与要求,对比内容主要是对工程消耗量、直接费和其他直接费进行分析对比,对工程间接费和其他费用不作分析对比。通过"两算"对比,找出影响成本超支或节约的原因,提出研究解决的措施,以防止因各项成本支出的超支而导致施工亏损。

③通过本章的学习,要重点掌握施工预算的编制内容、方法与步骤,熟悉"两算"对比的主要内容及分析对比方法。

复习思考题 10

10.1 什么叫施工预算?

10.2 施工预算与施工图预算的主要区别是什么?

10.3 施工预算的编制方法有哪几种?

10.4 施工预算的内容和作用有哪些?

10.5 施工预算的编制依据有哪些?

10.6 施工预算的编制程序是什么?

10.7 编制施工预算时应注意的事项有哪些?

10.8 什么是"两算"对比?为什么要进行"两算"对比?两算对比的主要内容是什么?

第11章

工程结算和竣工决算

11.1 工程结算

工程结算是指施工企业按照合同的规定向建设单位办理已完工程价款清算的经济文件。

11.1.1 工程结算种类

由于建筑产品价值大、生产周期长的特点,工程结算又分为工程价款结算、年终结算和竣工结算3种。

1)工程价款结算

工程价款结算又叫工程中间结算。主要包括工程预付备料款结算和工程进度款结算。

由于施工企业流动资金有限和建筑产品的生产特点,一般都不是等到工程全部竣工后才结算工程价款。为了及时反映工程进度和施工企业的经营成果,使施工企业在施工过程中消耗的流动资金能及时地得以补偿,目前一般对工程价款实行中间结算的办法,即按逐月完成工程进度及工程量计算价款,向建设单位办理工程价款结算手续,待工程全部竣工后,再办理工程竣工结算。

在未实行大流动资金制度的情况下,为保证正常施工,对所需的材料及结构构件的储备和未完施工等项流动资金,应由建设单位提供。已完工程的价款也要由建设单位按工程进度拨付。因此,建筑企业在开工前,可按合同的规定向建设单位预收一定数额的工程预付款(又称工程备料款),并在施工过程中按照完成多少工程付给多少价款的原则,每月由施工企业提出已完工程月报表和工程价款结算账单,送建设单位和建设银行办理已完工程价款的结算。

(1)备料款和进度款的收取和抵扣

备料款是以形成工程实体所需材料的多少、储备时间长短而计算的资金占用额,进度款是按施工企业逐月完成工程价款的多

223

少来确定的,它们之间存在着一定的抵扣关系。

①工程备料款的预收 施工企业向建设单位预收备料款数额,取决于主要材料(包括构件)占合同造价的比重、材料储备期和施工期诸因素。预收备料款数额可按以下公式计算:

$$\text{预收备料款数额} = \frac{\text{年度计划完成合同价款} \times \text{主要材料比重}}{\text{年度施工日历天数}} \times \text{材料储备天数}$$

式中,材料储备天数可根据当地材料供应情况确定。

$$\text{工程备料款额度} = \frac{\text{预收备料款数额}}{\text{年度计划完成合同价款}} \times 100\%$$

实际工作中,工程备料款额度通常在施工合同中规定一个百分数(一般为合同造价的20%左右),对于大量采用预制构件的工程,可适当增加。

【例11.1】 某施工企业承包某项工程,总包价为500万元,双方签订的合同中规定,工程备料款额度为18%,则工程备料款数额为(500×0.18)万元=90万元。

②工程备料款的扣还 由于备料款是按承包工程所需储备的材料计算的,因而当工程完成到一定的进度,材料储备随之减少时,预收备料款应当陆续扣还,并在工程全部竣工前扣完。确定预收备料款开始扣还的起扣点,应以未完工程所需主材及结构构件的价值刚好同备料款相等为原则。工程备料款的起扣点可按下式计算:

$$\text{预收备料款} = (\text{合同造价} - \text{已完工程价款}) \times \text{主材费率}$$

式中 主材费率 = 主要材料费 ÷ 合同造价

上式经变换为:

$$\text{预收备料款起扣时的工程进度(即起扣点)} = 1 - \frac{\text{预收备料款额度}}{\text{主材费率}}$$

假设主材费率为56%,工程备料款额度为18%,则预收备料款起扣时的工程进度为1－(18%÷56%)×100%=67.86%,这时,32.14%的未完工程所需的主要材料费接近18%(即32.14%×0.56≈18%)。随着工程的进展,主要材料的储备可随之减少,因而预收备料款应开始相应扣还。

实际工作中,一般在合同中规定,当已完工程进度为70%左右时,开始起扣工程备料款。

(2)工程进度款的结算

工程进度款的结算分两种情况,即未达到起扣预收备料款情况下工程进度款的结算和已达到起扣工程备料款情况下工程进度款的结算两种。

①未达到起扣工程备料款情况下工程进度款的结算。其计算公式为:

$$\text{应收取的工程进度款} = \sum(\text{本期已完工程量} \times \text{预算单价}) + \text{相应该收取的其他费用}$$

②已达到起扣工程备料款情况下工程进度款的结算,其计算公式为:

$$\text{应收取的工程进度款} = [\sum(\text{本期已完工程量} \times \text{预算单价}) + \text{相应该收取的其他费用}] \times (1 - \text{主材费率})$$

【例11.2】 某施工企业承包某项工程,合同造价为800万元,双方签订的合同中规定,工程备料款额度为18%,工程进度达到68%时,开始起扣工程备料款。经测算,主材费率为56%。设该公司在累计完成工程进度64%后的当月,完成工程价款为80万元。试计算该月应收取的工程进度款及应归还的工程备料款。

【解】 ①该公司当月所完成的工程进度为：

$$（80÷800）×100\% = 10\%$$

②该公司在未达到起扣工程备料款时当月应收取工程进度款为：

$$800 万元×4\% = 32 万元$$

③该公司在已达到起扣工程备料款时当月应收取的工程进度款为：

$$（80 - 32）万元×（1 - 56\%） = 21.12 万元$$

④该公司当月应收取的工程进度款为：

$$（32 + 21.12）万元 = 53.12 万元$$

⑤当月应归还的工程备料款为：

$$（80 - 53.12）万元 = 26.88 万元$$

或 $（48 - 21.12）万元 = 26.88 万元$

2）年终结算

年终结算是指一项工程在本年度内不能竣工而需跨入下年度继续施工，为了正确反映企业本年度的经营成果，由施工企业会同建设单位对在建工程进行已完（或未完）工程量的盘点，以结清年度内的工程价款。

3）竣工结算

竣工结算是指施工企业按照合同的规定，对竣工点交后的工程向建设单位办理最后工程价款清算的经济技术文件。

结算书以施工单位为主进行编制。目前竣工结算一般采用以下结算方式：

（1）预算结算方式 这种方式是把经过审定确认的施工图预算作为竣工结算的依据，凡在施工过程中发生而施工图预算中未包括的项目与费用，经建设单位驻现场工程师签证，应和原预算一起在工程结算时进行调整。

（2）承包价结算方式 这种方式是按工程承包合同的价款进行结算。工程竣工后，暂扣合同价的2%作为维修金，其余工程价款一次结清，凡施工过程中所发生的材料代用，一般的设计变更，除建筑工程中的钢材、木材、水泥、砖、瓦、灰、砂、石和安装工程的管线材、配件材料以外，其他材料价差一律不予调整。因此，凡按承包价款进行结算的工程，一般都列有一项不可预见费用。

11.1.2 竣工结算的编制依据

工程竣工结算的编制依据如下：

①工程竣工报告和工程验收单；

②基础竣工图和隐蔽工程记录；

③施工图预算和工程承包合同；

④设计变更通知单和工程更改的现场签证；

⑤预算定额、材料预算价格、取费标准和价差调整文件等资料；

⑥现场零星用工、借工签证；

⑦其他有关资料及现场记录。

11.1.3　竣工结算的内容及编制方法

工程竣工结算一般是在施工图预算的基础上，结合施工中的实际情况编制的。竣工结算的内容与施工图预算相同，只是在施工图预算的基础上作部分的增减调整。其具体内容和编制方法如下：

（1）工程量差的调整　工程量的量差是指施工图预算的工程数量与实际的工程数量不符而发生的差异。这是编制竣工结算的主要部分。量差主要由以下几个方面的原因造成：

①设计修改和设计漏项。这部分需要增减的工程量，应根据设计修改通知单进行调整。

②现场施工更改。包括施工中预见不到的工程（如基础开挖后遇到古墓、流砂、阴河等）和与原施工方法不符，如钢筋混凝土构件由预制改为现浇，基础开挖用挡土板，构件采用双机吊装等原因造成的工程量及单价的改变。这部分应根据建设单位和施工企业双方签订的现场记录，按合同或协议的规定进行调整。

（2）材料价差调整　在工程结算中材料价差的调整范围应严格按照当地的规定办理，允许调整的进行调整，不允许调整的不得调整。

由建设单位供应的材料，按预算价格转给施工企业的，在工程竣工结算时，不作调整，其材料价差由建设单位单独核算，在编制工程决算时摊入工程成本；由施工单位购买的材料应该调整价差，调整方法有按系数调整和单项调整两种。若要对施工企业材料的实际价格与定额材料预算价格进行调差，则必须在签订合同或协议时予以明确。因材料供应缺口或其他原因而发生的以大代小等情况而发生的价差，应根据工程材料代用核定通知单计算并进行调整。

（3）费用调整　综合费是以基价直接费（或人工费）为基数进行计算的，工程量的调整引起基价直接费增减，所以综合费也应作相应的调整。属其他费用的结算，如窝工费，大型施工机械进出场费，应一次结清，并分摊到结算的工程项目中。施工企业在施工现场使用建设单位的水、电费用，也应按规定在工程结算时清算，付给建设单位，作到工完账清。

11.2　工程竣工决算

工程竣工决算又称竣工成本决算，分为施工企业内部单位工程竣工成本决算和建设项目竣工决算两种。

11.2.1　单位工程竣工成本决算

单位工程竣工成本决算是指单位工程竣工后，施工企业内部对单位工程的预算成本、实际成本和成本降低额进行核算对比的技术文件。竣工成本决算是以单位工程的竣工结算为依据进行编制的，目的在于进行实际成本分析，反映经营效果，总结经验教训，提高企业的管理水平。竣工成本决算表见表11.1。

表 11.1 竣工成本决算表

建设单位:某公司 　　　　　　　　　　　　　　　　　开工日期　　年　　月　　日

工程名称:住宅　工程结构:砖混　建筑面积:2 400 m²　　竣工日期　　年　　月　　日

成本项目	预算成本/元	实际成本/元	降低额/元	降低率/%	人工材料机械使用分析	预算用量	实际用量	实际用量与预算用量比较	
								节约或超支	节约或超支率/%
人工费	68 580	68 049	531	0.8	一材料				
材料费	836 160	815 424	20 736	2.5	钢材	75 t	74 t	1 t	1.3
机械费	111 750	121 341	−9 591	−8.6	木材	50.4 m³	50 m³	0.4 m³	0.8
其他直接费	4 593	4 803	−210	−4.6	水泥	125 t	127 t	−2 t	−1.6
直接成本	1 021 029	1 009 617	11 412	1.1	砖	334 千匹	330 千匹	4 千匹	1.2
施管费	185 826	182 145	3 681	1.98	砂	140.63 m³	145.7 m³	−5.07 m³	−3.6
其他间接费	61 260	63 750	−2 490	−4.1	石	120.7 t	124.9t	−4.2 t	−3.5
资　金		3 039			沥清	5.25 t	5.00 t	0.25 t	4.7
总　计	1 268 115	1 258 551	9 564	0.75	生石灰	29.7 t	28.2 t	1.5 t	5
预算总造价 1 358 622 元(土建工程费用)									
单方造价　566.09 元/m²					人　工	4 744 工日	4 782 工日	−38 工日	0.8
单位工程成本　预算成本 528.36 元/m²					机械费	111 750 元	121 341 元	−9 591 元	−8.6
实际成本 524.37 元/m²									

11.2.2 建设项目竣工决算

建设项目竣工决算是指单项工程或建设项目竣工后,建设单位核定新增固定资产和流动资产价值的经济文件。建设项目竣工决算是基本建设工程经济效果的全面反映,应包括从筹建到竣工验收所实际支出的全部费用。因此,建设项目竣工决算的内容一般由以下两部分所组成:

(1)文字说明　主要包括:工程概况,设计概算和基建计划执行情况,各项技术指标完成情况,各项拨款使用情况,建设成本和投资效果分析,建设过程的主要经验、存在的问题及解决的建议等。

(2)决算报表　决算报表分大中型项目和小型项目两种。大中型建设项目竣工决算表包括:竣工工程概况表(见表 11.2),竣工财务决算表(见表 11.3),交付财产使用总表(见表11.4)。小型项目竣工决算表包括:交付使用财产明细表(见表 11.5),小型建设项目竣工决算总表(见表 11.6)。表格的详细内容及具体做法按地方基建主管部门的规定填报。

表 11.2 大中型建设项目竣工工程概况表

建设项目名称					项 目		概算/元	实际/元	说明
建设地址		占 建 面 积			建安工程				
		设 计	实 际		设备、工具、器具				
新增生产能力	能力或效益名称	设 计		实 际	建设成本	其他基本建设			
						其中：土地征用费			
						生产职工培训费			
						施工机械迁移费			
						建设单位管理费			
						联合试车费			
建设时间	计 划	从 年 月开工至 年 月 竣工				出国考查费			
	实 际	从 年 月开工至 年 月 竣工				勘察设计费			
						合 计			
初步设计和概算批准机关日期、文号					主要材料消耗	名 称	单 位	概 算	实 际
完成主要工程量	名 称	单位	数 量			钢材	t		
	建筑面积和设备	m² 台/t	设计 实际			木 材	m³		
						水 泥	t		
收尾工程	工程内容	投资额	负责单位	完成时间	主要技术经济指标：				

表 11.3 大中型建设项目竣工财务决算表

建设项目名称：

资金来源	金额/千元	资金运用	金额/千元	
一、基建预算拨款 二、基建其他拨款 三、基建收入 四、专项基金 五、应付款		一、交付使用财产 二、在建工程 三、应核销投资支出 　　1.拨付其他单位基建款 　　2.移交其他单位未完工程 　　3.报废工程损失 四、应核销其他支出 　　1.器材销售亏损 　　2.器材折价损失 　　3.设备报废盈亏 五、器 材 　　1.需要安装设备 　　2.库存材料 六、专用基金财产 七、应收款 八、银行存款及现金		补充资料 基本建设收入 　　总计 其中：应上交财政 　　　已上交财政 　　　支 　出
合 计		合 计		

建筑工程定额与预算

表 11.4 大中型建设项目交付使用财产总表

建设项目名称：　　　　　　　　　　　　　　　　　　　　　　　　　　　　　　　　单位:元

工程项目名称	总计	固定资产				流动资产
		合计	建安工程	设备	其他费用	

交付单位盖章　　　　　　　　　　　　　　　　　　　　　　　　接收单位盖章

　　年　　月　　日　　　　　　　　　　　　　　　　　　　　　　　年　　月　　日

表 11.5 大中小型建设项目交付使用财产明细表

建设项目名称：

工程项目名称	建设工程			设备、器具、工具、家具					
	结构	面积/m^2	价值/元	名称	规格型号	单位	数量	价值/元	设备安装费/元

交付单位盖章　　　　　　　　　　　　　　　　　　　　　　　　接收单位盖章

　　年　　月　　日　　　　　　　　　　　　　　　　　　　　　　　年　　月　　日

表 11.6　小型建设项目竣工决算总表

建设项目名称								项　　目	金额	主要事项说明
建设地址				占地面积	设计	实际	资金来源	1. 基建预算拨款		
新增生产能力	能力(效益)名称	设计	实际	初步设计或概算批准机关日期				2. 基建其他拨款		
								3. 应付款		
								4. ……		
								合　　计		
建设时间	计划	从　年　月　日开工至　年　月　日竣工					资金运用	1. 交付使用固定资产		
	实际	从　年　月　日开工至　年　月　日竣工						2. 交付使用流动资产		
建设成本	项　　目			概算/元	实际/元			3. 应核销投资支出		
	建筑安装工程							4. 应核销其他支出		
	设备、工具、器具							5. 库存设备、材料		
	其他基本建设							6. 银行存款及现金		
	1. 土地征用费							7. 应收款		
	2. 生产职工培训费							8. ……		
	3. 联合试车费									
	……									
	合　　计							合　　计		

11.2.3　建设项目竣工决算的作用

工程竣工后,及时编制竣工决算,有以下几方面的作用:

①可作为正确核定固定资产价值,办理交付使用、考核和分析投资效果的依据。

②及时办理竣工决算,并据此办理新增固定资产移交转账手续,可缩短工程建设周期,节约基建投资。对已完并具备交付使用条件或已验收并投产使用的工程项目,如不及时办理移交手续,不仅不能提取固定资产折旧,而且发生的维修费和职工的工资等,都要在基建投资中支付,这样既增加了基建投资支出,也不利于生产管理。

③对完工并已验收的工程项目,及时办理竣工决算及交付手续,可使建设单位对各类固定资产做到心中有数。工程移交后,建设单位掌握所有工程竣工图,便于对地下管线进行维护与管理。

④办理竣工决算后,建设单位可以正确地计算已投入使用的固定资产折旧费,合理计算生产成本和利润,便于经济核算。

⑤通过编制竣工决算,可以全面清理基本建设财务,做到工完账清。便于及时总结经验,积累各项技术经济资料,提高基本建设管理水平和投资效果。

⑥正确编制竣工决算,有利于正确地进行"三算"对比,即设计概算、施工图预算和工程竣

工决算的对比。

小 结 11

本章主要讲述工程结算及其种类,竣工结算的编制依据、内容和方法,工程竣工决算的概念、作用及编制方法等。现就其基本要点归纳如下:

①工程结算是指办理已完工程价款清算的经济技术文件。因建筑产品具有价值大、施工生产周期长等特点,工程结算就分为工程价款结算(工程中间结算)、年终结算和竣工结算。竣工结算的编制内容,包括对工程量差的调整、材料价差的调整和各项费用的调整。不过上述调整都是在已审批通过的施工图预算的基础上进行的,不得随意增加及减少。

②工程竣工决算分为单位工程竣工成本决算和建设项目竣工决算两种。就建筑企业来讲,按规定只编制单位工程竣工成本决算,后者由建设单位编制。其目的是为了进行实际成本分析,反映经营效果,总结经验教训,提高企业管理水平。

③通过本章的学习,要了解工程结算和工程竣工决算的概念及分类,重点掌握竣工结算的主要内容、编制方法及相关量价的调整。

复习思考题 11

11.1　什么叫工程结算和竣工决算? 它们是怎样分类的?

11.2　工程结算、竣工结算与单位工程竣工成本决算的作用是什么?

11.3　编制竣工结算需要哪些基础资料?

11.4　竣工结算的编制程序有哪些? 其内容是什么?

11.5　单位工程竣工成本决算与施工图预算有何区别和联系?

工程结算和竣工决算

第 12 章

应用计算机编制土建工程施工图预算

12.1 概 述

12.1.1 应用计算机编制施工图预算的特点

建筑工程施工图预算的编制是一项相当繁琐的工作,其计算时间长,耗用人力多。传统的手工编制预算不但速度慢,功效低,而且易出差错。随着建筑业的发展和建筑市场不断扩大,传统的手工编制预算往往赶不上工程建设的需要,因此应用计算机编制工程预算,对于工程招投标及企业管理都具有非常重要的意义。计算机是一种运算速度快、精确度高、储存能力强、具有很强逻辑判断的信息处理工具,将其应用在工程预算上,是提高工效、改善管理的重要手段,也是建筑企业实现现代化管理的主要环节之一。

应用计算机编制施工图预算具有以下优点:

①编制预算速度快、效率高、准确性强。由于采用计算机计算,省去了繁杂的人工计算,大大地提高了工作效率,同时由于计算机计算的准确性,克服了人工编制中的人为差错。

②易修改、调整。预算软件由于采用统一编制计算程序,工程变更的修改,工程量计算规则的调整、修改,定额套取、换算,打印修改等都很方便。

③预算成果项目齐全、完整。应用计算机编制预算,除完成预算文件本身的编制外,还可以对分层分段工程的工料进行分析、统计,从而对项目成本的分析和控制起重要的作用,其工料消耗指标、各项费用的组成比例等丰富的技术资料,也为备料、施工计划、经济核算提供了大量可靠的数据。

④人机对话、操作简单,有利于培训新的技术人员。只要对电脑基础知识有所了解的预算人员,一般经过短时间的培训,就

能够独立地完成施工图预算的编制工作。

总之,计算机编制施工图预算优点概括起来是:快速准确、操作简便、修改调整方便、功能繁多。同时,应用计算机编制施工图预算也为进一步应用计算机编制工程初步规划、实施成本控制等奠定基础。

12.1.2 应用计算机编制施工图预算的方法和步骤

编制施工图预算的一般步骤大致是:工程量计算——→钢筋计算——→定额套价计算。

(1)工程量计算 工程量计算步骤是:

熟悉图纸——→建立工程库——→轴线输入——→梁、柱、板、墙等主体输入——→门窗洞口、楼梯、零星工程等的输入——→房间、墙面等装饰工程输入——→基础输入——→计算汇总、打印

(2)钢筋计算 钢筋计算步骤是:

熟悉图纸——→建立工程库——→梁、柱、板、墙等主体工程钢筋输入——→构造柱、楼梯、零星工程钢筋输入——→计算汇总、打印

(3)定额套价计算 定额套价计算步骤是:

建立工程库——→选择模板、费率——→定额子目输入——→计算、价差调整——→选择打印输出

12.2 土建工程施工图预算编制软件介绍

由于全国各地采用的定额水平不同,定额子目的划分也不尽相同,因此在预算软件的开发上存在很大的地域性。根据目前各软件商所开发的产品特征,归纳起来,比较完善的预算软件主要有工程量计算、钢筋计算、定额套价计算三大部分。工程量计算主要是由手工将图纸上的轴线及各构件分别定义并依次输入,然后由软件自动计算,得出所需工程量;钢筋目前在工程图纸已基本上采用平法表示,因此绝大部分软件已具备钢筋的平法输入法,输入的主要方式是表格输入和图标输入;定额套价计算是根据不同地区的建筑安装工程、市政工程、修缮工程、仿古园林工程等,建立不同的定额库,用于计算不同地区各种工程的工程造价。

下面以上海神机电脑软件有限公司开发的"神机妙算"预算软件为例,对土建工程施工图预算软件应用作简要介绍。

12.2.1 系统主要功能

"神机妙算"工程预决算软件,自1992年推向市场以来,受到了广大工程预算人员的欢迎和支持,特别是工程量自动计算软件,首创图形矩阵法数学模型,以及推出的 Windows 95 版钢筋自动抽量计算软件,采用 CQ 钢筋宏语言,利用模拟施工图的直观方法在图标上直接标注数据,然后软件自动计算钢筋预算和下料的长度和质量,并自动进行钢筋翻样,从根本上解决了钢筋计算的繁琐、重算、漏算等问题,得到用户的一致好评。目前"神机妙算"已在许多工程中投入实际使用,其中 Windows 95/98 版工程量和钢筋自动计算及套价软件具有如下功能特点:

①支持正交(八套)、弧形(五套)、圆形(二套)、倾斜多种轴线,柱、梁(多层)、板、墙、门窗(多层)、楼梯、洞口、屋面、基础等假设为独立层分别输入,计算时自动进行叠加处理,并根据

用户当地的工程量计算规则,实现自动扣减计算,自动计算出主体工程量。

②根据输入的主体结构和平面图形,采用快速扫描或单独定义的方法,可以快速准确的自动计算出各种装饰工程量,如梁柱面、墙面、墙裙、踢脚线、楼地面、天棚等工程量。

③可以进行各种形状类型的基础工程量自动计算,如板式、满堂、条形、独立、柱基等基础工程。同时,自动计算垫层、地梁和防潮层,根据放坡系数自动计算总土方、外运土方、回填土方等工程量。

④一栋楼在画完一标准层后,采用图形复制、功能复制和属性替换等功能,可以快速方便地画完其他层。图形按实比例显示,可随意缩放,尺寸自动标注,因此图形输入准确与否一目了然。同时,提供丰富的图形输入、编辑、修改、查询功能,为图形快速方便输入电脑提供了保证。画完的工程图形可以打印、存盘和拷贝,便于携带保存和工程招标或决算时使用。

⑤全鼠标图形操作,采用智能感知技术,程序能自动感知用户想做什么,并及时提供相应的提示和帮助,因此图形输入灵活方便,使枯燥、繁杂、令人头疼的工程量计算变得轻松快捷,简单易学。预算员在定义好轴线后,只需把柱、梁、板、墙、门、窗、洞等点到电脑屏幕上即可。

⑥图形工程量自动计算,所见即所得。计算的结果、明细、公式、汇总和工程图形均可显示和打印输出,便于审核和校对,并满足不同用户的不同需求。

⑦Windows 95/98 版工程量自动计算软件,利用 Windows 95/98 多任务、多窗口、大容量的特点,使画图、操作简便。实现了算量一体化(如结构、装饰和钢筋算量同时进行),图形移动拼接,图形翻转复制,自动捕捉定位,数据批量录入等功能。

⑧钢筋计算智能宏语言 CQ,模拟仿真钢筋算量的施工图,在构件图标上直接录入数据,形象直观,整个构件钢筋抽量一次完成。

⑨提供四种钢筋抽量方法,可完成各种复杂多样的钢筋抽量工作。同时实现钢筋自动抽量,计算下料长度和钢筋自动翻样。钢筋构件图标用户可自定义和描绘,以满足不同用户的需求和不同地区的多样性。钢筋计算公式可人工自动修改,满足不同需要。

⑩开放式的定额文件管理,方便用户随意增减定额或图集。自定义工程量计算规则,可以适合全国各地的定额管理要求和特殊情况。工程量计算的结果,可以生成.DBF 文件或文本文件,方便用户做二次开发使用,从而实现定额自动套价计算。

⑪具有自动保存功能,用户可根据实际情况设置保持间隔时间。

⑫支持量价分离,可套用公路、通信、电力等定额,单项报价功能,工程量清单,单价分析表,支持菲迪克(FIDIC)条款报价规则,强大的鼠标右键功能和热键以及丰富的编辑功能。同时,使用本软件可打破传统的定额编制系数调整法。

12.2.2 软件做建筑工程预算基本步骤

1)工程量计算

(1)自动算量的方法 采用轴线图形法,即根据工程图纸纵、横轴线的尺寸,在电脑屏幕上以同样的比例定义轴线。然后,使用软件中提供的特殊绘图工具,依据图中的建筑构件尺寸,将建筑图形描绘在计算机中。计算机根据所定义的扣减计算规则,采用三维矩阵图形数学模型,统一进行汇总计算,并打印出计算结果、计算公式、计算位置、计算图形等,方便甲乙双方审核和核对。计算的结果也可直接套价,从而实现了工程造价预决算的整体自动计算。

（2）菜单窗口功能及操作

将鼠标指针移动到窗口菜单栏的某项菜单上，单击鼠标左键，该菜单即可弹射出下拉菜单，选定某一菜单项后，单击鼠标左键，系统执行菜单项上的功能。

①[工程]管理菜单　将鼠标指针移动到窗口菜单栏的[工程]菜单上，出现新建、打开、划分楼层等菜单，画一个工程图形，应首先选择[新建]功能定义工程图的名称：如已有的工程，选择[打开]工程图文件功能。

②[定额]管理菜单　将鼠标指针移动到窗口菜单栏的[定额]菜单上，单击鼠标左键，出现新建、打开、定额库、换算库、预制构件、门窗、墙面等图集。

[新建]：新建一个定额名称库；

[打开]：如果画图定义属性时没有定额名称可选，则采用此功能打开对应的定额库；

[整理定额库]：功能同图形文件整理，即去掉编辑定额库文件时产生的数据残余；

③[选项]管理菜单　将鼠标指针移动到窗口菜单栏的[选项]菜单上，单击鼠标左键，出现绘图工具条、快捷功能条、状态条、设置颜色等菜单。

[绘图工具条]：移动鼠标至该栏目，单击鼠标左键，或按F6，则画图时屏幕左侧的绘图工具条消失。再做同上操作，则画图时屏幕左侧的绘图工具条再现。

[快捷功能条]：移动鼠标至该栏目，单击鼠标左键，或按F7，则画图时屏幕上方右边的图形快捷按钮和画图选择按钮消失。再做同上操作则重现。

[状态条]：移动鼠标至该栏目，单击鼠标左键，或按F8，则画图时屏幕下方的状态栏消失。再作同上操作则重现。

④[计算]管理菜单　将鼠标指针移动到窗口菜单栏的[计算]菜单上，单击鼠标左键，出现以下菜单：

[当前层计算]：移动鼠标至该栏目，单击鼠标左键，则电脑计算正在屏幕上的当前楼层图形的工程量。

[多层汇总计算]：移动鼠标至该栏目，单击鼠标左键确认，用户可选择部分楼层或全部楼层，汇总计算其所选择楼层的工程量。

[表达式计算]：移动鼠标至该栏目，单击鼠标左键确认，出现一计算窗口，用户可输入计算式，或调宏变量列宏列式，单击[计算]按钮，则计算结果呈现在[计算结果]栏中。

[定义计算规则]：根据各省的计算规则自己选取。

[浏览计算结果]：选择该功能，可以浏览当前计算的结果，或浏览以前存放的计算结果。

⑤[关于]管理菜单　功能选择是关于软件版本信息和操作使用说明。

⑥快捷按钮的功能介绍　为了操作上的简便，系统设置了许多快捷按钮。快捷按钮具有直观及操作方便的特点，使用时只要用鼠标轻点一下按钮就可以完成菜单上几个步骤的操作。如果鼠标指针在某快捷按钮上稍作停留，即可在鼠标指针的下方看到关于该快捷按钮的功能提示。

⑦绘图工具功能及操作

a.绘图工具条功能：

偏移操作：表示画图时所画点相对于光标选定点（可以是轴线交叉点、柱原点、梁、墙的端点或图上的任意点）的偏移位置。我们提供三种偏移方法，即不偏移、正交偏、转角偏。

捕捉:表示画图时光标自动定位到所选择的定位位置。软件提供如下五种:轴交点、柱原点、梁端点、墙端点、不捕捉。

画直线或弧线:画图时,可选择画直线,或二点弧线,或三点弧线方法。画直线:选择画直线时,用鼠标选点画构件(如梁、墙、板等),均是直线方式。画三点弧线:选择该功能时,可按顺时针或逆时针方向用三点确定画一弧形构件。画二点弧线:选择该功能时,光标会自动移到数据输入栏,当输入所画弧形的半径后,可按顺时针或逆时针方向用二点确定画一弧形构件。

画多道梁或窗:当工程需画多道梁或窗时(如厂房),移动光标至如图的小黑框,单击鼠标左键选择第(1,或2,…,或9)数据,这时图上所画的梁或窗,即是所显示数据位置的梁或窗。

硬定位:画图时,画图点是光标所选定点沿横(X)轴和纵(Y)轴偏移一人工输入的数据量位置。选择该功能时,光标自动会跳到数据输入栏,第一个数据栏表示横(X)轴定位量,数据为正表示向右偏,数据为负表示向左偏;第二个数据栏表示纵(Y)轴定位量,数据为正表示向上偏,数据为负表示向下偏。功能类似正交偏移。

注:当鼠标指到绘图工具条的各个功能时均会自动中文提示。

b. 快捷功能条:系统设置了许多图形快捷按钮,方便用户操作选择。它形象直观,单击鼠标选择各按钮即可完成菜单选择多次的功能。暂时不起作用的快捷按钮,屏幕显示成淡灰色,提示用户此功能暂时无法使用,待用户选择相应的快捷按钮后,按钮自动恢复正常颜色,即可进行该功能操作。

c. 状态条:状态栏表示目前所画图形的状态和位置。

[图形]:表示图形所在的路径和文件名。

[楼层]:表示当前所画图形的楼层和层高。

[定额]:表示所画图形选用的定额。

[X,Y]:表示画图光标所在的位置。

d. 设置图形颜色:本系统所画图形构件的颜色可以根据用户的喜好自由设置。

当用户需要改变所画构件颜色时,移动鼠标至构件名称处,单击鼠标左键,屏幕出现调色板,用户可根据自己的需要选择颜色,然后选择按钮存盘。如要恢复至软件初始设置的颜色,单击按钮。

e. 图形分类显示表:画图时,如需看其他状态的图形,可通过按快捷键的方法解决。如在画板时,需要看柱和梁的图形,按 Z 键和 L 键即可调出柱和梁图,再按 Z 键和 L 键即将调出的柱和梁图消失。如需查看轴线名称按 S 键,显示图形上各构件的名称及尺寸按 C 键,可通过选择确定快捷键是否起作用。

(3)画图算量基本步骤

标准层平面图操作流程

根据画图经验,我们将画图算量的步骤归纳如下:

①准备工作 在上机正式画工程图前必须花时间(2~4 h)熟悉所需算量的工程施工图,使自己对将要画的工程有全面了解。对于一些基本信息和数据要心中有数,如:设计说明、层高、楼层数、标准层数、柱梁板构件尺寸及混凝土标号、内外墙厚度及砂浆标号、门窗尺寸、装饰标准和对应套用的定额等内容。将在不同施工图中的数据,最好集中标注(用铅笔)在所画图纸上,这样方便查找,减少翻图的次数,提高画图的效率。

②新建工程图库　选择快捷按钮或菜单中的[新建]功能,在[文件名]栏输入新建工程图库的名称。输入文件名后(中文或英文),单击[打开]按钮确认,进入下述步骤划分楼层和轴线。

注:如果是已定义过或已画过的工程图文件,则可省略这一步骤,直接选择快捷按钮,根据屏幕提示,选择所需工程图文件名[打开]即可。

③划分楼层和层高　选择快捷按钮或菜单提示中的[划分楼层]功能,屏幕出现内容:根据设计说明,按屏幕提示内容输入[工程名称]、[建设单位]、[设计单位]、[计算人]、[计算单位]等基本信息,其后的[内墙裙高]、[基础深]、[室内地坪]等信息可输或不输。然后逐项输入[楼层名称]、[层高 mm]、[数量](即相同层数)和[备注]等内容,选择快捷按钮存盘退出。

注:此处定义的相同层数是指结构、平面布局、装饰标准均相同的楼层数。

④选择楼层　单击快捷按钮,选择自己习惯或随意确认的算量楼层,即首先要画图的楼层(一般先选择标准层),然后在要画的楼层栏双击鼠标左键确认即可。画图的一般原则是:先易后难,中间突破;先画结构,后画平面。因标准层普遍在中间,所以一般从中间画起,然后向上(顶层)向下(一层和基础)复制图形。

⑤定义轴线　根据所需算量施工图纸的纵、横轴线尺寸,定义画图算量平面图的主轴线尺寸(正交、弧形或圆弧轴线)。如画图需要,还要定义辅助轴线。

a.定义正交主轴线:根据施工图纸尺寸定义[轴线名]和轴线[间距],其图纸横轴名对应定义的左右轴名,纵轴名对应定义的上下轴名。当施工图纸纵横轴线是错位标注时,应分别定义左右、上下轴名和间距,如图纸只标注单边轴线,则只定义左轴和下轴名及间距。[间距]是表示两根轴线之间的距离。轴线序号1对应的间距是指首轴线相对于图框边线的距离,图示3 000是电脑设置的初始值,用户可根据具体施工图的情况,设置为2 000或4 000。如果整个轴线有旋转角度,请在施转角度栏输入角度数据。

b.定义弧形轴线:定义弧轴名和半径,如果弧轴是分段的,则通过输入斜轴名和斜角度来分段。[半径]是所画弧轴线的半径尺寸,[斜角度]是所定义的斜轴相对于横轴正东辐射方向的起始角度,角度为正值时指沿正东方向逆时针旋转角度,角度为负值时指沿正东方向顺时针旋转角度。

c.定义圆形轴线:定义圆形轴名和半径,如果圆轴是分段的斜轴,则通过输入斜轴名和斜角度来分段。[半径]是所画图形轴线的半径尺寸,[斜角度]是所定义的斜轴相对于横轴正东辐射方向的起始角度,角度为正值时指沿正东方向逆时针旋转角度,角度为负值时指沿正东方向顺时针旋转角度。

d.轴线拼接:为了可以画各种形状的建筑物,系统提供了定义多套轴线(包括八套正交轴线,五套弧形轴线和二套圆形轴线)和任意拼接的方法。具体的操作方法如下:首先定义一套基准轴线,然后定义第二套轴线,这时屏幕上有两套轴线,选择快捷按钮,鼠标光标变成带黄色的×,移动光标至基准轴线要拼接的连接点,单击鼠标左键确认,再移动光标至第二套轴线要拼接的连接点,单击鼠标左键确认,这时屏幕提示[拼接吗?],选择确认,则两套轴线拼接在一起。如还要拼接第三套轴线,则定义第三套轴线并显示在屏幕上,以前面已拼接好的轴线图为基准轴线,移动光标至基准轴线要拼接的连接点,单击鼠标左键确认,再移动光标至第三套轴线要拼接的连接点,单击鼠标左键确认,同上述方法确认后,则三套轴线拼接在一起。依此类推,可将多套轴线拼接在一起。

⑥选择当前所画楼层　选择快捷按钮,在要画的楼层栏双击鼠标即可。画图的一般原则是:先易后难,中间突破;先画结构,后画平面。因标准层普遍在中间,所以一般从中间画起,然后向上(顶层)向下(一层和基础)复制图形。

⑦画图　根据个人的喜好,按照软件提供的如上绘图工具,用户自己选择画图的顺序,如先画柱、梁、板,或先画墙、门、窗等。而将零星项目输入其他项目中(如构筑物,漏水管,台阶,围墙等)。本软件考虑了普通预算人员的思维习惯,用户可先定义属性(即所画构件套用的定额和换算号)再画图,也可以先画图,然后选择相同的构件定义属性。

绘图基本方法:

绘图菜单由以下构成:柱、梁、墙、门窗洞、板、预制板、楼梯洞、房间、墙面、天棚、楼地面、独立基础、条形基础、桩基础、板基础、积水坑、基柱、基梁、多边形、其他项目,在定义各个构件绘图中操作方法各不相同,下面举柱为例做介绍。

画柱时,用鼠标单击柱菜单项,进入所选择楼层和定义好轴线的画面。凡是新画工程图,可按下列步骤操作:

a. 定义属性:用鼠标单击快捷按钮,则屏幕弹射出相关菜单,根据施工图中柱构件的尺寸大小和设计说明,输入柱的属性(即套用定额和尺寸大小),主要有以下内容:

【定额】　直接输入定额号;或用鼠标单击其右面的按钮,在弹出的菜单中单击其所选中的定额,则该柱所套用的定额号即被提取出来。

【换算】　用鼠标单击其右面的按钮,在弹出的菜单中选择柱所用的混凝土标号。

【柱编号】　即柱的代号。每一种柱属性定义完后,单击添加按钮,可以放入左面的"属性表"窗口中。这样画图前把所有类型的柱定义完,画图时则可任意选择画柱,减少翻图的时间,提高画图的速度。在"属性表"中要插入其他柱编号时,单击插入按钮;不需要某一柱编号时,选择该柱的编号,单击删除按钮;若需将表中的各柱编号按名称字母和数据大小排序时,单击排序按钮。

【长、宽】　若【截面】处选择为矩形,该处输入【矩形柱长、宽】尺寸;若【截面】处选择为圆形,该处输入【圆柱横向、纵向直径】尺寸;若【截面】处选择为异形柱,此处不填写。请单击显示在柱预览图上方的截面编辑按钮,利用该功能定义异形柱,具体画法见随后的部分。

【高】　柱高等于层高时省略不填,这时柱高度默认为层高。只有当柱高不足层高时,如阳台栏板小柱、女儿墙小柱等,请按照楼、地面以上的设计高度填写。

【高度±】　不属于所画本楼层的柱,但需并入本层柱工程量的柱(如:底层插入基础内的柱、顶层突出屋面的柱),请在该项内输入需并入本层柱的柱高度。

【角度】　当矩形柱不是正向摆放时,请在此项目内填写柱与 X 轴坐标正方向的夹角。夹角填写正确与否可通过菜单右侧的"柱预览图"进行检验。

如果当前所定义柱属性参数与前面所定义过的柱属性完全相同,只是摆放角度不同时,不用选择定义属性按钮,而选择提取属性按钮;在属性一致而角度不同的柱上单击鼠标按钮,把该柱的属性提取出来;选择按钮×退出后,再用鼠标单击按钮,在弹出的窗口内不用修改显示的任何参数,只在该项目内填写上旋转的角度即可。旋转角度填写正确与否可通过菜单右侧的"柱预览图"进行检验。旋转角度是相对于平面坐标系 X 轴正方向的偏角,逆时针方向为正,顺时针方向的角度前面应加"-"号。

【面积±】 对于柱来讲【面积±】项目用处不大,可省略不填。因为该项目是指异形柱作为矩形柱来定义时,柱应增加或减少的面积,而在我们的系统中任何形状的异形柱截面我们都可以定义出来,这样按实际形状画出的柱,形象、直观、方便。因此遇到异形柱请按异形柱定义,尽量少用该项目为好。如为面积扣减,请在数据前加上"-"号。

【体积±】 所定义柱上有牛腿、柱帽时,可计算出其体积填写在该项内,也可以直接选择[牛腿]页面,按实际尺寸输入牛腿的参数。如为体积扣减,请在数据前加上"-"号。

【构造柱】 定义构造柱时,用鼠标单击其【截面】上方的【构造柱】选择,这时小白框内变为√,其"柱预览图"下方出现马牙槎数据框,输入马牙槎的实际宽度(不是折算宽度,单位为mm),则系统自动计算靠墙的马牙槎个数和工程量。

【砖石柱】 所画柱为砖石柱时,如用鼠标单击其[截面]上方的【砖石柱】选择,这时小白框内变为√,系统自动将工程量并入墙体中,不选择则单独算量。

【牛腿】 选择牛腿页面时,屏幕出现牛腿示意图,输入构件尺寸和数量,则电脑自动计算出牛腿的体积。

【模板】 用鼠标单击其右面的按钮,在弹出的菜单中选择所用定额号。

不需计算柱模板工程量时,可省略不定义。

【模板量】

定义了【模板】,该项数据的填写与否包括两种情况:省略不填,程序自动计算模板工程量。人工填写模板工程量或列宏计算式,按填写数据和计算式计算。

不定义【模板】,该项省略不填。

【脚手架】 用鼠标单击其右面的按钮,在弹出的菜单中选择所用定额号。

不需要计算柱脚手架工程量时,可省略不定义。

【脚手架量】 定义了【脚手架】,数据填写与否包括两种情况:省略不填,程序自动计算脚手架工程量。人工填写脚手架工程量或列宏计算式,按填写数据和算式计算。

不定义【脚手架】,该项省略不填。

【其他】 页面中的【定额】栏,可以输入与柱有关的其他定额套项。如:超高,运输等。

【量】 直接输入工程量或宏计算式,系统根据计算式自动计算。其中宏变量的名称可按快捷按钮查询。如果定义的柱为独立柱,其装饰属性定义选择[装饰]页面,操作方法同上所述。

如何定义异形柱截面尺寸? 本系统在图形输入时显示的柱,都是按实际截面形状显示在屏幕上的,因此本系统按柱截面形状的不同把柱划分为矩形、圆形和异形三种情况,即柱截面形状为矩形时定义之为"矩形柱",柱截面形状为圆形时定义之为"圆形柱",两种情况之外的定义为"异形柱"。矩形柱、圆形柱的参数只需在柱属性窗口内即可填写完成;而异形柱的尺寸在柱属性窗口内不直接输入,而是通过[截面编辑]按钮内的操作取得,具体方法见下面介绍。

异形柱:柱截面形状除矩形、圆形外,其余形状都规定为非标准异形柱。非标准异形柱用户需要自己设计截面形状。操作步骤:

在柱属性定义窗口内用鼠标激活[截面编辑]按钮,进入截面设计窗口。

用鼠标激活按钮,则屏幕显示如图的标准异形,选择您所需的异形柱形状输入尺寸,单击快捷按钮确认。

a. 如不是标准异形,在截面设计窗口内用鼠标激活按钮,这时屏幕上出现一个蓝色的原点,移动鼠标原点也随之而动,按照网格的比例尺寸,确定异形柱多边形的中心原点,单击鼠标左键确认。然后用鼠标按顺序在坐标网格上画任意柱截面。当所画异形柱截面带有弧形时,用鼠标按绘图工具条画弧的方法画弧。弧形画完需再画直线,直至封闭然后用鼠标单击左键确认。选择快捷按钮,可将所画异形柱取一个文件名存盘,今后可以再调用。

b. 画柱:定义完柱属性后,用鼠标单击[定义属性]画面的标题栏,按住鼠标左键拖动画面至屏幕的右方,留出空间画图。画柱时系统有下列方法:

点画柱:单击点画柱快捷按钮,这时光标点上有要画的柱截面,移动鼠标至要画柱的轴线交叉点或任意点上,单击鼠标左键,则柱画在鼠标确定的位置上。如连续按鼠标,则连续画相同截面的柱。

多边形画柱:单击多边形画柱快捷按钮,这时光标点上有带×形状,移动鼠标至所画柱的第一点,单击鼠标左键确认,再移动鼠标至所画柱的第二点,第三点,最后返回第一点,形成一封闭形状,单击鼠标左键确认,这时,一个多边形的柱画在图上。采用此方法可以画任意截面形状的柱。如需画带弧形截面柱时,选择屏幕左面[绘图工具条]中的[二点弧线]或[二点弧线],单击鼠标左键画弧线,然后用同上方法画其他直线或弧线。如要取消所画柱边线,单击鼠标右键则取消。

对角线画矩形柱:选择快捷按钮,则画矩形柱,只要在所画矩形柱的对角线单击鼠标确认即可。

如需删除画错位置的柱,选择[单选]快捷按钮,选中需删除的柱,被选中的柱呈虚线表示,单击[删除]快捷按钮,则选中的柱被删除。

如需画另一截面的柱,双击[属性表]中的柱编号,则调出该柱的截面形状,同上述方法画柱。

c. 其他操作

如漏画了柱,选择[属性]快捷按钮,移动鼠标找到原已画的柱的名称,双击鼠标左键确认,则提取显示出所选柱的属性进行修改补画,以后操作同上述方法画柱。

如某一个柱的属性定义错误,选择[查询修改属性]快捷按钮,移动鼠标至需修改属性的柱,单击鼠标左键确认,则可根据显示的内容修改所需的柱属性。

如有数个相同编号的柱需要修改属性,首先用[按编号查找选择]快捷按钮,选中需修改属性的柱,被选中的柱呈虚线表示,然后单击快捷按钮,根据显示的原内容将其修改为所需的属性,再选择退出按钮×确认,则可批量替换修改所选择的柱属性。

⑧复制图形 复制图形时,首先选择没有图形的楼层,这时屏幕一片空白,然后选择菜单[楼层选择复制]功能,选择需要复制的项目,如柱、梁、墙等,如要全部复制,单击"全选"按钮(即复制所有的项目),然后单击按钮,选择要复制的楼层并确认,再单击按钮,这时空白屏幕上显示出复制过来的图形。修改复制过来的楼层布局、构件尺寸、标号换算或装饰等不同之处,便完成了此层楼的画图工作。如楼层布局或结构差异太大,则应选择只复制轴线,而楼层内的其他内容重新画图。

⑨检查校对　画完图后,请按下列步骤检查工程图形:

a. 楼层数和层高数正确与否?

b. 画图选择构件的类型(如:外墙、内墙、框架梁、圈梁等)是否正确?

c. 所画各层构件的尺寸和套用定额正确与否?

d. 标准层以外的楼层是否多复制了其他图形的内容?

e. 定义的计算规则是否正确?

⑩汇总计算　完成以上操作后,即可选择汇总计算功能对所画图形进行单层或多层的汇总计算。根据计算的结果,在汇总表中检查工程各部分的工程量,计算公式和项目是否正确?或按快捷按钮,用鼠标选择要检查的构件,单击[计算]功能页面,则屏幕显示构件的位置、尺寸和工程量。

打印输出:

计算的结果(包括计算公式,明细,位置等)和工程图形均可打印,便于用户审核和校对。

综上所述,画图顺序可以基本归纳为按以下操作方法和流程进行:

操作流程:

绘制地下室基础平面→绘制标准层平面图→绘制中间层平面图→绘制屋顶平面图→绘制首层平面图→绘制编辑平整场地、挖土方、零星工程→定义工程量计算规则→汇总计算工程量→形成套价库→打印工程量计算表

标准层、地下室基础的绘图步骤如下:

建立新图形库→定义主轴线→定义辅助轴线→定义层高、数量→定义柱属性→画柱→定义梁属性→画梁→定义墙属性→画墙→定义门窗洞属性→画门窗洞→定义板属性→画板→定义预制板属性→画预制板→定义楼梯洞属性→画楼梯洞→定义装修→(绘制条基或柱→平整场地、挖土方、零星工程)

首层绘图步骤:

建立新图形库→复制标准层图形→修改、删除或重新绘制首层→各图形→定义条基属性(或独立柱基属性)→画条基(或独立柱基)→选择"多边形计算"按钮,提取多边形用于计算平整场地、土石方工程量等→进入"其他项目计算"菜单项,计算零星工程→汇总计算→生成 DBF 数据或打印

2) 钢筋计算

由于篇幅原因,钢筋的菜单、原理等内容不再阐述,下面就钢筋计算主要过程作一介绍:

钢筋计算的第一步,打开一个钢筋库。如果是新建工程,按下列步骤操作:

a. 在"文件"菜单下选择[新建]菜单项;

b. 在弹出窗口内的"文件名"栏目输入工程名称;

c. 用鼠标单击窗口中的[打开]按钮,即建立好一个新钢筋库,同时已将该钢筋库打开。

如果是已建立过库文件的工程,按下列步骤打开:

a. 在"文件"菜单下选择[打开]菜单项,或用鼠标单击窗口上快捷按钮;

b. 在弹出的窗口内,显示各不同时期建立的钢筋库文件名,用鼠标单击其中要打开的钢筋库文件,使该文件显示在"文件名"栏目;

c. 用鼠标单击窗口中的[打开]按钮,即可打开该钢筋库。

提示:定义文件名时不能和已定义过的文件名重复,否则系统提示出错信息,要求重新定义。

工程基本资料输入:

新的钢筋库文件建立好以后,用鼠标选择[工程信息]快捷按钮。请按实际工程情况填写各类栏目,包括:工程名称、建设单位、施工单位、施工日期、抽料人等项信息。

提示:一次只可能打开一个图标库,打开另一个图标库时,前面一个图标库自动关闭。

打开后又关闭了显示窗口的图标库,如要将其提取至屏幕,可用鼠标单击窗口上[浏览]快捷按钮进行图标库的浏览。

为兼顾不同地区、不同工程项目及其所能遇到的各种情况,本系统设计了四种钢筋计算方法:图形标注法钢筋计算、表格录入法钢筋计算、多边形布钢筋计算及单根钢筋录入计算。软件提供了钢筋搭接、锚固等倍数值,用户根据实际情况自己设置其长度。

(1)图形标注法计算钢筋 图形标注法钢筋计算是利用图标,采用模拟施工图的直观方法,在图上直接标注数据进行钢筋计算。需进行钢筋数据标注的位置,在图形上采用绿色矩形框显示,我们称之为变量数据框或变量框。

①提取图标录入数据 选择"图标"下的[浏览]菜单项,或单击[浏览]快捷按钮,将图标库提取至屏幕:在图标库中选用合适的图标,用鼠标快速双击所选图标,将该图标提取出来,进入"录入图形数据窗口",然后对照施工图的内容,在图形上标注的变量数据框(绿色框)中填入相应的数据。

②录入基本信息 数据录入完毕以后,用鼠标选择[基本信息]快捷按钮,在显示的窗口内录入该构件的基本信息。

③提取钢筋数据 用鼠标选择[提取钢筋]快捷按钮,系统提示是否要提取钢筋数据至钢筋计算表,此时用鼠标单击提示窗口上的[确认]按钮,则系统退出"录入图形数据窗口",并提取当前窗口的钢筋数据到钢筋计算表中。

至此就完成了一个构件的钢筋计算,其他构件的钢筋计算请依次操作。

(2)表格录入法计算钢筋 当图纸提供有梁表、柱表等表格数据时,请使用系统内的表格录入钢筋计算方法进行钢筋计算。需要说明的是,由于每个设计院设计的梁表、柱表形式内容不同,所以本系统针对各设计院设计了不同的梁、柱表,使用时只要打开相应的表格,即可对照图纸进行操作。另外,本系统还提供了开放式的表格自定义功能,供使用者自行设计不同的钢筋计算表格。

①录入梁柱表数据 选择"图标"菜单下的[打开]菜单项,在显示的对话框内用鼠标快速双击梁柱表图标库,将其打开:在图标库内选择合适的梁(柱)表图标,在该图标上快速双击鼠标左键,将其提取至屏幕;梁(柱)表表格一般位于提取出的图形窗口之下,在表格窗口内任意位置单击鼠标左键,可将表格窗口提取到当前屏幕。对照图纸将各项参数一一输入到对应的表格内。

②录入基本信息 在显示的窗口内录入该构件的基本信息,然后关闭该窗口。

③提取钢筋数据 再用鼠标选择[提取]快捷按钮,系统提示是否要提取钢筋数据,用鼠标单击[确认]按钮,则系统退出图形窗口,并自动将梁柱表内输入的各类钢筋提取到钢筋计算表中。

对不规则构件的钢筋计算,该软件提供了"多边形布筋"的功能,用户只需按照构件形状绘制出其图形,然后依次布筋计算,便可得出所需数据。

由于该软件的采用了 CQ 钢筋宏语言编写,因此熟练的用户可根据所计算的工程特点自己编写、修改钢筋计算规则,由于大部分工程采用平法表示,建议在输入数据时最好采用表格输入法,特别是梁、柱等图标,这样既提高速度,又便于编辑、复制、保存。

3)定额套价计算

定额套价计算主要有以下功能及特点:

①套定额提供拖拉、输入定额号、输入电算编号等多种方式,可输入部分定额号模糊查找,同时系统提供手工套定额时的默认定额号参数设置框,以方便处理成批录入定额号。

②工程量可列式计算,计算公式支持函数及括号多层嵌套。

③套用定额时,系统自动复制定额含量及该子目的附注说明(此项功能可减少翻阅定额说明的烦恼)。系统提供定额库列表窗口,定额子目窗口,附注说明窗口,综合定额窗口,定额含量窗口等多个小窗口开关,随用随开。

④在编制补充定额或进行定额换算时,系统提供按编号、名称、价格等信息查找人材机项的功能。

⑤套用定额时,系统可将"工程量自动计算软件"得出的计算结果自动转接过来,并自动进行换算,定额子目基价、人材机单价与含量可检验、平衡与调整,确保数据准确。

⑥用综合定额功能可实现同一工程量套用多个定额号,并解决不同系数的问题,工程量可做拆分、乘系数等处理;小计项目可任意插入套价库中,也可由软件自动生成分部小计,材料价格库可直接读入砼配合比和机械台班定额。

⑦套用定额时,系统提供配比换算、未计价材料换算、定额(基价、人材机等)乘系数、定额单位换算、定额号模糊查找等选项设置;提供砼配合比换算、含量换算、项目换算、附项处理、综合换算、系数换算、未计价材料换算、增减换算、定额名称简称换算、单位换算、拖拉换算等十几项换算功能。

⑧成批换算功能,可对选中的定额子目,同时作项目换算,简化换算过程,系统提供加权平均价格计算,用于处理不同时期的费用结算。

⑨允许在做补充定额或输入定额补充材料项目时,将补充定额、材料项目放回补充定额库、当前价格库中,以便下次直接调用;修改价格库中的材料单价,可重算定额基价。不同地区价目本,可用此法轻松生成;自动或手工选择价差项目,并能将输入的市场价等资料放回材料价格库。

⑩可对提取的人材机项目进行多种形式的排序,还可对任一项目进行反查定额子目;人材机分析时,混凝土、机械台班分解与否允许用户选择,满足特殊需求;材料汇总分析时,砼水泥可单列,可合并;系统可按定额,分部、分项,工程自动统计三材(如钢、木、水泥等)用量与金额;砼配合比与机械台班可在含量窗口中即时分解,满足各种特殊需求。

系统提供两次调差功能,(如取费价差与市场价差)。价差计算式可使用系统宏变量;自动大材系数汇总、大材价差,解决了木材、三大材、八大材等系数汇总问题,大材可自行定义,汇总系数可单独指定,如硬木系数,主材单位转换系数等。

系统提供定额"特项"功能,用于解决不同取费问题。如构件增值税计算,打桩工程中非定额子目的协商项目均可用特项功能加以区分。

取费费率可按类别选择，亦可直接修改，即可人为调整，计算结果实现了金额大写。

系统在提供单位工程计算表、横单表、主材设备表、人材机分析表、价差分析表、取费表、对外报价表、材料价格表、定额价目表、补充定额上报审批表以及建设项目、单项工程汇总表的同时，还提供了万能表打印功能，以满足千变万化的不同需求。同时，还提供 DBF 和 EXCEL 电子表的转换接口，以方便用户作二次开发。

各种表格打印均提供打印机设置、表格选项、设计编辑及定义表格等功能，并提供几十种开关选项，如：满格自动缩小与自动换行，分栏，带阴影，边框线加粗，上下左右装订线，字体字型设置，打印范围选择等，打印前可预览，可成批打印和单项打印，也可满格自动缩小或换行。

其大致操作流程如下：

打开工程套价快捷图标——新建工程名称——选择定额模板（即定额库），同时输入工程的各项信息、编制说明、封面——自定义栏目中选择工程取费的费率表，同时根据工程的实际情况，增加或删除其中一些费用——在套定额栏目中选择所套定额子目，输入工程量数据，或者提取 DBF 数据自动套定额——定额输入完毕后点击（套价库）计算，程序将自动计算出各项费用及工程造价——打印输出

该软件还提供了目前国际上较为广泛采用的工程量清单报价体系，可以对每一项定额子目进行自动分析取费，满足了以后工程招投标的需要。目前神机妙算已推出一种"工程量钢筋二合一"版本，该版本已将钢筋输入与工程量输入结合起来，从而减少了不少的工作量。

另外，北京广联达慧中软件技术有限公司开发的"广联达"预算软件和成都鹏业软件有限责任公司开发的《鹏业》预算软件，与神机妙算基本相同，在此不再赘述。

建筑工程预算软件目前的技术已基本上成熟，正应用于我们的各项工程中，它必将取代烦琐的手工操作，熟练掌握预算软件的使用，其前提就是要首先学好预算的基本知识及手工操作的技能。目前国际上通用的工程量清单报价体系在我国已基本开始采用，预算软件将为我们的报价分析、造价控制提供更为方便的条件。

12.3 应用计算机编制土建工程施工图预算实例

12.3.1 工程概况

见第 9 章"某校住宅楼土建工程施工图预算实例"。

下面以"神机妙算"软件为例，对此土建工程施工图预算编制作简要介绍，主要分工程量计算、钢筋计算、定额套价计算三部分。

12.3.2 工程量计算

1）工程量计算

在工程量计算前，首先花 1 至 2 个小时熟悉图纸，然后根据个人习惯首先绘制标准层，再绘制底层和顶层。

（1）工程库建立　双击桌面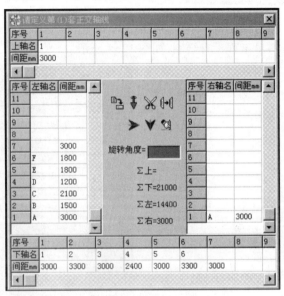图标，单击"工程"下拉菜单里的"新建"，弹出对话框，在"文件名"里输入需做工程的名字"某校住宅楼土建工程"，单击"打开"。

（2）选择定额　单击"定额"下拉菜单里的"打开"，弹出对话框，选择"99"定额，然后双击。

（3）划分楼层　单击"工程"下拉菜单里的"划分楼层"，弹出对话框，输入需做工程的相关信息：工程名称："某校住宅楼土建工程"；建设单位："＊＊学校"；设计院："＊＊设计院"；计算人："＊＊＊"；施工单位："＊＊建筑公司"。其他内容如："檐高"、"踢脚"、"散水"等不填，在以后项目里分别定义。然后在"楼层名称、层高、数量"下面一行依次输入"底层，3 000，1"，再下一行依次输入"标准层，3 000，5"，第三行依次输入"顶层，3 000，1"，单击存盘退出图标"📇"。

（4）轴线绘制　单击"工程"下拉菜单里的"当前楼层"，弹出对话框，双击"标准层"行，单击"主轴"图标下第一套正交轴线网"1⊞"，弹出第一套正交轴线网对话，依次输

图 12.1　轴线定义图

入上下开间，左右进深的尺寸（如图 12.1 所示），然后点击"📇"退出。为了方便起见，我们只选①～⑨轴线、Ⓐ～Ⓕ轴线进行绘图计算，如图 12.2 所示。

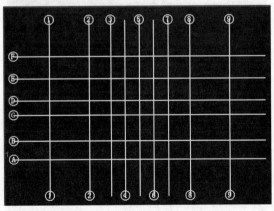

图 12.2　①～⑨，Ⓐ～Ⓕ轴线图

(5)墙的绘制　单击"墙"绘图图标,出现下列工具栏:

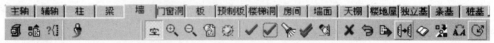

点击,弹出对话框,依次输入相关信息,单击"添加"便出现如图12.3所示对话框。

将对话框拖到一边,点击画笔,根据图纸依次画出墙线。为了方便说明,阳台、垃圾道等零星工程没有绘制,如图12.4所示。

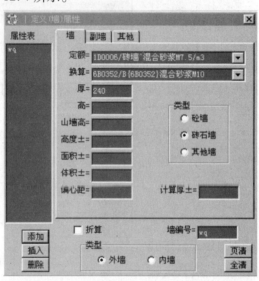

图12.3　墙定义图

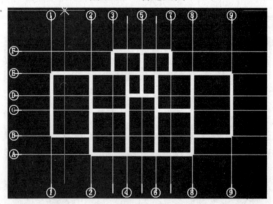

图12.4　墙绘制图

(6)梁的绘制　由于本工程没有柱,在此不做说明,过梁将在门窗栏里讲述,这里只介绍圈梁的绘制。单击"梁"绘图图标,出现下列工具栏:

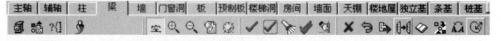

点击属性定义,弹出对话框,依次输入相关数据,如图12.5所示。将对话框拖到一

边,点击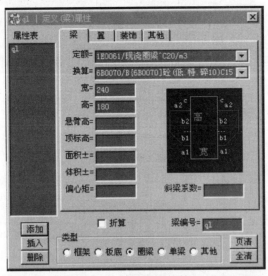画笔,根据图纸依次画出圈梁,如图12.6所示。

图 12.5 梁定义图

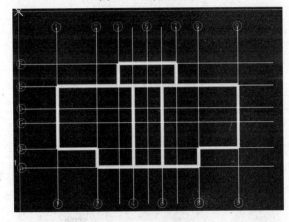

图 12.6 圈梁绘制图

（7）门窗洞口的绘制　单击"门窗洞"绘图图标,显现如下:

点击　属性定义,弹出对话框,依次输入相关数据,如图12.7所示。在门或窗的尺寸输入后,点击"预过",依次输入相关信息,选择过梁图集和过梁的安装及运输定额,同时计算出其量,如图12.8所示。双击属性表中的门窗编号,如"X-0924",点击画笔依次画出门窗的位置,这里的门窗位置不一定要很准确,只需点击在大概位置就可,如图12.9所示。

（8）预制板的绘制　单击"预制板"绘图图标,显现如下:

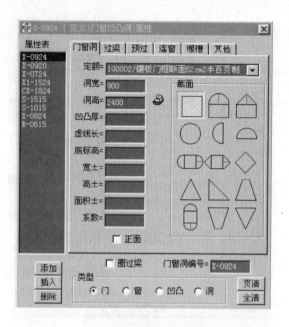

图 12.7　门窗定义图

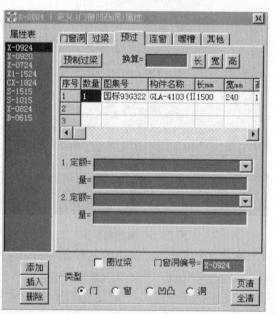

图 12.8　门窗过梁定义图

点击 [图标] 属性定义,弹出对话框,依次输入相关数据,如图 12.10 所示。将对话框拖动一边,点击 [图标] 画笔,根据图纸依次画出各板,如图 12.11 所示。

(9)楼梯的绘制　单击"楼梯洞"绘图图标,显现如下:

| 主轴 | 辅轴 | 柱 | 梁 | 墙 | 门窗洞 | 板 | 预制板 | 楼梯洞 | 房间 | 墙面 | 天棚 | 楼地屋 | 独立基 | 条基 | 桩基 | ◀ |

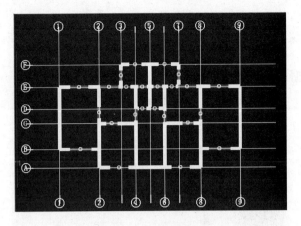

图 12.9　门窗绘制图

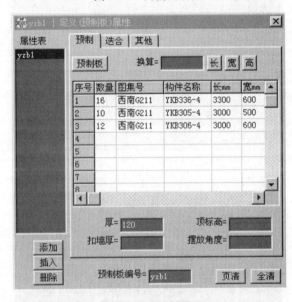

图 12.10　预制板定义图

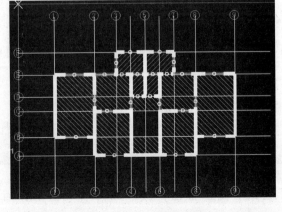

图 12.11　预制板绘制图

点击 属性定义,弹出对话框,依次输入相关数据,如图 12.12 所示。将对话框拖到

边,点击 画笔,根据图纸画出楼梯,如图 12.13 所示。

图 12.12　楼梯定义图

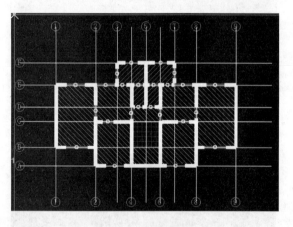

图 12.13　楼梯绘制图

(10)房间的绘制　单击"楼房间"绘图图标,显现如下:

点击 墙体切割,弹出对话框,点击"确认",然后单击 扫描,分别扫描装饰相同的

房间,再点击 ,弹出对话框,依次输入相关数据,如图 12.14 所示。在房间对话框里,"墙

建筑工程定额与预算

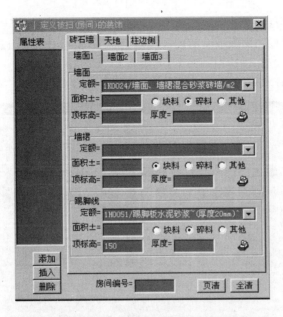

图 12.14　内墙面装饰定义图

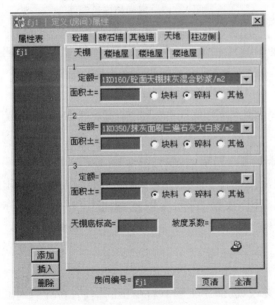

图 12.15　天棚面装饰定义图

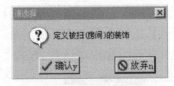

图 12.16　"请选择"对话框

面2"、"墙面3"是指多层装修所需套的定额输入框,"天地"里包括了天棚和楼地面,在此也一并输入相关数据,如图12.15所示。然后关闭对话框,这时会出现图12.16所示的"请选择"对话框。

点击"确认",被扫描的房间便已装修好了,如图12.17所示。

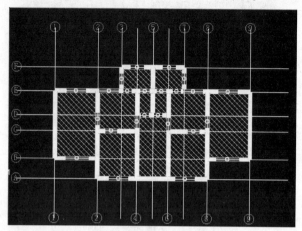

图12.17　房间装饰绘制图

(11)墙面的绘制　单击"墙面"绘图图标,出现如下:

然后单击

扫描,分别扫描装饰相同的外墙面,再点击 ⌂ ,弹出对话框,输入相关数据,其操作与"房间相同",这里就不再叙述。

到此为止,标准层基本输入完毕,开始计算。

单击"计算"下拉菜单里的"当前层计算",此时软件便自动计算出结果,如图12.18所示。

得出的结果可生成DBF数据,自动套取定额,也可进行人工分析后,在套定额时手工输入。

12.3.3　钢筋计算

由于钢筋的图标分类较细,而本工程只有少量的钢筋,在此只对圈梁钢筋计算作一说明。

①工程库建立:双击桌面 GJ95 图标,单击"文件"下拉菜单里的"新建",弹出对话框,在"文件名"里输入需做工程的名字"某校住宅楼土建工程",单击"打开"。

②单击"图标"下拉菜单里的"打开",弹出对话框,双击"梁库",这时会弹出一对话框,里

面有各种各样的钢筋图标,这时双击 "地、圈梁钢筋"图标,会弹出一表格,然后

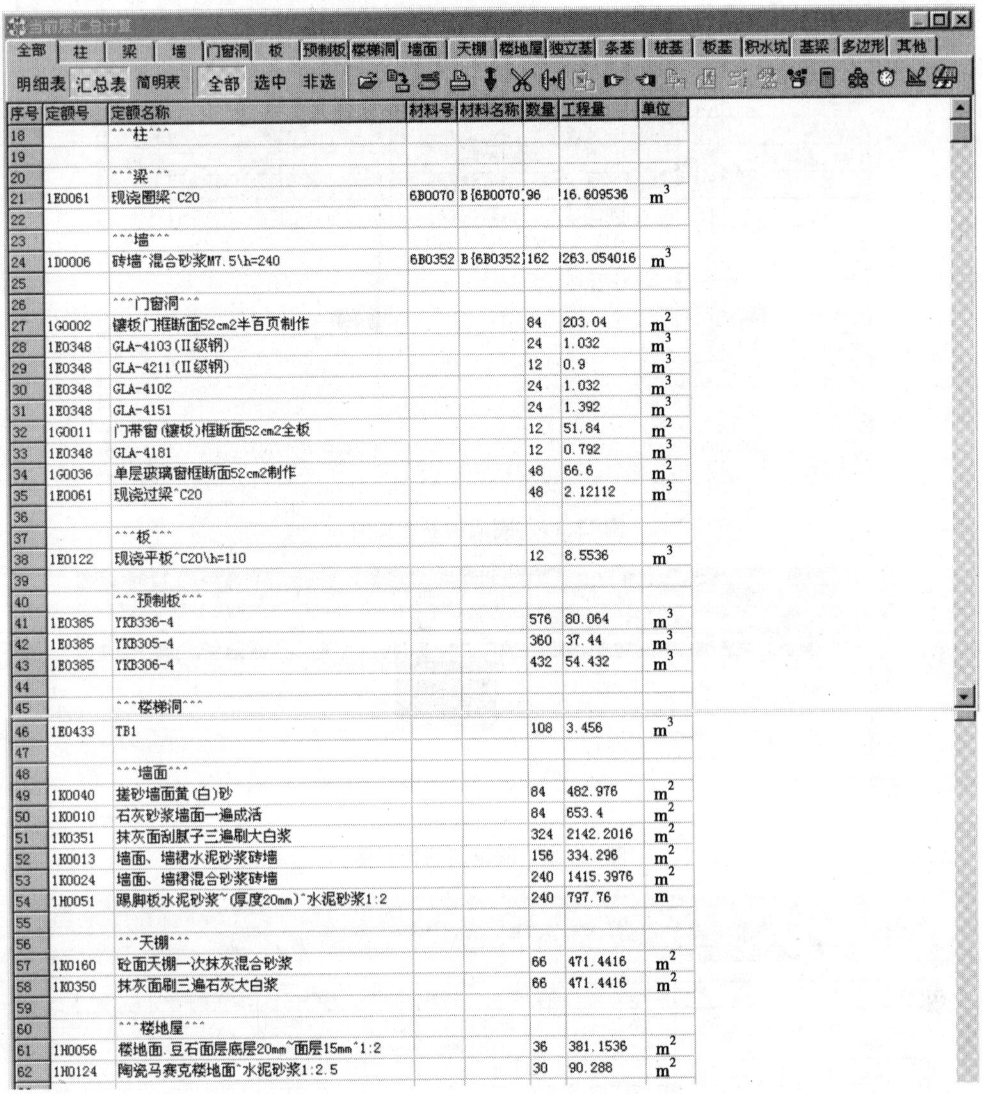

当前层汇总计算

全部　柱　梁　墙　门窗洞　板　预制板　楼梯洞　墙面　天棚　楼地屋　独立基　条基　桩基　板基　积水坑　基梁　多边形　其他

明细表　汇总表　简明表　全部　选中　非选

序号	定额号	定额名称	材料号	材料名称	数量	工程量	单位
18		^^^柱^^^					
19							
20		^^^梁^^^					
21	1E0061	现浇圈梁^C20	6B0070	B{6B0070	96	16.609536	m³
22							
23		^^^墙^^^					
24	1D0006	砖墙^混合砂浆M7.5\h=240	6B0352	B{6B0352	162	263.054016	m³
25							
26		^^^门窗洞^^^					
27	1G0002	镶板门框断面52cm2半百页制作			84	203.04	m²
28	1E0348	GLA-4103（II级钢）			24	1.032	m³
29	1E0348	GLA-4211（II级钢）			12	0.9	m³
30	1E0348	GLA-4102			24	1.032	m³
31	1E0348	GLA-4151			24	1.392	m³
32	1G0011	门带窗(镶板)框断面52cm2全板			12	51.84	m²
33	1E0348	GLA-4181			12	0.792	m³
34	1G0036	单层玻璃窗框断面52cm2制作			48	66.6	m²
35	1E0061	现浇过梁^C20			48	2.12112	m³
36							
37		^^^板^^^					
38	1E0122	现浇平板^C20\h=110			12	8.5536	m³
39							
40		^^^预制板^^^					
41	1E0385	YKB336-4			576	80.064	m³
42	1E0385	YKB305-4			360	37.44	m³
43	1E0385	YKB306-4			432	54.432	m³
44							
45		^^^楼梯洞^^^					
46	1E0433	TB1			108	3.456	m³
47							
48		^^^墙面^^^					
49	1K0040	搓砂墙面黄(白)砂			84	482.976	m²
50	1K0010	石灰砂浆墙面一遍成活			84	653.4	m²
51	1K0351	抹灰面刮腻子三遍刷大白浆			324	2142.2016	m²
52	1K0013	墙面、墙裙水泥砂浆砖墙			156	334.296	m²
53	1K0024	墙面、墙裙混合砂浆砖墙			240	1415.3976	m²
54	1H0051	踢脚板水泥砂浆^(厚度20mm)^水泥砂浆1:2			240	797.76	m
55							
56		^^^天棚^^^					
57	1K0160	砼面天棚一次抹灰混合砂浆			66	471.4416	m²
58	1K0350	抹灰面刷三遍石灰大白浆			66	471.4416	m²
59							
60		^^^楼地屋^^^					
61	1H0056	楼地面.豆石面层底层20mm^面层15mm^1:2			36	381.1536	m²
62	1H0124	陶瓷马赛克楼地面^水泥砂浆1:2.5			30	90.288	m²

图 12.18　当前层分项工程计算结果图

按照表格特点输入相关数据，如图 12.19 所示。

　　点击 ✓ 提取钢筋数据，如图 12.20 所示。然后根据图纸依次选择各种钢筋图标，分别计算，计算完后，点击"打印"下拉菜单"钢筋汇总统计表"，弹出对话框，点击不同的汇总类型，这里点击"类型直径汇总"，得出汇总结果，如图 12.21 所示。这时可打印出钢筋汇总表，或保存以便套定额时提取。

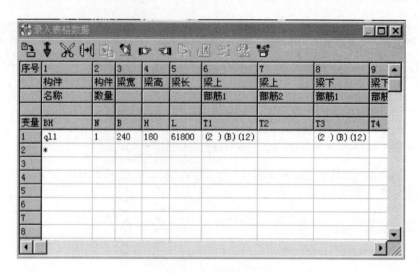

图 12.19　圈梁钢筋定义图

图 12.20　圈梁钢筋计算图

图 12.21　钢筋类型直径汇总图

建筑工程定额与预算

12.3.4　定额套价计算

①先双击桌面图标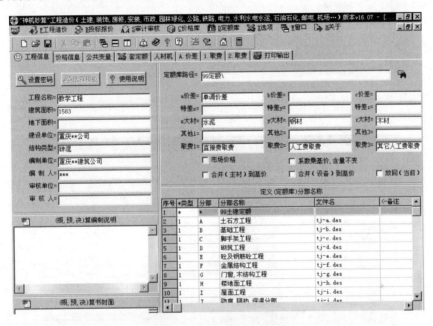，弹出操作界面,点击"工程造价"下拉菜单里的"新建(工程造价)",在弹出的对话框里输入新建工程名称"某校住宅楼土建工程",点击"打开",此时便出现了操作界面,依次输入相关信息,点击　选择模板,双击 99定额直接费取费模板.gcs,便出现如图 12.22 所示,点击"公共变量",选择取费费率,直接费和劳保费,然后点击"确认费率",软件便自动提取各种费率,如图 12.23 所示。

图 12.22　土建工程定额模板图

②点击"套定额",此时软件列出了各种定额,选择 99土建定额 ,单击"99 土建定额"前面的 + ,列出定额的各章节,根据实际工程量子目,采用拖拉选择各定额子目,然后输入各工程量,如图 12.24 所示。

③定额输入完以后,点击 进行计算,此时软件将自动计算出各种材料的消耗、需调价差的材料用量,并自动计算出工程造价,如图 12.25,图 12.26,图 12.27 所示。

在对价差等项目进行调整好以后,便可打印输出,点击"打印输出",根据需要便可进行各种表格的打印。

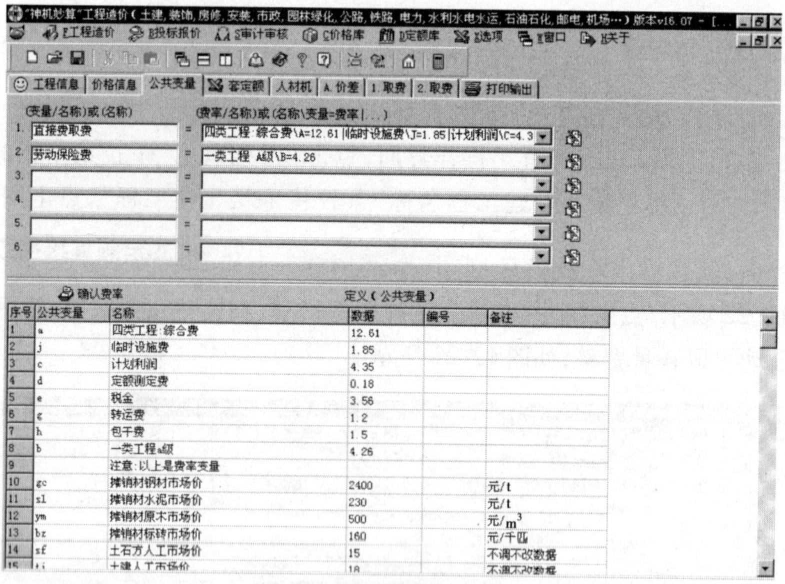

图 12.23　费率录入图

图 12.24　定额套价计算图

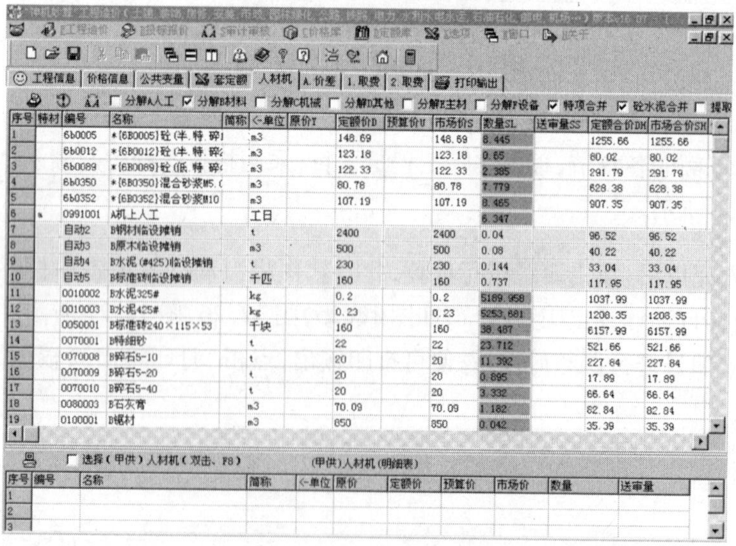

建筑工程定额与预算

图 12.25　人、材、机耗量计算图

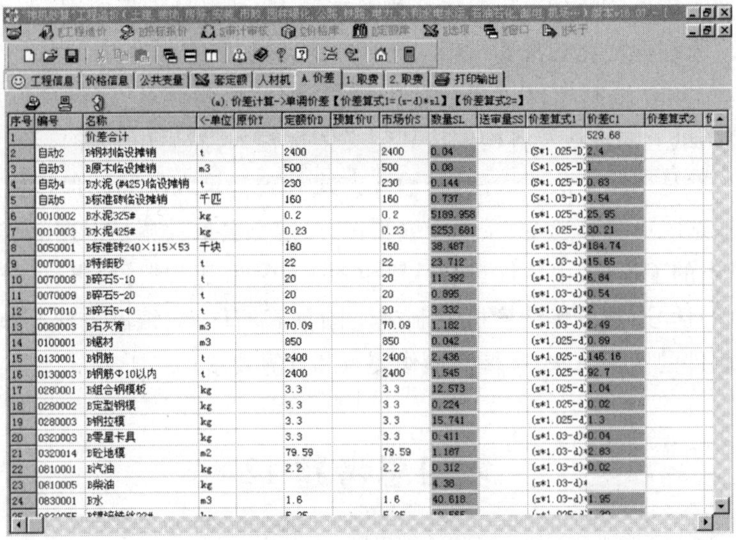

序号	编号	名称	<-单位	原价Y	定额价D	预算价U	市场价S	数量SL	送审量SS	价差算式1	价差C1	价差算式2
1		价差合计									529.68	
2	自动2	B钢材临设摊销	t		2400		2400	0.04		(S*1.025-D)	2.4	
3	自动3	B原木临设摊销	m3		500		500	0.08		(S*1.025-D)	1	
4	自动4	B水泥(#425)临设摊销	t		230		230	0.144		(S*1.025-D)	0.83	
5	自动5	B标准砖临设摊销	千匹		160		160	0.737		(S*1.03-D)*	3.54	
6	0010002	B水泥325#	kg		0.2		0.2	5189.958		(s*1.025-d)	25.95	
7	0010003	B水泥425#	kg		0.23		0.23	5253.681		(s*1.025-d)	30.21	
8	0050001	B标准砖240×115×53	千块		160		160	38.487		(s*1.03-d)*	184.74	
9	0070001	B特细砂	t		22		22	23.712		(s*1.03-d)*	15.65	
10	0070008	B碎石5-10	t		20		20	11.392		(s*1.03-d)*	6.84	
11	0070009	B碎石5-20	t		20		20	0.895		(s*1.03-d)*	0.54	
12	0070010	B碎石5-40	t		20		20	3.332		(s*1.03-d)*	2	
13	0080003	B石灰膏	m3		70.09		70.09	1.182		(s*1.03-d)*	2.49	
14	0100001	B锯材	m3		850		850	0.042		(s*1.025-d)	0.89	
15	0130001	B钢筋	t		2400		2400	2.436		(s*1.025-d)	146.16	
16	0130003	B钢筋Φ10以内	t		2400		2400	1.545		(s*1.025-d)	92.7	
17	0280001	B组合钢模板	kg		3.3		3.3	12.573		(s*1.025-d)	1.04	
18	0280002	B定型钢模	kg		3.3		3.3	0.224		(s*1.025-d)	0.02	
19	0280003	B钢拉模	kg		3.3		3.3	15.741		(s*1.025-d)	1.3	
20	0320003	B零星卡具	kg		3.3		3.3	0.411		(s*1.03-d)*	0.04	
21	0320014	B砼地模	m2		79.59		79.59	1.187		(s*1.03-d)*	2.83	
22	0810001	B汽油	kg		2.2		2.2	0.312		(s*1.03-d)*	0.02	
23	0810005	B柴油	kg					4.38		(s*1.03-d)*		
24	0830001	B水	m3		1.6		1.6	40.618		(s*1.03-d)*	1.95	

图 12.26　材料价差计算图

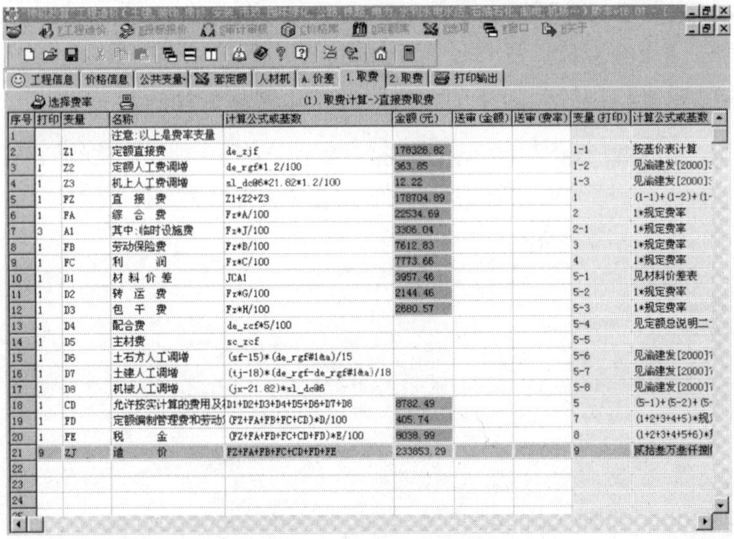

序号	打印	变量	名称	计算公式或基数	金额(元)	送审(金额)	送审(费率)	变量(打印)	计算公式或基数
1			注意:以上是费率变量						
2	1	Z1	定额直接费	de_zjf	178326.82			1-1	按基价表计算
3	1	Z2	定额人工费调增	de_rgf*1.2/100	363.85			1-2	见渝建发[2000]:
4	1	Z3	机上人工费调增	sl_dc86*21.82*1.2/100	12.22			1-3	见渝建发[2000]:
5	1	FZ	直　接　费	Z1+Z2+Z3	178704.89			1	(1-1)+(1-2)+(1-
6	1	FA	综　合　费	Fz*A/100	22534.69			2	1*规定费率
7	3	A1	其中:临时设施费	Fz*J/100	3306.04			2-1	1*规定费率
8	1	FB	劳动保险费	Fz*B/100	7612.83			3	1*规定费率
9	1	FC	利　　润	Fz*C/100	7773.66			4	1*规定费率
10	1	D1	材料价差	JCA1	3957.46			5-1	见材料价差表
11	1	D2	转　运　费	Fz*G/100	2144.46			5-2	1*规定费率
12	1	D3	包　干　费	Fz*H/100	2680.57			5-3	1*规定费率
13	1	D4	配合费	de_zcf*5/100				5-4	见定额总说明二-
14	1	D5	主材费	sc_zcf				5-5	
15	1	D6	土石方人工调增	(sf-15)*(de_rgf#1&a)/15				5-6	见渝建发[2000]7
16	1	D7	土建人工调增	(tj-18)*(de_rgf-de_rgf#1&a)/18				5-7	见渝建发[2000]7
17	1	D8	机械人工调增	(jx-21.82)*sl_dc86				5-8	见渝建发[2000]7
18	1	CD	允许按实计算的费用及	D1+D2+D3+D4+D5+D6+D7+D8	8782.49			5	(5-1)+(5-2)+(5-
19	1	FD	定额编制管理费和劳动	(FZ+FA+FB+FC+CD)*D/100	405.74			7	(1+2+3+4+5)*规
20	1	FE	税　　金	(FZ+FA+FB+FC+CD+FD)*E/100	8038.99			8	(1+2+3+4+5+6)*
21	9	ZJ	造　　价	FZ+FA+FB+FC+CD+FD+FE	233853.29			9	贰拾叁万叁仟捌
22									
23									
24									

图 12.27　工程造价计算图

小 结 12

本章主要讲述计算机编制土建工程施工图预算的优点、编制方法与步骤,“神机妙算”预算编制软件介绍,以及应用计算机编制土建工程施工图预算实例介绍等。现就其基本要点归纳如下:

①计算机是一种运算速度快、计算精度高、储存能力大、逻辑判断强的信息处理工具。因此,应用计算机编制土建工程施工图预算,同样具有计算快速准确、操作程序简单、项目齐全完

整、修改调整方便等优点。将计算机应用在预算编制上,是提高工作效率、改善企业管理的重要手段,也是实现管理现代化的重要措施。

②《神机妙算》预算编制软件主要包括工程量计算、钢筋计算、定额套价计算三个部分。工程量计算是将图纸上的轴线及各构件按其定义依次输入,然后由软件自动计算得出所需工程量;钢筋计算一般是采用平法输入法,其输入方式有表格录入法和图形标注法两种,但最好采用表格输入法,这既可提高速度,又便于编辑保存;定额套价计算是根据已建立的定额库、输入定额号与已算出的工程量,由软件自动计算出各项费用和工程造价,再打印输出。

③通过本章的学习,要了解计算机编制施工图预算的优点、编制方法与步骤,熟悉"神机妙算"预算编制软件的使用方法,掌握其操作要点和计算要求。

复习思考题 12

12.1 计算机编制施工图预算有什么优点?

12.2 计算机编制施工图预算有何重要意义?

12.3 《神机妙算》预算编制软件具有什么功能?

12.4 《神机妙算》预算编制软件的使用方法与计算步骤是怎样的?

建筑工程定额与预算

主要参考文献

[1]武育秦、李景云.建筑工程定额与预算.重庆:重庆大学出版社,1993

[2]朱志杰.建筑工程造价师手册.北京:中国建筑工业出版社,1996

[3]龚维丽.工程造价的确定与控制.北京:中国计划出版社,2000

[4]全国造价工程师考试培训教材编写委员会.工程造价确定与控制.北京:中国计划出版社,2000

[5]代学灵.建筑工程概预算.武汉:武汉工业大学出版社,2000

[6]沈杰、戴望月、钱昆润.建筑工程定额与预算.南京:东南大学出版社,1999

[7]朱燕.建筑工程造价管理.北京:中国建筑工业出版社,1998

[8]余辉、侯长俊.建筑工程概预算编制与应用实例手册.北京:中国建筑工业出版社,1996

[9]朱维益.建筑工程预决算.北京:中国建筑工业出版社,1997

[10]张月明、李文忠.工程预算概算编制.长沙:湖南科学技术出版社,1995

[11]杨博.建筑工程预算.合肥:安徽科学技术出版社,1997

[12]黄汉江、邱元拔.建筑工程与预算.上海:同济大学出版社,1996

[13]周国藩.建筑安装工程概预算审计实用手册.北京:中国建筑工业出版社,1994

[14]王杜.建筑工程概预算编制手册.北京:中国建筑工业出版社,1994

[15]王维如.建筑工程概预算技巧.上海:同济大学出版社,1995

[16]任宏.建筑装饰工程造价手册.北京:中国建筑工业出版社,1999

[17]建设部颁发.全国统一建筑工程基础定额.北京:中国计划出版社,1995

[18]建设部颁发.全国统一建筑工程预算工程量计算规则.北京:中国计划出版社,1995

[19]建设部颁发.全国统一建筑工程基础定额编制说明(土建工程).哈尔滨:黑龙江科学技术出版社,1997

[20]建设部颁发.全国统一施工机械台班费用定额.北京:中国建筑

工业出版社,1998

[21]重庆市建委颁发.重庆市建筑、装饰、安装工程劳动定额.重庆:重庆大学出版社,1997

[22]重庆市建委颁发.全国统一建筑工程基础定额重庆市基价表.重庆:重庆市建设工程造价管理总站,1999

建筑工程定额与预算